식품
구매론

박정숙 저

return
alt
option
control

머리말

우리나라의 호텔과 외식산업은 타 산업분야에 비해 눈부신 성장을 해왔으며, 이제는 양적인 성장기를 지나 질적인 성장을 추구해야 하는 시점에 이르렀다. 외식업체 및 호텔의 경영관리 부문 중에서 구매는 원가를 절감할 수 있는 중요한 요소로 인식되어 날로 그 중요성이 부각되고 있다. 호텔 및 외식업체에서의 구매업무는 모든 급식활동의 기초가 되므로 효율적인 구매관리가 이루어져야 한다. 특히 급식업체에서 구매의 중심이 되는 식자재의 구매는 일반적인 상품의 구매와는 다르므로, 구매관리자는 구매 관리 전반에 관한 지식뿐 아니라 식품이 갖는 특수성을 잘 이해하여 다양한 식품자재의 선택요령이나 유통환경에 관한 지식을 갖추어야 한다.

이에 본서에서는 바람직한 구매활동을 하기 위해 지녀야 할 기본적인 이론과 구매의 외부환경, 실제적인 구매업무 수행에 필요한 구매업무와 방침, 구매방법과 계약에 관한 사항을 비롯하여 구매와 관련되는 저장관리, 재고관리, 구매 전산정보 관리 및 올바른 식품구매를 돕기 위한 여러 가지 식품의 특성에 관한 제반 내용을 정리하였다.

이 책의 출판을 위해 힘써주신 도서출판 효일 대표님과 편집부에 감사 드린다. 미력한 저자에게 이 책을 낼 수 있도록 끝까지 지켜주시고 능력 주신 하나님께 모든 영광과 감사를 드린다.

저자 씀

식품구매론

CONTENTS

Chapter 01 구매관리의 개요

Chapter 02 구매의 외부환경

Chapter 03 상품

Chapter 04 구매계획과 계약

Chapter 05 구매활동

Chapter 06 검수관리

FOOD PURCHASING MANAGEMENT

Chapter 07 저장관리

Chapter 08 전산정보화 시스템

Chapter 09 축산식품류

Chapter 10 농산식품류

Chapter 11 수산식품류

Chapter 12 공산식품류

부록

FOOD PURCHASING MANAGEMENT

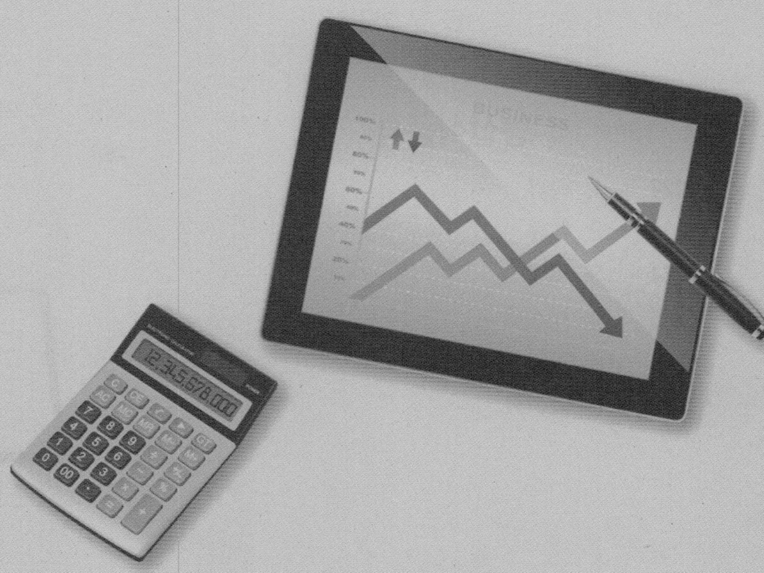

Chapter **01**

구매관리의 개요

1. 구매의 개념
2. 소비자의 구매 행동

1. 구매의 개념

(1) 구매관리의 개념과 목적

구매(purchasing)란 구매자가 물품을 구입하기 위해 계약을 체결하고 계약조건에 따라 물품을 인수하고 대금을 지불하는 전체과정으로 넓은 의미로는 토지, 건물, 기계, 비품, 설비, 원재료, 노동력의 조달을 의미하며, 좁은 의미로는 원재료나 제품의 구매활동을 포함한다.

즉 구매활동 과정이란 조직의 운영 및 경영관리에 필요한 물품을 적정한 조건으로 선정하고, 구매량을 결정하며, 시장조사와 경쟁입찰을 통하여 공급자를 선정한 뒤 적정한 구매조건을 통한 대금지불을 결정한 후 적당한 시기에 적당량이 납품되도록 관리하며, 물품의 검수, 저장, 불출, 원가관리 등의 사무처리를 정확하게 하는 활동과정이라고 할 수 있다. 따라서 구매관리 활동의 목적은 조직의 경영관리에 필요한 적정한 품질과 적정한 수량의 물품을 적정한 시기에 적정한 가격으로 적정한 공급원으로부터 구입하여 적정한 장소에 납품하도록 하는 것이다.

(2) 구매관리의 정의

구매관리(purchasing management)란 단순히 조직 내 사용부서의 요구대로 필요물품을 적정가격으로 구입하여 공급하는 일련의 사무처리 과정으로 이해되었다. 그러나 오늘날에는 생산현장에서의 기술혁신 및 제품생산의 다양화로 구매 업무 내용이 복잡해지고 경영관리 활동 전체와 연결되어 조직의 이익 창출의 원천으로서 보다 창조적인 구매활동을 필요로 하게 되었다. 따라서 기업에서의 구매관리에는 단순히 소요 자재의 구매업무 범위를 벗어나, 보다 과학적이고 체계적인 관리활동이 요구되며, 그 내용은 다음과 같다.

❶ 용도에 따라 가장 적정하고 적합한 것을 찾아 구입할 것(구매의 가치 분석 · 구매 시장 조사 · 품질관리)

❷ 필요한 시기에 필요량이 공급되도록 구입할 것(납기 관리)

❸ 일정한 재고를 필요로 하는 제품과 자재는 최소한의 재고유지 및 재고 고갈의 위험을 없앨 것(적정재고 관리)

❹ 우량 업체 또는 업자로부터 구입할 것(구매 시장 조사 · 납품업자의 선정 · 외주 관리)

❺ 적절한 수송수단을 이용할 것(수송 관리)

❻ 최저의 구매 관리 비용으로 구입할 것(구매 비용관리)

❼ 사용 중 남은 구매물품을 적절하게 활용할 것(잔재 관리)

또한 조직의 구매활동에 필수적으로 고려되어야 할 내용으로는 구매할 품목 · 품질 · 수량 · 가격 · 시기 · 장소 · 공급원 등으로, 이 모든 것이 조화를 이루어 기업의 원가 절감과 원활한 상품관리 및 능동적인 고객 대응을 통해서 고객 만족과 효율적인 경영관리가 이루어질 수 있게 한다.

(3) 현대적 구매관리의 인식

과거에는 원재료의 구매에 초점을 맞추어 가장 저렴한 가격으로 물품을 구매하는 것이 구매관리의 핵심적인 개념이었으나 오늘날에는 물품 가격과 함께 구매 시 소요되는 비용 및 상품의 품질을 고려한 구매원가의 절감을 통한 이윤 증대로 구매관리의 개념이 변하고 있다.

표 1-1 구매관리 개념의 변화

	과거	현대
핵심기능	생산을 위한 서비스의 기능	조직의 경영관리 목적 달성을 위한 창조 기능
경영관리위치	타부문의 종속 기능	경영관리의 주요 기능
업무시작시기	구매 요구를 접수한 때부터 업무 시작	구매 방침 및 계획 단계로부터 업무 시작
구매담당	비전문적, 생산담당자가 직접 구매	훈련된 전문 구매직원에 의한 구매

(4) 식자재 구매관리의 중요성

급식업체에서의 식자재 구매활동이란 음식생산에 필요한 식재료를 적정거래선으로부터 최적품질을 확보하여 필요한 시기에 적정수량을 최소비용으로 구입할 목적으로 구매활동을 계획 · 실시 · 통제하는 관리활동을 의미한다. 급식업체에서는 적절한 식자재 구매활동을 통한 원가절감을 기대할 수 있고, 양질의 제품을 생산하여 고객만족에 의한 매출증가를 기대할 수 있다. 따라서 구매하고자 하는 물품은 철저히 분석 · 검토하고 우수한 물품의 구입, 납기, 포장, 운송, 지급조건, 품질보증, 거래조건 등을 면밀히 검토하여 가능한 저렴한 가격으로 필요한 수량을 적기에 구입하여야 한다.

급식업체에서의 구매업무는 조리업무, 판매업무와 함께 경영활동의 기초로 특히 음식생산에 필요한 식자재의 구매는 다른 제품의 생산을 위한 원자재 구매와는 다르므로 급식업체의 구매담당자는 식자재가 갖는 특성, 선택요령, 유통환경에 대한 충분한 지식을 갖추고 있어야 한다.

표 1-2 급식산업체에서의 구매관리 활동의 업무 분석

주요업무		단위업무
대분류	소분류	
식음	구매	식자재 구매관리(Daily, Stock)
		견적 단가 결정
	물류	원재료 창고 운영 및 관리(Daily, Stock)
		식자재 배송
	구매관리	식자재 검수 요령
		식자재 관리 요령
		신규업체 개발 및 등록
	수불관리	대금지급 요령
		월말 결산 마감 요령
		비축품 단건 마감 요령
	연구개발	시장, 산지조사
		동종업계 구매 동향조사

2. 소비자의 구매 행동

소비자의 구매 행동이란 소비자가 상품을 구매하고 사용하는 것과 관련된 소비자의 의사결정 과정을 의미한다. 소비자의 특정 브랜드에 대한 선택 경향과 구매 특성을 이해하기 위해서는 소비자의 심리상태, 소속집단의 특성, 의사결정 요인 등을 분석하여 실제로 제품을 구매하는 구매자가 누구이며 그들은 어떤 생각을 가지고 행동하는지를 이해할 필요가 있다.

(1) 소비자 구매 행동의 결정요인

1) 외적·환경적 영향요인

① 사회적 요인

상품구매를 위한 의사결정 과정에는 '구매집단에 따른 영향력'이라는 사회적 요인의 영향을 많이 받는다. 예를 들어, 예전에는 가정 내 구매의사 결정자로 집안의 가장인 아버지가 가족들이 쓸 물품을 주로 구매했다면 오늘날에는 중요한 물품일 경우 부부가 의논하여 결정하거나 자녀의 의견도 많이 반영되고 있다. 즉 점차 남편 주도의 구매경향이 줄어들면서 가족 구매, 아내 주도 구매 경향이 늘어나고 있는 것 이다. 오늘날 가족은 구매를 위한 의사결정 집단인 동시에 소비의 단위가 되고 있다.

또한 소비자가 속해있는 준거집단이 구매의사 결정에 결정적 요인이 되기도 한다. 한 예로, 중·고등학생이 그들 사이에 유행하는 특정 브랜드 제품을 이용하는 이유는 나이가 어릴수록 친구들을 따라서 이용하기 때문이라는 분석이 있다.

사회·경제환경의 변화	
기업경쟁의 격화	상품의 라이프 사이클 단축화
기술혁신	개인소비의 저조
정보화사회의 진전	여성의 사회진출 고조
소비형 경제	핵가족화
경제의 소프트화·서비스화	고학력화

소비의 변화	
단순화 → 개성화/다양화	하드지향 → 소프트지향
타인지향 → 자기지향	이성지향 → 감성지향
양적 만족 → 질적 만족	좋다/나쁘다 → 좋아한다/싫어한다
물건의 풍부함의 욕구 → 마음의 풍부함의 욕구	

변화패턴의 흐름

사회환경의 변화 → 시장환경의 변화 → 개성화/다양화

마케팅 전략의 변화 → 소비자행동의 변화 → 소비자 의식의 변화

그림 1-1 소비자의 구매 행동의 변화요인

② 문화적 요인

문화적 요인은 소비자의 구매 행동에 가장 깊은 영향을 미치는 요인이다. 문화란 학습된 행동의 패턴으로 특정사회의 구성원이 지니고 있는 가치관, 태도, 관행의 묶음이며, 세대 간에 전해 내려오는 것으로, 변화하기 어렵고 변화하더라도 서서히 변한다. 민족 간, 국가 간에도 문화적 차이가 형성되며 하나의 문화 안에는 몇 개의 하부문화(sub-culture)가 존재하여 각각의 고유한 특성을 지니는데, 지역적인 문화차이에 따른 예절, 식생활, 세대 간 문화차이 등이 이에 속한다.

문화적 차이에서 연유하는 소비자 행동의 특성은 마케팅 전략 수립에 매우 중요하다. 문화적으로 비슷한 부류에 속하는 사람들은 그렇지 않은 사람들과 구분되는 행동을 나타내는데, 한 예로, 일본인은 재스민향을 좋아하고 미국인은 레몬향을 좋아하듯이 나라는 물론 보다 좁은 한 사회 안에서도 사회계층에 따라 각기 다른 특징을 나타낸다.

중장년층이 주로 구독하는 잡지에는 골프웨어, 양주, 수입자동차, 발모제 등의 광고가 주로 실리는데, 이는 이 계층이 이러한 상품을 주로 소비하기 때문이다. 반대로 컴퓨터 관련 잡지는 대부분의 광고가 컴퓨터 관련 소프트웨어나 하드웨어로 채워지며, 자동차 관련 잡지는 자동차 용품에 관한 광고가 대부분이다. 이처럼 비슷한 사회계층이나 집단은 비슷한 구매 행동을 보인다.

2) 개인적 요인

① 라이프 스타일

사람은 누구나 연령이 증가함에 따라 신체적, 경제적 조건이 변화하고, 그 역할이나 준거집단이 변화함에 따라 취향도 달라진다. 라이프 스타일은 개인적 성향을 나타내는 것으로 개인의 활동, 관심, 의견을 바탕으로 나누어지며 이들 유형에 따른 의사결정이 달라진다.

② 개인적 특성

구매자의 개인적 성향에 따라 물건을 구매할 때 구매결정에 대하여 생각하고 제품의 가격이나 특성을 비교하는 정도에는 차이가 있다. 일반적으로 자주 구매하거나 금액이 낮은 물품은 습관적으로 별다른 고려 없이 구매하게 되지만 구매의 빈도가 낮고 가격이 높은 상품은 구매에 대한 개인적 특성이 매우 다르게 나타난다.

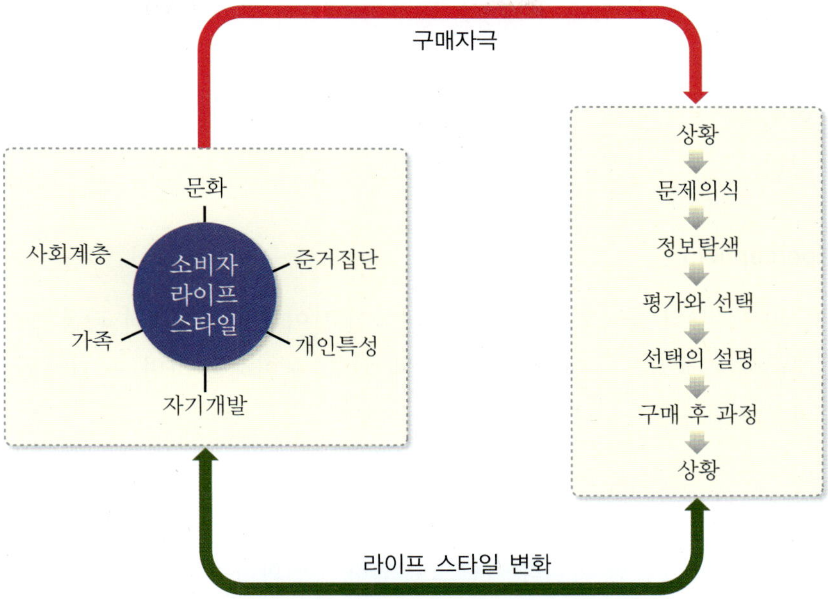

그림 1-2 소비자의 라이프 스타일에 따른 구매 행동 결정과정

③ 제품 구매 후의 행동

제품의 구매와 관련된 과정은 구매 전 행동, 구매결정, 구매 후 행동으로 나눌 수 있다. 상품을 구매하기 전에 소비자는 정보를 수집하고 대안을 비교한다. 그런 다음 제품을 구매하고 구매 후에는 A/S, 사용 후기 구전 및 소비자 제안 등의 행동을 취한다. 구전효과는 실제 제품을 사용한 사용자가 주변 사람에게 퍼뜨리는 제품에 관한 이야기로 광고나 기타 판촉보다 훨씬 신뢰성 있게 전달된다. 소비자 제안은 피드백의 개념으로 기업이 많은 비용과 노력을 투자하는 시장 조사보다 제품에 대한 소비자의 의견을 수집하는 확실한 방법이며, 실제 제품을 사용한 사람들의 제안이므로 제품이나 서비스 개선에 많은 도움을 준다. 특히 인터넷 또는 SNS를 통한 특정제품의 사용 후기는 신규 구매자들에 대한 중요 정보제공 방법으로 활용되기도 하며, 조작된 정보 제공으로 인한 사회적 물의를 야기하기도 한다.

3) 내적·심리적 환경 요인

소비자는 왜 특정 제품을 구매하는가? 심리학자들이 연구한 인간 행동에 관한 연구들은 현대의 마케팅 담당자에게 많은 도움을 주고 있다. 현대인은 보통 하루에 1,500가지 이상의 제품에 노출되어 있으며 한 제품이 경쟁을 뚫고 소비자의 뇌리에 기억되는 일은 매우 어렵다. 따라서 기업은 상표, 모양, 포장, 색상, 광고, 진열법 등에서 최대한 소비자에게 인식되고자 각종 아이디어를 만들어 내는 것이다. 소비자의 구매행동에 미치는 내적·심리적 요인은 다음과 같다.

① 지각(perception)

내부 또는 외부로부터 들어오는 자극을 받아들이고 이해하는 심리적 과정으로 소비자가 어떤 특정 자극에 노출되면 → 주의를 집중하게 되고 → 이해를 하면 → 기억을 하게 되는 네 단계를 거치게 된다.

② 학습(learning)

정보와 경험을 얻는 것뿐만 아니라 학습으로 인하여 변화하는 태도, 개성 등을 의미한다. 소비자가 중요한 상품을 구매할 때는 되도록 많은 정보를 수집한 뒤 분석하여 대안을 발굴하고 평가한 후에 구매를 결정하는 과정을 거치게 된다.

③ 동기(motive)

모든 인간행동의 바탕과 근본은 욕구이며 이 욕구가 외적 또는 내적 자극을 받아 활성화되면 동기(motive)로 변한다. 동기에는 목적의식이 내재되어 있으며 구매동기의 원동력이 되는 것은 생리적 욕구와 사회적 욕구이다. 상품 구매에는 특정 제품을 선택하는 기초적 구매동기(primary buying motive)와 해당상품에 속하는 특정 브랜드의 선택과 관련된 선별적 구매동기(selective buying motive)가 있다.

④ 태도(attitude)

사람과 사물에 대하여 일관성 있게 지각하고 행동하려는 학습된 심리적 경향(psychological tendencies)을 말한다. 태도는 특정 대상물에 대한 정보를 바탕으로 형성되며 이것이 일단 형성되면 그 대상물을 좋아하거나 싫어하는 느낌을 갖게 된다. 따라서 소비자는 관심 있는 상품, 브랜드, 점포에 대하여 태도가 형성될 수 있다. 특정상표에 대한 긍정적인 태도를 가진 소비자는 그 상표를 구매할 가능성이 커진다. 그러나 구매력의 한계로 긍정적인 태도 형성이 반드시 그 상표에 대한 구매로 이어진다는 보장은 없다. 일단 형성된 태도는 바꾸기가 어려우므로, 기업체에서는 마케팅 노력의 상당한 부분이 자기 상표에 대한 긍정적인 태도를 조성하는 데 투입된다.

⑤ **개성**(individuality)

어떤 사람의 행위를 다른 사람과 구별 할 수 있게 하는 독자적인 특징으로 개인의 걸음걸이, 얼굴 표정뿐 아니라 취미, 태도, 사고방식 등에서 나타나기도 한다. 개성은 전체로서 독자적인 것이므로 개인차를 나타내게 된다. 개성에는 순종형, 공격형, 이탈형이 있으며, 순종형의 경우 타인 지향적이므로 모방에 의한 구매가 많을 수 있다. 반면에 이탈형은 자기의 소비생활에 대한 주위의 느낌에 무관심하므로 독자적인 구매결정을 내릴 가능성이 높다.

⑥ **자아**(self-concept)

자아란 스스로 느끼는 자기를 말하며, 사람들은 스스로 자아를 유지·발전시키려고 한다. 따라서 구매자는 자아가 갖는 이미지와 유사한 상품과 브랜드를 선택하려고 한다.

(2) 소비자의 구매 양상

1) 계획된 구매

소비자가 물건을 구매하기 앞서 구매할 상품이나 특정상표를 결정하고, 실제 구매할 때 사전에 결정한 그대로 구매하는 것으로 자동차, 주택 등과 같은 중요한 물품의 구매나 큰 동이 소요되는 상품을 구매하는 경우에 해당된다. 이와 대조적인 구매행위로 충동구매는 사전 계획 없이 순간적 충동으로 구매를 결정한다. 소비자가 진열된 상품이나 광고 등 자극에 의해 즉석에서 구매를 결정하는 비계획적 구매행동이다.

2) 불명확한 계획을 가진 구매

무엇을 사야 한다는 계획은 있으나 정확한 상품의 종류가 결정되지 않은 상태의 구매로, 이때 상품가격은 소비자에게 부담스럽지 않은 범위 내의 금액인 경우이다. 예를 들어, 선물을 살 경우, 예상 금액은 정해져 있으나 상품 종류가 결정되지 않은 경우이다. 또는 식사를 해야 하는데 메뉴가 정해지지 않은 경우이다.

3) 습관적인 계획을 갖는 구매

일상생활에 필요한 물품의 구매로, 상품의 가격과 질에 대한 정보를 파악하고 그 상품의 사회적 가치를 판단한 후 구입할 상품의 특성과 양을 결정한다. 이때의 구입은 구매 담당자가 여러 번의 구매 경험을 통해 어떤 구매는 잘 된 것이고 어떤 구매는 수정해야 된다는 것을 평가한 결과로써 나타난다. 즉 급식업체나 가정에서 항상 소비되는 물품 및 식재료의 구매가 이에 속한다.

4) 가격에 민감한 구매

물품의 가격과 경제적 효용성을 비교한 후 상품을 구매하는 것으로, 싼 가격의 상품이나 다용도로 쓰일 가치가 있다고 판단되는 상품은 계획 없이 구입하게 된다.

알아두기 계획구매의 정의

계획구매란 소비자가 물건을 사기에 앞서 사야 할 상품이나 어떤 특정 상표를 미리 결정하고, 실제로 구입할 때 사전에 결정한 그대로 물건을 구입하는 행위를 의미한다.

최근의 인터넷, 온라인 마켓, TV 홈쇼핑의 신장과 더불어 날로 증가되고 있는 충동구매(衝動購買)와는 대조적인 구매행위이다. 그러나 그것이 계획적인 구매인지 충동적인 구매인지 명확히 구별하기란 곤란하다. 예를 들면, 평소 스웨터를 하나 사려고 하였던 사람이, 거리를 거닐다가 우연히 좋은 스웨터를 발견하여 그것을 샀을 경우 등이 그 예이다. 계획구매가 비교적 잘 이루어지고 있는 것은 일용품으로, 특히 많이 사서 써 본 경험이 있는 상품들이다. 그러나 계획구매 자체도 많은 생각 끝에 이루어지기보다는 습관적·고정적인 것이 더 많으며, 참다운 의미에서의 계획구매란 그리 많지 않다.

Chapter **02**

구매의 외부환경

1. 시장
2. 구매시장 조사
3. 유통경로

FOOD PURCHASING MANAGEMENT

1. 시장

(1) 시장이란?

시장(market)이란 상품과 소유권이 생산자로부터 소비자에게 인도되는 장소를 말하며 마케팅(marketing)이란 구매자 또는 소비자들의 욕구를 충족시킴으로써, 이들의 삶을 향상시키고 궁극적으로는 인간의 행복을 추구하는 것으로 넓은 의미의 시장의 개념을 말한다. 즉 과거의 시장 개념은 물품교환에 의한 소유권 이전의 장소였으나, 오늘날에는 상품이 생산 이후부터 소비자에게 전달되기까지의 모든 경로나 교환 기능, 즉 상품의 수송, 가공, 포장, 판매 및 상품에 관한 정보까지도 모두 포함된다. 마케팅에 대한 공식적인 정의는 "개인과 조직의 목적을 충족시키는 교환을 창조하기 위하여 아이디어, 재화 그리고 서비스의 개념화, 가격결정, 촉진, 유통을 계획하고 수행하는 과정"이라고 한다.

(2) 시장의 기능

1) 구매 정보의 획득

판매자와 소비자의 정보교환 장소로 시장 변화, 신상품 등에 관한 정보를 얻을 수 있다.

2) 교환기능

판매자에게서 소비자에게로 물건과 서비스의 소유권이 이전되고, 이에 대한 대가로 소비자는 판매자에게 대금을 지불하는, 물품과 대금의 교환이 이루어지는 장소이다.

3) 실제적인 물품 공급

생산자 및 판매자에게서 소비자에게로 물품이 이동되는 실질적인 장소이다.

4) 경영 활동의 수행 장소

장부정리, 대금지불, 신용기간의 연장, 연체대금의 수금, 문서전달 등을 수행하는 장소로의 기능이 있다.

(3) 마케팅의 기능

마케팅의 기능을 수행하기 위한 가장 중심적이고 기본적인 기능은 제품의 기획 및 관리, 가격 결정, 촉진, 유통을 들 수 있으며, 마케팅의 전략적 수단이라고 할 수 있는 이 네 가지 기능은 모두 영어의 철자가 P자로 시작되어 4P 기능이라고도 한다.

1) 제품기능(product)

팔릴 수 있는 제품의 개념을 확인하고 결정하는 것으로 포장재의 디자인과 상표명의 결정도 소비자의 구매에 중요한 동기가 된다. 시장 지향적인 제조업체에서 마케팅의 제품기능은 생산기능에 앞서 수행한다. 제품 포장 및 상표명은 소비자의 구매 동기를 유발하는 중요한 요인이므로 제품의 디자인 및 계획도 제품기능에 포함된다.

예 포장재에 생산자의 이름 또는 전화번호, 사진을 기록하여 생산자의 실명을 표시하는 제품, 제조일자 및 소비기한 표시 제품

2) 가격기능(price)

가격이란 판매한 제품 또는 서비스의 대가로서 구매자가 판매자에게 지불하는 금전적인 가치이다. 일반적으로 구매자는 되도록 낮은 가격에, 판매자는 가능한 높은 가격에 거래가 성사되기를 바란다. 시장에서의 가격 결정요인은 수요와 공급이지만(수요보다 공급이 많아지면 가격하락, 적으면 가격상승) 반드시 그런 것만은 아니다. 가격이 낮을수록 많은 수요가 발생하는 것은 아니며, 가격이 높을수록 잘 팔리는 상품도 있다. 어떤 특정 브랜드에서는 제품 가격을 고가로 책정하는 노세일 마케팅 전략을 사용하기도 한다.

기업이 생산 초기에 합리적인 가격수준을 결정하는 것도 중요하지만 일단 정해진 가격을 시장 상황에 적합하도록 조정하는 것도 중요하다. 따라서 제품의 가격인상 또는 인하, 할인그리고 배달 거리가 다른 고객을 만족시킬 수 있는 가격체계에 대한 의사결정도 필요하다.

3) 촉진기능(promotion)

기업이 소비자, 중간구매자 또는 최종소비자에게 제품과 기업에 관한 정보를 전달하는 기능을 말한다. 기업이 제품을 유통하기 위해서는 시간과 장소가 필요하므로 중간상들이 자기 제품을 우선 취급해주고 또한 다른 기업의 제품보다 성의있게 판매해주도록 설득해야 한다.

4) 유통기능(place)

유통경로란 특정 제품이나 서비스의 흐름을 돕기 위하여 참여하는 일련의 중간상인 및 매개인으로 이루어지는 경로로, 이를 통해 고객이 원하는 시간과 장소에 원하는 상품을 전달하는 기능이다. 유통경로를 구성하고 있는 구성원들은 상품을 직접 취급할 수도 있고 그렇지 않을 수도 있다. 경로구성원은 제품의 유통을 돕기 위해서 수송, 창고, 보험, 촉진, 자금지원 등 여러 가지 기능을 수행한다.

2. 구매시장 조사

(1) 구매시장 조사의 의의와 목적

구매시장 조사는 구매활동에 필요한 자료를 수집하고 이를 분석 및 검토하여 보다 좋은 구매방법을 발견하고, 그 결과를 구매방침 결정, 비용 절감, 이익증대를 도모하기 위한 조사로 장래의 구매시장을 예측하기 위해 실시한다. 구매시장 조사는 가격변동, 수급상황, 신자재의 개발, 공급업자와 업계의 동향을 파악할 수 있으므로 매우 중요하다. 구매시장 조사의 목적은 다음과 같다.

1) 구매 예정 가격의 결정

생산할 상품의 원가 계산 가격과 구매물품의 시장 가격을 기초로 이루어진다.

2) 합리적인 구매 계획의 수립

구매대상 품목의 품질, 구매거래처, 구매 시기, 구매 수량 등에 관한 계획을 수립한다.

3) 신제품의 설계

상품의 종류와 경제성, 구입 용이성, 구입시기 등을 조사한다.

4) 제품개량

기존 상품의 새로운 판로 개척이나 원가 절감을 목적으로 조사한다.

(2) 구매 시장조사의 내용

일반적으로 구매시장 조사에서 행해지는 조사내용은 다음과 같으며, 이러한 정보를 바탕으로 구매계획을 실행, 통제해야 한다.

1) 품목

제조회사, 대체품을 고려해서 어떤 품목의 물품을 구매할 것인지 조사한다.

2) 품질

어떠한 품질과 가격의 물품을 구매할 것인가를 조사한다. 물품의 가치는 가격대비 품질로서 나타낼 수 있다. 가격이 비싸다고 좋은 품질을 갖는다고는 할 수 없다.

3) 수량

적정재고 수준을 고려한 예비구매량, 대량구매에 따른 원가절감, 보존성, 보관장소 등을 고려하여 구매수량을 정한다.

4) 가격

물품의 가치와 거래조건 변경 등에 의한 가격인하를 고려하여 얼마에 살 것인가를 결정한다.

5) 시기

구매가격, 사용시기, 사용주기, 시장시세를 고려하여 구매 시기를 정한다.

6) 구매거래처

어디서 구매할 것인가를 결정하기 위해서는 두 군데 이상의 업체로부터 견적을 받은 후 검토해야 하고, 식품의 경우 수급량 및 기후조건에 의한 가격변동이 심하고 저장성이 떨어지므로 한 군데와 거래하는 경우 구매자는 정기적인 시장가격 조사를 통해 가격을 확인해야 한다.

7) 거래조건

인수조건, 지불조건 등을 고려하여 거래조건을 정한다.

(3) 구매시장 조사의 종류

구매시장 조사는 필요한 자료를 수집 · 분석 · 검토하여 보다 좋은 구매방법을 찾고 그 결과를 구매방침에 적용하여 구매원가 절감과 조직의 이익증대를 위한 조사기법이다. 일반적으로 다음과 같은 네 가지 형태로 구분할 수 있다.

1) 기본 시장조사

구매정책을 결정하기 위해서 시행하는 것으로, 전반적인 경제계와 관련업계의 동향, 기초물품의 시중가격, 관련업체의 수급변동 상황, 구입처의 대금 결제 조건 등을 조사한다.

2) 품목별 시장조사

현재 구매하고 있는 물품의 수급 및 가격 변동에 대한 조사로, 구매 물품의 가격 산정을 위한 기초자료와 구매수량 결정을 위한 자료로 활용된다.

3) 구매거래처의 업태조사

특정업체와 계속적으로 거래하는 경우 안정적인 거래를 유지하기 위해서 주거래 업체의 개괄적 상황, 기업의 특색, 금융상황, 판매상황, 노무상황, 생산상황, 품질관리, 제조원가 등의 업무조사를 실시한다.

4) 유통경로의 조사

구매가격에 직접적인 영향을 미치는 품목별 유통경로를 조사한다.

(4) 구매시장 조사의 원칙

1) 비용 경제성의 원칙

시장조사에 사용된 비용이 조사로부터 얻을 수 있는 이익을 초과해서는 안되므로 소요되는 비용이 최소가 되도록 하여 조사비용과 조사 효용성 간에 조화가 이루어지도록 한다.

2) 조사 적시성의 원칙

시장조사의 목적은 조사 자체에 있는 것이 아니므로 구매업무를 수행하는 소정의 시기 안에 끝내야 한다.

3) 조사 탄력성의 원칙

시장수급 상황이나 가격 변동과 같은 시장 상황 변동에 탄력적으로 대응할 수 있는 조사가 되어야 한다.

4) 조사 계획성의 원칙

구매시장 조사는 그 내용이 정확해야 하므로 사전에 철저한 계획을 세워야 한다.

5) 조사 정확성의 원칙

조사하고자 하는 품목에 대하여 정확하게 조사가 행해져야 한다.

3. 유통경로

(1) 유통경로의 개념

1) 유통과 유통경로의 정의

유통이란 생산자에 의해 생산된 재화가 판매되어 소비자와 수요자가 구매하기까지 여러 단계에 걸쳐 수행되는 계속적인 활동을 말한다. 유통경로란 **[그림 2-1]**과 같이 생산자로부터 소비자에게로 제품과 그 소유권을 이전시키는 여러 활동을 담당하는 중간상들의 상호 연결 과정을 말한다. 이때 유통기관은 구매 · 판매 · 수송 · 보급 · 시장금융 · 위험부담 · 촉진 · 정보제공 등과 같은 활동을 수행하며 이들은 제품과 서비스가 보다 쉽고 효율적으로 소비될 수 있도록 한다.

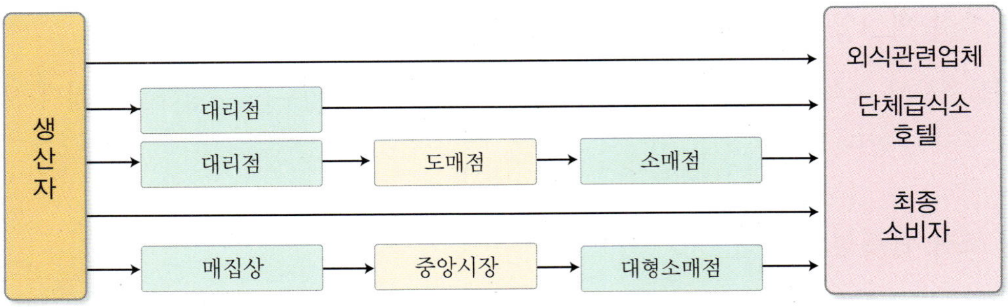

그림 2-1 제품의 유통경로

2) 유통경로의 기능

소비자에게 값이 싸며 질이 좋은 상품을 전달하기 위해서는 소비자·소매상·도매상·운송업자·금융기관 등 유통과정에 참가하는 모든 기관들이 가장 이상적인 업무를 배분하여 수행해야 한다. 유통경로의 흐름을 간단하게 설명하면 다음과 같다.

① 물적흐름

물적흐름(physical flow)은 제품의 물리적 이동에 필요한 활동이다.

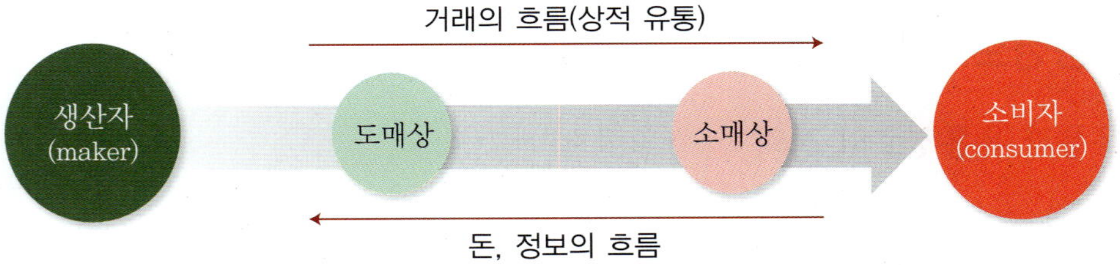

그림 2-2 유통경로의 흐름

② 소유권의 흐름

소유권의 흐름(ownership flow)은 제품에 대한 소유권이 생산자에게서 중간 상인과 소비자에게로 이전되는 것을 말한다. 소유권이 이전될 때마다 거래비용이 누적되어 소비자에게 큰 부담이 되는 경우가 있다.

그림 2-3 소유권 흐름도

③ 대금지급의 흐름

대금지급의 흐름(payment flow) 속도가 빨라질수록 유통의 효율화가 이루어지며, 비용의 경제성이 확보되고 생산과 소비의 연결이 원활해진다.

④ 정보의 흐름

유통경로상의 각 연속단계에서 상호 간에는 정보 교환이 있고, 인접하지 않은 기관 사이에도 다수의 정보의 흐름(information flow)이 존재한다. 즉 예상 판매량 · 가격정보 · 유행 흐름 등을 수집 · 제공 · 공유한다.

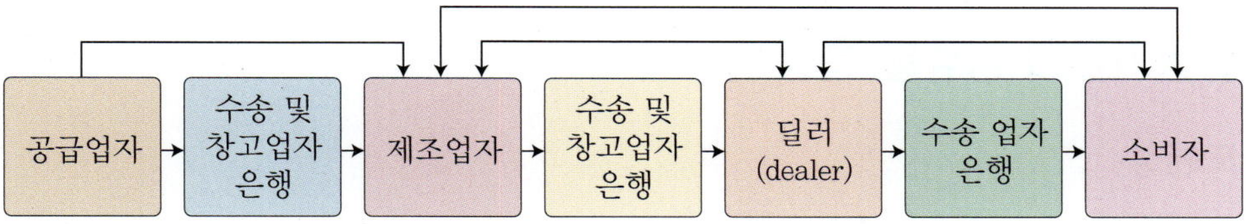

그림 2-4 정보의 흐름도

⑤ 촉진의 흐름

제조업자는 도매상 · 소매상은 물론, 소비자에게까지 제품판매를 위한 광고 · 인적 판매 · 홍보 · 판매촉진의 활동을 하게 된다. 또한 도 · 소매점에게 판매원을 파견하거나 설비 등을 지원해주기도 한다.

3) 유통경로의 유형

① 제1유형(생산자→소비자)

대부분의 제품 및 서비스가 중간상을 통해 판매되는 것과는 달리 생산자가 유통기능을 직접 수행하는 형태로 생산자나 소비자 서로 간의 이익을 증대시킬 수 있는 장점이 있다.

② 제2유형(생산자→소매상→소비자)

소비재가 소매상을 거쳐 소비자에게 가는 유형으로 소매상이 많은 이익을 보는 경우가 많다.

③ 제3유형(생산자→도매상→소매상→소비자)

생산자가 도매상에게 물건을 넘기고, 도매상이 소매상으로, 소매상이 마지막 단계인 소비자에게 판매하는 유형이다. 이러한 경우는 도매상이 많은 이익을 보게 된다.

④ 제4유형

위의 3가지 유형보다 더 긴 유통경로로 생산자 → 도매상 → 중간 도매상 → 소매상 → 소비자에게 가는 유형으로 농수산물이 대표적이다.

②, ③, ④유형은 간접판매 경로를 거치는 유형으로 제품의 유통을 전문적으로 담당하는 유통기관이 개입하여 형성되는 유통경로이다.

(2) 유통기관의 종류별 특성

1) 도매상

도매상이란 영리적 목적으로 생산자로부터 다량의 상품을 구매하여 소매업자 및 조직구매자를 대상으로 판매활동을 하는 기관을 말하며, 특히 광범위한 지역에 산재한 다수의 소매상이나 산업사용자와 접촉하면서 다양한 기능을 수행하고 있다.

① 도매상의 기능

가. 소매상 대신 생산자로부터 제품을 대량구매, 보관하여 제조업자와 소비자 간의 공간적, 시간적인 갭(gap)의 조정

나. 소매상과 접촉하여 전문적인 유통기능 수행

다. 시장 상황에 맞게 상품의 수급 조절 기능 수행

라. 상품에 대한 수량 · 형태 · 포장 · 구색 · 가격 등에 대한 소매상의 요구를 제조업자에 전달하는 역할 수행

마. 제조업자의 유통, 생산 및 판매계획에 유용한 정보 제공

바. 생산품의 시장 내 수요 · 공급에 따른 가격 형성 기능 수행

② 도매상의 유형

도매상의 유형은 **[그림 2-5]**와 같이 독립도매상과 통합도매상으로 나눌 수 있다. 독립 도매상은 취급상품에 대한 독립적인 소유권을 가지고 경영하는 상인 도매상과 취급상품에 대한 소유권이 없이 유통기관으로서의 기능만을 수행하고 있는 대리 중간상으로 나누어진다. 상인도매상은 도매상의 기능수행 정도에 따라 완전 기능 도매상과 한정 기능 도매상으로 나뉜다.

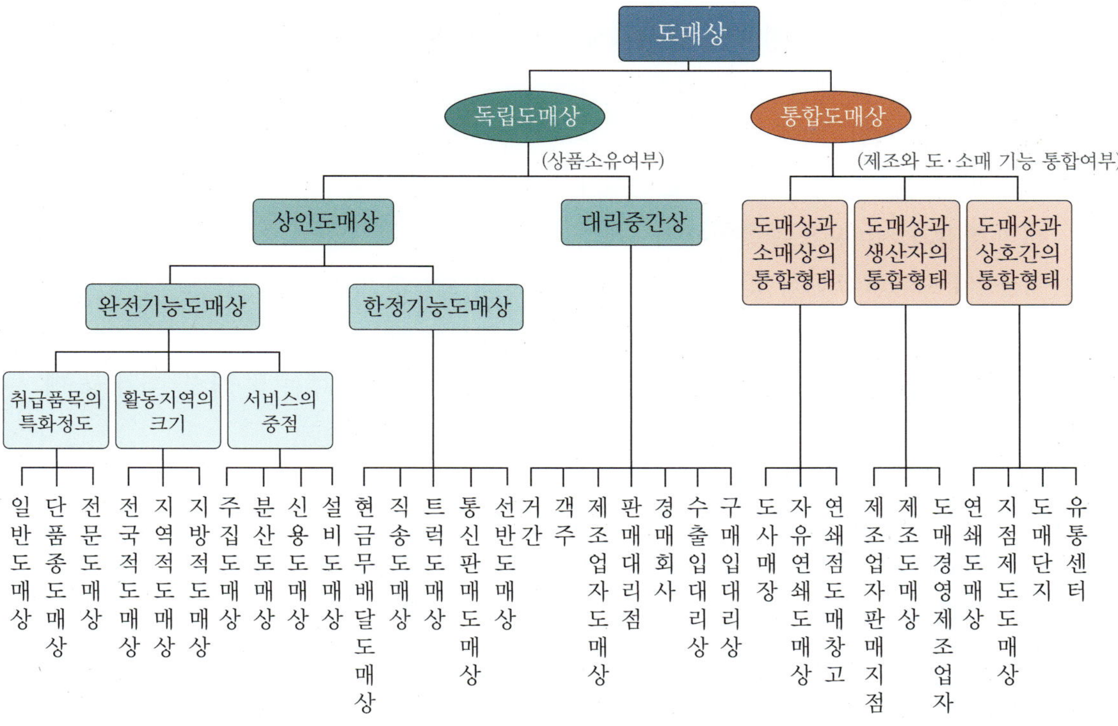

그림 2-5 도매상의 유형

가. 완전 서비스 도매상

완전 서비스 도매상은 재고의 유지 및 확보, 판매활동, 신용의 제공, 배달 서비스, 경영의 지도·관리·육성·지원 등의 유통과 관련된 종합적인 서비스 기능을 수행하며 다음과 같은 유형이 있다.

ⓐ **도매상인**: 소매상에 제품과 서비스를 종합적으로 제공하는 잡화 도매상과 식료품, 의약품, 의류 도매상인 일반계열 도매상, 그리고 건강식품, 해산물 도매상인 전문 도매상이 있다.

ⓑ **산업도매상**: 소매상보다는 제조업자를 대상으로 제품과 서비스를 판매하는 특징이 있다.

나. 한정 서비스 도매상

고객이나 공급자에게 몇 가지 제한된 제품과 서비스만 제공하는 기능을 수행하는 도매상으로 주요 유형은 다음과 같다.

ⓐ 현금 무배달 도매상: 재고 회전율이 높은 한정된 제품만을 소매상에게 현금 지급 조건으로 판매하며, 무배달을 원칙으로 하며 금리 및 손실 위험이 낮아 판매가격을 인하할 수 있다. 농수산물 도매업자가 이에 해당한다.

ⓑ 트럭 도매상: 거래 소매상에게 판매와 배달의 동시적인 기능을 수행하며, 과채류 · 우유 · 빵 · 스낵 등과 같이 저장수명이 짧은 제품만을 취급하고, 슈퍼, 음식점 등 영세적 소규모 업체를 상대로 현금판매를 원칙으로 한다.

ⓒ 직송 도매상: 석탄 · 목재 · 건축자재 등 부피가 큰 상품을 주문에 의해 생산자가 구매자에게 직접 수송하며, 차량 단위로 거래가 이루어진다. 대금만 회수하므로 운송비 · 보관비의 절감과 저비용으로 운영이 가능하다.

ⓓ 통신판매 도매상: 소매상 및 고객에게 관련 정보 및 자료를 제공한 후 인터넷, 전화 등과 같은 통신망을 통해 주문을 접수하고 우편이나 택배로 배달한다.

ⓔ 선반 도매상: 잡화상이나 슈퍼에 비식료 용품인 건강미용품, 단행본 및 잡지, 식기 등 매출 비용이 낮은 물품을 직접 배달하며 진열 및 재고관리도 해준다.

다. 대리 중간상

상인 도매상과는 달리 취급하는 제품 및 서비스에 대한 소유권을 갖고 있지 않은 채 단지 판매와 구매활동을 매개하는 중간상을 말한다. 대리 중간상에는 다음과 같은 유형이 있다.

ⓐ 중개상: 제품은 보관하지 않은 채 구매자와 판매자를 찾아내어 양측의 매매상담을 조성하고, 수수료를 받는다.

ⓑ 대리상: 독립한 상인으로서 장기적인 계약에 의해 판매자 또는 구매자를 대표하여, 영업에 관련된 업무를 해주고 성과에 따라 보수를 받는다.

ⓒ 위탁상: 생산자가 위탁한 상품을 직접 보관 · 관리하면서 판매상담과 활동을 수행하는 대리중간상으로 트럭을 이용한 농수산물 유통이 대표적이다.

ⓓ 판매 대리상: 생산자의 판매활동을 대리하여 마치 판매부서와 같은 역할을 담당하는 도매상의 일종으로, 위탁자의 명의로 매매거래를 하며 매매가격, 거래조건, 판매 방법 등에 위탁자의 제한을 받고 대리점은 매매수수료를 위탁자에게 받는다.

ⓔ 경매회사: 위탁상품을 경매에 붙여 판매하고, 서비스와 실비사용에 대한 수수료를 받으며, 주로 청과물 · 수산물 · 중고 자동차가 대표적이다.

ⓕ 구매 대리상: 구매자들과 장기적인 계약에 의해 구매자를 대표하여 구매활동을 대리하는 대리 중간상을 말한다.

2) 소매상

소매상이란 재판매용이 아닌 최종소비를 목적으로 제품을 구입하는 소비자를 대상으로 상품을 판매하며 연간 판매액의 절반 이상을 소비자에게 판매하고 유통하는 기관이다. 소매 활동은 사람·우편·전화 또는 자동판매기와 같은 판매방법에 따라 수행되기도 하며, 상점, 거리나 소비자의 집에서 이루어지기도 한다.

① 소매상의 기능

공급업자를 위한 기능	소비자를 위한 기능
• 최종 소비자의 필요한 욕구 전달 • 보관 및 수용 • 소량 판매 실시 • 시장 정보 제공 • 인적판매 및 광고업무	• 상품 및 서비스에 대한 필요 파악 • 보관 및 배달 • 구매하기 편리하도록 소량판매 • 신용 판매 • 상품 및 서비스에 대한 정보제공 • 품질보증과 사후 서비스

소비자와 가장 밀착된 접촉을 가지면서 소유권 이전, 보관 및 수송, 구매 및 판매, 시장정보 수집, 시장금융 등의 유통기능을 수행하게 된다. 소매기관은 생산자 및 도매기관과 소비자를 원활하게 연결시킴으로써 제품의 유통과정에 큰 역할을 담당하고 있으며 다음과 같은 기능을 수행한다.

② 소매상의 유형

가. 점포 유무별 분류

소매업은 점포를 이용하는 유점포소매업과 점포를 이용하지 않는 무점포소매업으로 분류한다. 무점포소매업에는 통신판매, 방문판매, 홈파티(home party) 판매, 온라인 판매, TV 홈쇼핑 판매, 자동 판매기에 의한 판매 등이 있다. 이러한 무점포소매업은 최근 빠른 시장 점유율을 보이고 있지만, 아직은 점포를 통해 영업을 하고 있는 유점포소매업의 시장 점유율이 더 크다.

나. 경영 방식별 분류

경영방식에 따라 단독점 경영과 체인점 경영으로 분류한다. 체인점 경영은 회사형 체인(franchise chain)과 독립된 다수의 소매점이 모여서 기능 일부를 본사에 위탁하는 발런터리 체인(voluntary chain: 임의 연쇄점)이 있다. 다수의 소매상이 공동구매, 광고, 설비를 통하여 대형소매상과 대항하고 경제적 이익을 얻지만 참여하는 각 소매상의 경영활동의 독립성은 유지한다. 프랜차이즈 체인(franchise chain)은 각 가맹점의 주체가 독립사업자로 발런터리 체인과 비슷하지만, 운영의 주체는 본사에 있으며 가맹점은 체인 경영의 의사결정에 적극적으로 참여하지 않는 본사와 가맹점 간의 종적 관계가 유지되는 소매 형태의 연쇄점이다.

③ 소매업태의 종류 및 특성

가. 잡화점

식료품을 주로 판매하는 소규모형 영세업으로 운영비용이 낮고, 주로 가족에 의해 운영되는 형태이다. 대체로 주택지에 많이 분포되어 있으며, 점주가 직접 소비자를 상대하기 때문에 구매자와의 유대관계가 좋으나, 가격할인 등 경제성이 부족한 취약점을 갖고 있다.

나. 백화점

일반적으로 도시의 중심부에 위치하고 있다. 한 건물 내에서 일괄구입(one stop shopping)과 비교구입(comparision shopping)이 가능하며, 모든 상품과 서비스를 관리하고, 소비자의 다양한 구매욕구와 행동에 대응하여 현대적인 소비마케팅을 전개하는 대규모 소매기업 형태이다.

다. 슈퍼마켓

셀프 서비스 시스템을 토대로 한 종합 식품 소매업으로 최근에는 비식료품의 취급비율이 점차 커지고 있고 각종 서비스 취급이나 점포의 대형화가 활발하게 진행되고 있다.

라. 편의점

연중무휴로 24시간 언제든지 편리하게 이용할 수 있는 점포로 유동인구가 많은 곳이나 다가구 주택 밀집지역에 주로 위치하는 소매업으로 최근 급성장하고 있다. 편의점에서는 식품, 생활필수품을 중심으로 폭넓은 상품구성과 생활과 밀착된 상품구성으로 소비자에게 구매 편리성을 제공한다. 또한 택배 서비스, 공공요금 납부, ATM(현금자동입출금기) 설치, 공연 및 놀이공원 이용권 발권, 민원 발급기 등 다양한 형태의 편리성을 제공하며, 일부 패스트푸드가 접목되어 운영되어 카페처럼 운영되기도 한다.

마. 전문점

최근 급성장하면서 각광받고 있는 전문점은 전문품을 주로 판매하는 소매업이다. 의류, 가구, 인테리어, 귀금속 등과 같은 특정 상품군에 대한 다양한 소비자의 욕구를 충족시키는 상품을 갖추고 있으며, 특정 상품군에 대한 대량 매입이 가능하므로 대량 매입에 따른 비용 절감이 가능하고 고정 고객 확보에 유리하다.

바. 체인 스토어

체인스토어는 한 기업이 여러 점포를 체인화하여 일상생활에 필요한 상품을 종합적으로 갖추어 셀프 서비스 방식으로 판매·운영하는 종합슈퍼와 같은 대규모 양판 소매점이다. 중앙 관리센터라고 하는 체인본부를 설치하여 상품의 집중구입이나 광고, 종업원의 교육 및 연수, 점포 운영에 따른 자금 조달 등의 역할을 하고 있다.

사. 웨어 하우스 스토어

창고라는 의미의 웨어하우스 스토어는 철저하게 저가격 정책을 실행하기 위하여 점포 인테리어에 대한 자금투자와 고객서비스를 최소화하여 저비용 경영을 하는 소매업이다. 보통 창고형 점포라고 하며, 박리다매, 한정된 서비스 제공에 의한 인건비의 절약으로 상품을 저가격으로 판매하는 소매업이다.

아. 디스카운트 스토어

디스카운트 스토어는 슈퍼마켓의 상법을 응용한 형태로서 가정용품이나 의류품 등을 할인된 저가격으로 판매하는 소매업이다. 주로 전국적인 브랜드 상품을 취급하며 상품구성은 백화점과 유사하지만, 저마진 추구(건물·인건비·일반 관리비 등의 최소화)와 고회전 지향(재고회전율이 백화점보다 높음) 그리고 셀프서비스라는 특징은 백화점과 다르다.

시대	업태	업태 유형	특징	업태 유형	특징
고도성장 시대	백화점 시대	· 백화점	· 유일한 근대적 소비업, 상품 갖추기, 폭의 넓이, 문화성의 높이를 추구		
		· 중소소매업	· 일상생활 요구의 대응		
		· 슈퍼			
고도성장 시대	2대 소매업 시대 (백화점, GMS)	· 백화점	· 비일상 레벨의 소비요구에 대응, 종합력의 발휘		
		· GMS	· 일상 레벨의 향상에 공헌 (대량 생산과 소비 시스템)		
		· 중소소매업	· 지역 밀착형		
		· 전문점 체인			
		· 식품 슈퍼			
		· CVS(편의점)			
성숙사회	업태 다양화 시대	· 백화점	· 상품 갖추기의 폭과 넓이, 길의 넓이, 높은 문화성, 보다 풍부하고 질 높은 생활의 제공	· 전문점 체인	· 개별화 및 고급화에 대응
		· GMS	· 일상생활의 욕구를 광범위하게 충족	· 중소소매업	· 지역 밀착형
		· 식품 슈퍼	· 식생활의 특화, 편리한 입지, 소규모 대비 다양한 상품구비	· 방판, 통판 각종 무점포 판매 고객조직형 소매업 정보 편집형 유통업	· 취미 및 기호 다양화에 대응 디스카운트성, 인터넷·홈쇼핑의 편리성 제공
정보사회	업태 세분화 시대	· 신백화점	· 대상고객의 집약성, 고도의 엔터테인먼트성	· 신전문점	· 현저하게 특화한 마니아형 전문점
		· 확장형 CMS	· 질과 전문성 향상, 부대서비스 기능의 증진	· 디스카운트형 및 취미형 무점포 판매	
		· 기존의 백화점, CMS, 식품 슈퍼, 전문점 체인, 고급전문점, 중소소매업	· 질과 전문성 향상, 부대서비스 기능의 증진	· 편리성 제공형 무점포 판매	· 일상 필수품의 제공
				· 정보편집형 유통업	· 정보 그 자체를 파는 유통업
				· 전자상거래	· 인터넷 판매
		· 회원제 슈퍼	· 특정고객대상의 클럽형 소매업, 개별 대응형		

그림 2-6 소매업태의 변화추이

(3) 식품시장의 종류

농수산물시장은 유통되는 장소에 따라 일차시장, 이차시장, 지역시장으로 나눌 수 있다.

1) 일차시장(산지시장)

물품공급의 기본적인 원천이 되는 곳으로 해안가의 수산시장, 과수단지의 청과물시장, 목축 단지의 가축시장 등과 같이 주로 산지 근처에서 형성된다.

2) 이차시장(도매시장)

도매시장은 상설시장으로 일차시장에서 대량의 물품을 구입한 뒤 이를 지역시장의 소매업자들에게 소량씩 분배하는 역할을 수행하며 일반적으로 소비지역에 접근해 있다.

① 도매시장의 의의

전국적으로 소규모로 분산되어 생산되는 농산물의 질적, 양적차이를 조정하고 대량거래에 의한 유통경비를 절감할 수 있으며 다음과 같은 원칙이 적용된다.

가. **거래 총수 최소한의 원칙:** 특정 농수산물의 총 거래 횟수는 생산자와 소매업자가 직접 거래할 때보다 도매조직과 소매업자가 거래할 때가 적으며, 이로 인해 거래비용 절감효과와 운영 효율성을 높일 수 있다.

나. **대량 준비의 원칙:** 농산물의 비연속적인 수급 조절을 위하여 필요한 일정량을 도매시장이 보유함으로써 소매시장의 수급 조절에 보다 적극적으로 대응할 수 있다.

② 도매시장의 기능

가. **가격형성의 기능:** 공개 경매제도에 의한 균형가격을 형성하여 한 시장 내에서 수요자와 공급자 간에 형성될 수 있는 두 개 이상의 시장가격 형성을 막아 적정가격으로 거래될 수 있도록 한다.

나. **수급 조절의 기능:** 도매 시장 법인, 중도매인이 시장의 상황에 따라 대량집하, 대량분산과 저장보관이 가능하므로 원활한 수급과 신속한 거래를 촉진하고 가격안정을 도모할 수 있다. 또한 도매시장에서는 표준화와 등급화가 가능하여 거래를 촉진하고 공정거래를 유도할 수 있다.

다. **배급기능:** 도매시장에 집하된 농수산물은 수급을 고려하여 적절하게 배급될 수 있다. 우리나라의 도매시장과 소비시장은 대부분 대도시에 위치하여 도매시장에 집하된 농수산물이 소매시장의 수요를 감안하여 적절하게 분산될 수 있다.

라. **유통경비의 절약:** 대다수의 구매자와 판매자가 한 장소에 모여 여러 종류의 상품을 거래할 수 있으므로 출하자는 대량 출하가 가능하여 운임 및 기타 경비를 절감할 수 있고, 구매자도 필요한 물품을 한 장소에서 구입할 수 있어 구매 경비를 절감할 수 있다.

마. **거래상의 안전보장:** 도매시장 내의 시설은 법에 의하여 정해져 있기 때문에 공공위생시설 및 처리 과정이 근대화되어 거래상의 안전을 보장할 수 있다.

바. **물가정책의 수행:** 도매시장의 거래를 통제함으로써 수집 및 분산을 간접적으로 통제 조절할 수 있어 효과적인 물가정책을 수행할 수 있다.

③ 도매시장의 조직

가. **도매시장 개설자:** 특별시와 광역시는 농림축산식품부 장관의 허가를 받아 개설, 폐업할 수 있으며, 나머지 각 시에서는 도지사의 허락을 받아야 한다.

나. **시장도매인:** 도매시장의 개설자로부터 지정을 받고 농수산물을 매수 또는 위탁받아 도매하거나 매매를 중개하는 영업을 하는 법인이다. 생산출하자로부터 생산물을 위탁받아 이것을 도매시장 내에 상장, 진열한 후, 경매사를 통해 경매 또는 입찰에 의한 방법으로 거래가 이루어지도록 하는 업무를 수행한다.

다. **중도매인:** 시장도매인으로부터 매수한 상품을 소매상 또는 대량 수요자에게 분배하는 중간업자로서 도매시장 개설자의 허가를 받아 도매시장 거래에 참가하는 사람이다. 중도매인은 매매참가인이 매수하는 농수산물 대금의 지급능력을 담보로 하기 위하여 지정도매인에게 미리 보증금을 납부하거나 담보를 제공하여야 한다.

라. **매매참가인:** 시장의 개설자에게 신고를 하고 시장에 상장된 농수산물을 직접 매수하는 자로서 중도매인이 아닌 가공업자, 소매업자, 수출업자 등 농수산물의 실수요자이다.

마. **경매사:** 공영도매시장에서 농산물과 수산물의 가격을 평가하고 최고 가격을 제시하는 구매자나 중도매인을 연결시켜 주는 중개 업무를 수행한다.

④ 농수산물 도매시장

농수산물 유통 및 가격안정에 관한 법률에 의해 농수산물을 도매 거래하기 위하여 도시지역에 개설하는 시장으로 공익성을 수행할 수 있도록 공공기관에 의해 개설되고 있다. 이곳은 식료품의 수급조절과 가격 형성, 공정 거래, 유통 경비 절감 등의 기능을 수행하며 시장 개설 지역 내의 원활한 유통을 위하여 농산물, 수산물, 축산물 중 2개 이상을 종합하여 개설하도록 한다. 도매시장은 위탁판매를 원칙으로 하며 공개 경매입찰이 이루어지도록 한다(도매시장 일반현황**[부록1]**).

알아두기 농수산물 도매시장의 필요성

① 농수산물 유통단계의 양 끝에 있는 유통기관(생산자와 소비자)을 중개함으로써 적절한 수급, 상품의 집배, 판매대금의 신속한 결제 등 전문적인 상업기능을 수행한다.

② 농수산품은 선도의 변화가 심하고 표준화와 등급화가 곤란한 상품적 특성으로 다량의 현물을 특정한 장소에 집하하여 집중 거래함으로써 신속한 가격 형성과 능률적인 분산을 할 필요성이 있다.

③ 매수인의 적절한 농수산물의 종류와 품종의 수량을 요청에 신속하게 응하기 위해서 광범위한 집하가 필요하고, 생산자에 대한 계속적이고 안정적인 출하를 촉진함으로써 안정된 가격으로 거래를 주선할 장소가 필요하기 때문이다.

3) 지역시장(소매시장)

유통과정의 최종 단계로 소비지에 형성되는 시장으로, 생산된 상품을 소비자의 욕구와 기호에 맞추어 공급하고 각종 서비스를 제공해주는 장소이다. 소매시장의 주 이용객은 소매상이며, 이들은 도매상의 가장 중요한 상품 구매자로서 소비자의 욕구에 응하여 상품과 서비스를 보다 저렴하게 제공한다.

4) 농수산식품거래소(www.eat.co.kr)

농수산물의 과다한 유통비용을 줄이고 생산자는 제값에 소비자는 싼값에 구매할 수 있도록 세계 최초로 설립되었으며, 기업간 전자상거래온라인경매, 공공급식 전자조달시스템, 공공급식 지원센터시스템을 운영하고 있다. 또한 친환경/지역특산 명품 농수산물 전문 쇼핑몰인 에이티몰을 통해 판매자와 구매자가 온라인상에서 정보를 교환하여 거래를 추진함으로써 농수산물의 안전성 및 물류관리가 보다 철저해지는 장점이 있다. 판매자는 안정적 결재로 부실채권에 의한 경영부담의 최소화, 판로 확대와 판매수수료 비용 절감 등의 효과, 구매자는 공급 확대, 시장 및 상품 정보 접근성 증대 등의 효과를 기대할 수 있다.

그림 2-7 농수산식품거래소 사업내용

(4) 농산물의 유통 시스템

1) 유통조직 유형

사회적 · 경제적 제도로서의 유통조직은 각 나라의 다양한 사회 · 정치 · 경제적 환경 등을 바탕으로 경제성장과 유통 환경 그리고 유통 관련 기관과의 상호 유기적인 연계성 등에 따라 다르며, 이러한 유통 조직 유형은 크게 4가지로 분류하고 있다.

① 정부 주도형

정부가 유통조직에 주도적으로 관여하고 직·간접적으로 영향력을 행사하여 시장 기능을 조정하는 역할을 수행한다. 특히 정부는 유통시설뿐만 아니라 유통 조직 및 활동까지도 통제하여, 소비자 위주의 공정 가격 안정에 적극적으로 개입한다. 이러한 정부 주도형 유통 조직은 한국을 비롯한 일본, 대만 등 대부분 동남아시아 국가에서 행해지고 있다.

② 마케팅보드형

농산물 유통을 품목별로 관리·운영하는 형태로, 주로 호주·뉴질랜드·캐나다 등 대부분의 영연방국가에서 실시되고 있는 유형이다. 농산물의 수요·공급의 균형을 유지하고, 가격 안정을 꾀하며, 판로를 공동 개척한다. 유통조직은 특정 품목에 대한 생산계획을 수립한 후, 계획생산에 의한 출하량을 조정·통제하며 품질등급, 운송체제, 제조 및 가공, 저장 및 보관 등을 지도·감독한다. 특히 해외진출, 잉여 품목의 활용 방안, 생산성 제고, 품질 개선, 연구 개발 및 마케팅 업무까지 수행하고 있다.

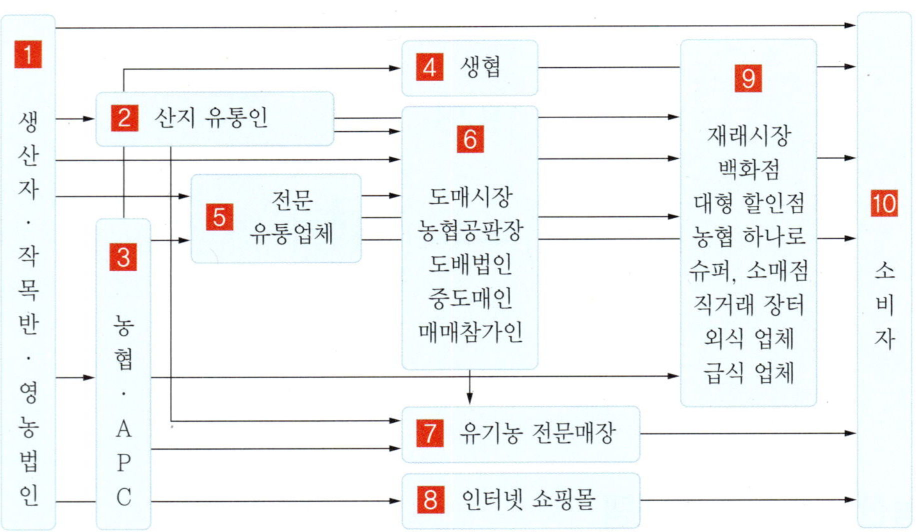

1 개별 농가, 늘푸른작목반, 학사농장
2 산지수집상, 한국유기농업협회 유통본부
3 지역 단위 농협, 산지유통센터(APC), LPC
4 한살림 생협, 원주생협, 두레생협, 카톨릭농민회
5 민간 RPC, 단고을 연합사업단
6 가락동 농산물도매시장, 서울청과
7 초록마을, 올가
8 이팜, 무공이네
9 E마트, SSM, 정선 5일장, 음식점, 급식업체

그림 2-8 우리나라 농산물의 유통시스템

③ 민간 주도형

법률적인 규제하에서 민간기업에 의해 주도되고, 정부는 유통 활동에 직접 개입하지 않는 유통 체계이다. 생산자, 상인, 소비자가 농산물 유통에 관여하고, 정부는 경쟁가격의 유지, 독점 및 과점가격의 억제, 유통 참여자에 대한 각종 서비스의 제공, 소비자 보호, 공정거래 등에 관여하며 농산물 유통시장 효율성을 증대시키는 데 집중하고 있다. 미국과 같은 민간기업의 활동이 활발한 곳에서 이루어지고 있다.

④ 혼합형

주로 서부 유럽에서 이루어지고 있는 형태로 유통 시설을 사회 간접자본으로 인식하여 정부가 적극적으로 참여하며, 공동시장의 형성 그리고 국가 간의 교역량 증대 등을 통한 국내 기업의 경쟁력을 향상시키는 데 지원하고 있다.

2) 특징

식품유통의 많은 부분을 차지하고 있는 농수산물은 식품의 제조·가공을 위한 재료로써뿐만 아니라 그 자체로서 식품과 깊은 관련이 있다. 공산품에 비해 유통단계가 복잡하고 유통비용이 많이 소요되어 가격이 불안정한 농수산물은 생산구조·유통구조·상품·거래 운영 측면에서 다음과 같은 특징이 있다.

① 생산구조

다수 생산자에 의해 소규모·지역적으로 분산 생산되며, 기상조건 등 외부여건 변동에 따른 생산 및 공급량의 변동이 심하다. 또한 생산의 계절성에 의한 연중생산의 한계가 있다.

② 유통구조

생산자의 대부분이 기업형보다는 생업적인 소규모 가내주도형으로 생산자와 소비자 간에 여러 단계의 유통기관이 개입할 수 있다. 시장가격은 도매시장에서의 수급 조절에 의해 주로 결정되고 있으며, 공산품에 비해 수요와 공급이 단기적이며 비탄력적이다.

③ 상품

공산품에 비해 저장성이 짧고, 유통과정 중에 품질손상의 위험이 크다. 농수산물은 생산 이후에 상표화가 필요한 소재 중심형 생산물이기 때문에 유통경로가 중요하다. 상품의 특성상 품질의 표준화와 선별과 혼합을 통해 품질을 차별화하여 소비자의 수요에 대응한다.

또한 상품의 규격화가 어려우며 유통 과정상 품질변화와 물량부족에 의한 불공정 거래의 가능성이 높다.

④ 거래운영

계획생산이 어렵고 가격변동이 크며, 유통경로가 길고 복잡하여 이로 인해 소요되는 유통비용이 크다. 상품의 표준화가 어렵고, 저장수명(shelf life)이 짧으며, 상품의 선도유지가 어렵다. 생산량에 따른 가격변동이 크므로 공동구매 또는 분산구매에 대한 구매자의 대응이 중요하다.

3) 문제점

① 생산품 수급의 불안정

농산물은 천재지변에 따라 생산량이 달라지며, 개별농가에 의해서 생산량이 결정되기 때문에 소비자의 구매계획에 많은 영향을 미치게 된다. 이러한 생산과 공급의 불규칙은 생산품 수급의 불안정 요소로 작용할 뿐만 아니라, 가격 결정에 있어서도 시장을 교란하는 주요 원인이 된다.

② 계절간 가격 변동폭의 심화

농수산물은 수확시기에 따른 성수기와 비수기가 뚜렷하게 구분되며, 비수기에는 저장으로 인하여 품질이 다소 떨어지지만, 희소가치가 상승하여 가격이 상승한다. 성수기에는 유통량이 증가하여 가격하락 폭이 커진다.

③ 상품성 유지 · 관리의 곤란

농수산물은 저장수명(shelf life)이 짧아 쉽게 변질되거나 부패되고, 시간 경과에 따라 품질이 저하되므로 상품성을 유지하는데 많은 어려움이 있다. 최근에는 냉장유통 시스템(cold chain system)이 발달되어 농수산물 유통에 다양하게 활용되고 있다.

④ 규격화 · 표준화의 어려움

일반적으로 공산품은 규격화 · 표준화에 의해 유통되지만, 농산물은 동일품종이라 하더라도 생산품의 품질 및 규격에 많은 차이가 있다.

⑤ 운송비용의 과다

농수산물은 가격에 비해 무게와 부피가 크기 때문에 적재 · 운반 · 수송에 많은 비용이 소요된다.

⑥ 생산농가의 영세성

농수산물 생산농가의 대부분이 개별적이고 전국적으로 분산되어 있으며, 생산 규모가 영세하여 유통시장 교섭력이 약하므로 경쟁력이 부족하다.

4) 기능

① 저장관리 기능

농산물이 지니고 있는 상품적 특수성은 수급의 불균형과 가격의 불안정을 초래하므로, 산지에서 생산된 농산물을 유통과정 중에 저장 · 관리함으로써 농산물의 계절성과 부패성을 완화하여 주는 중요한 역할을 담당한다. 일반적으로 농수산물의 저장목적은 다음과 같다.

가. 생산과 소비의 시간적인 차이에 의한 수급 불안정을 대비
나. 출하의 완급조정으로 적정한 시장가격을 형성
다. 저장관리를 통한 대량거래 및 대량운송의 장점을 극대화
라. 제조 · 가공 · 조리 등 상품화 과정의 전단계로서 기능을 수행

② 제조가공 기능

가공기능은 생산과 소비를 연결하는 주요한 유통기능으로서, 지역적 · 시간적 수급 불균형을 완화하고 원활하게 연결하며, 안정적인 판매망을 제공하여 가격안정과 수급조절의 기능을 담당한다. 농산물은 가공과정을 거친 후 부가가치를 높여 식량자원의 손실을 방지하고 이용성을 증대시킬 수 있다. 또한 저장성이 약한 농산물을 집중출하기에 대량으로 가공처리하여 손실을 방지하고 질적으로 우수한 식품을 연중 안정적으로 공급 가능하게 한다. 농수산물 가공산업의 발달은 고용창출의 기회 제공뿐 아니라 가공관련 산업의 발전을 유도한다.

③ 운송 기능

운송은 생산자와 소비자를 연결하는 교량적 역할을 하며, 최근 농수산물의 운반 · 수송 기능은 물류 기능측면에서 다양하게 이루어지고 있다. 생산자와 소비자 간의 경제적 거리를

단축함으로써 타지역 경제권의 확대 및 생산·유통활동에 기여하여 농수산업 발전을 촉진하며, 생산의 고도화 및 전문화에 기여하고 유통비용을 절감할 수 있다.

④ 소비 기능

모든 농수산물은 저장·가공·운송기능을 통해서 최종적으로 부가가치가 향상된 상태로 소비된다. 즉 소비기능은 유통체계의 최종 단계로서 국민의 건강 증진과 식생활 향상에 기여한다.

알아두기 도매시장의 종류

도매시장은 공공투자 주체에 따라 다음과 같이 세 가지로 나눌 수 있으며, 2022년 9월 전국의 공영도매시장 33개소, 일반 법정도매시장 14개소, 민영도매시장 3개소가 개설되어 있다.

① 공영도매시장

1976년 12월에 제정된 농수산물 유통 및 가격안정에 관한 법률(농안법)에 근거하여 농축수산물의 도매 거래를 위해 중앙 및 지방정부의 공공투자에 의해 지방자치단체가 개설한 시장이다.

② 일반 법정도매시장

지방자치단체가 자체투자 또는 민간의 투자로 개설 후 개설자와 기부체납 또는 무상임대 계약을 하고 농수산물의 도매 거래를 위해 시 지역에 개설한 시장이다.

③ 민영도매시장

민간인이 농축수산물의 도매 거래를 위해 시 지역에 자기투자로 건설한 후 시·도지사의 개설허가를 받아 운영하는 시장이다.

5) 주요 식품별 유통경로

농수산물 유통경로란 농수산물이 생산자로부터 소비자에 이르는 여러 가지 과정을 말하는 것으로 국가나 지역에 따라 차이가 있으며, 상품의 종류에 따라 다르다. 일반적으로 산지에서 생산된 농산물은 수확, 선별 및 포장되어 생산자 단체(산지조합) 또는 산지 유통인(수집상)을 통해 도매시장으로 출하된다. 도매시장 법인은 생산자 단체 또는 산지 유통인이 상장한 농산물을 접수하여 경매장에 농산물을 품목별, 생산자별로 진열한다.

경매는 경매사 주관 아래 중도매인과 매매참가인을 대상으로 진행되며, 판매금액에서 상장수수료를 공제하여 판매대금을 정산한다. 중도매인은 경매로 구입한 농산물을 대량수요자나 소매상에게 판매하고, 소비자들은 소매시장(인근 시장, 슈퍼마켓, 대형 할인업체 등)에서 농산물을 구매하게 된다. 우리나라의 양곡, 채소 및 청과, 육류, 달걀의 대표적인 유통경로는 **[부록2]**에 제시하였다.

알아두기 도매시장 종사자

① **도매시장개설자**

도매시장 건설, 관리에 대한 책임자(주인)로서, 시장의 개설과 시설정비, 합리적인 시장 관리·운영을 맡고 있는 핵심 주체

–도매시장의 개설과 시설의 정비 및 합리적인 관리
–경쟁 촉진과 공정한 거래 질서의 확립 및 환경 개선
–상품성 향상을 위한 규격화와 포장 개선 및 선도 유지의 촉진
–도매시장의 관리 운영 개선방안 등을 포함한 대책 수립

② **도매시장법인**

대량의 농산물을 능률적으로 집하, 분산시키고 공정한 입장에서 도매업무를 수행하는 도매시장 운영 주체

–상품 집하 기능: 전국에서 생산되는 다양한 농산물을 수집함
–가격 형성 기능: 경매 또는 입찰의 방법으로 공정하게 판매함
–출하 지도 기능: 더 높은 값을 받을 수 있도록 지도·상담함
–정보 제공 기능: 시장 거래상황을 그때그때 알려줌

③ **경매사**

경매사 자격시험에 합격한 자로서, 농수산물 유통 및 가격안정에 관한 법률 제27조 제2항의 결격사유가 없는 자로 소속 도매시장법인의 경매 업무를 진행. 경매사는 공무원은 아니나 공익적 역할을 수행

–상장농산물에 대한 경매 우선순위의 결정
–상장농산물의 가격 평가
–상장농산물의 경락자 결정
–경매 후 출하자·낙찰자에 대한 사후관리

④ **시장도매인**

농산물 도매시장 또는 민영 농산물 도매시장의 개설자로부터 지정을 받고 농산물을 매수 또는 위탁받아 도매하거나 매매를 중개하는 영업을 하는 법인으로서, 도매시장에 입주하여 각 산지로부터 농산물을 수락 또는 매수하여 구매자(소매상, 대형 유통업체 등)에게 판매, 물량수집과 분산을 함께 하는 법인

–물량 집하 기능: 전국에서 생산되는 다양한 농산물을 수집함
–물량 분산 기능: 구매자와 직접 수의매매(가격협상) 또는 중개로 판매함

⑤ **중도매(법)인**

개설자의 허가 또는 지정을 받아 농산물 도매시장, 농산물 공판장 또는 민영 농산물 도매시장에 상장된 농산물을 매수하여 도매 거래하거나 매매를 중개하는 영업을 중개하는 사람 또는 법인

–가격 제시 기능: 소비자 수요 가격을 반영하여 경매에 응찰
–물량 분산 기능: 경매 참여 등을 통해 물량을 구입하여 판매 및 중개

⑥ **매매참가인**

–농산물 도매시장·농산물 공판장 또는 민영 농산물 도매시장에 상장된 농산물 경매 등의 참여를 통해 직접 매수하는 가공업자, 소매업자, 수출업자, 소비자 단체 등, 실수요자

–도매시장에서 농산물을 대량으로 구입하고자 하는 수요자(수출업자, 가공업자, 대형 유통업체 등)에 대해 경매에 직업 참가할 수 있도록 함으로써 경매의 경쟁을 촉진하여 중간 유통단계를 단축하고, 가격 형성 및 물량 분산 기능 수행

⑦ **출하자**

–농산물의 생산자 또는 생산 단체 이외의 자가 농산물을 수집하여 농산물 도매시장·농산물 공판장 또는 민영 농산물 도매시장에 출하하는 개인 또는 단체

Chapter 03
상품

1. 상품의 본질
2. 상품의 종류
3. 상품의 품질 표시

1. 상품의 본질

(1) 상품의 본질

상품이란 좁은 의미로는 재화의 물리적이고 기능적인 실체를 뜻하며 넓은 의미로는 판매되는 재화의 물리적이고 기능적인 실체 및 포장, 배달 서비스, 쇼핑의 편리함이 포함되는 서비스 및 모든 상징적 가치의 총체를 말한다.

(2) 상품의 기능

상품은 시대가 변화해 감에 따라 원자재를 취급하던 것에서부터 점점 완성된 것으로, 또한 그 기능도 변화되어가고 있다. 그러므로 소비자 역시 상품에 대한 정보, 즉 재료, 기능, 품질, 가격 등의 가치 기능에 판단 기준을 두어 사용 목적에 맞는 상품을 선택하도록 하여야 한다.

(3) 상품의 가치

상품이 생산되어 화폐로 평가되고 거래되기 위해서는 무엇인가의 사용가치, 즉 효용성이 있어야 하며, 다른 면에서는 무엇인가에 대한 교환가치를 지녀야 한다. 교환가치는 가격으로 평가될 수 있고 사용가치는 품질로 표현되므로 모든 상품은 가격과 품질을 가지게 된다.

상품의 가치를 나타내는 다른 표현은 상품이 갖고 있는 고유의 브랜드의 지명도를 현재 또는 미래에 얻을 수 있는 이익을 금액으로 환산하여 나타내는 브랜드 가치이다. 브랜드란 상품이나 서비스의 책임자나 구매자에게 그 품질이나 기능을 보증하는 것으로 오늘날 브랜드는 차별화 전략의 일환으로 사용되고 있을 뿐 아니라, 국가, 기업, 개인에 이르기까지 광범위하게 적용되고 있다.

브랜드 가치를 평가하는 국제적인 인증제도 및 방법은 없으나 아직까지 영국의 국제 브랜드 평가 전문회사 '인터브랜드'의 브랜드 가치평가가 대표적이다. 평가기준은 상품의 시장 점유율, 소비자의 브랜드 인지도, 가격 결정 능력, 매출과 순익 추이, 광고 규모 및 법적 보호 여부 등 7개 항목을 기준으로 브랜드 가치를 평가하여 계량화한다.

(4) 상품의 수명주기

특정 상품이 시장에 소개되어서 소비자에게 사용되다가 어느 시기에 시장에서 철수할 때까지의 기간을 상품의 수명주기(PLC: product life cycle)라고 한다. 이러한 상품의 수명주기가 나타나는 원인을 살펴보면 다음과 같으며 이러한 요인들은 개별적으로 작용하기도 하지만 일반적으로 2~3가지의 요인이 복합적으로 작용한다.

1) 상품의 수명주기 발생 원인

① 소비자의 욕구 변화

새로운 기능과 모양을 구비한 신제품에 대한 소비자의 욕구는 계속 변화하며 또한 특정 제품을 장기간 사용한 후의 싫증이나 신상품 구매로 인한 자기만족을 갖기 위해 새로운 제품을 구입하려고 하기 때문이다.

② 기업의 마케팅 활동

기업은 제품의 인지도를 높여 판매량을 늘리기 위해서 부단한 노력을 기울인다. 신제품이 시장에 도입된 초기에는 많은 마케팅 노력을 기울이다가 어느 정도 시장에서의 인지도와 인기가 상승하면 그 노력의 비중은 타상품으로 옮겨가게 된다.

③ 경쟁사의 활동

경쟁사의 제품과 마케팅 활동이 우수할수록 판매량은 감소하고 시장에서의 제품수명은 단축된다.

④ 기술개발로 인한 신상품 등장

신기술의 도입과 기술개발로 새로운 제품이 시장에 등장하면 기존 제품을 대체하게 된다.

⑤ 정치, 법률 및 기타 환경요인의 변화

정치적이거나 행정적인 이유로 특정 제품이나 소재의 사용을 금하거나 제한하는 조치가 내려질 경우 또는 그 반대의 경우에 제품의 수명은 달라진다.

2) 상품의 수명 주기 단계

상품의 수명주기는 판매 성장률과 하락률이 분명하게 나타나는 곳에서 단계를 구분하는데 보통 S자 형태로 나타나며 도입기, 성장기, 성숙기, 쇠퇴기로 구분한다. 상품의 수명 주기는 모든 제품에서 일정한 것이 아니며, 기술 변화의 속도, 시장에서의 수용 속도, 경쟁사의 시장 참여 등에 따라 달라진다.

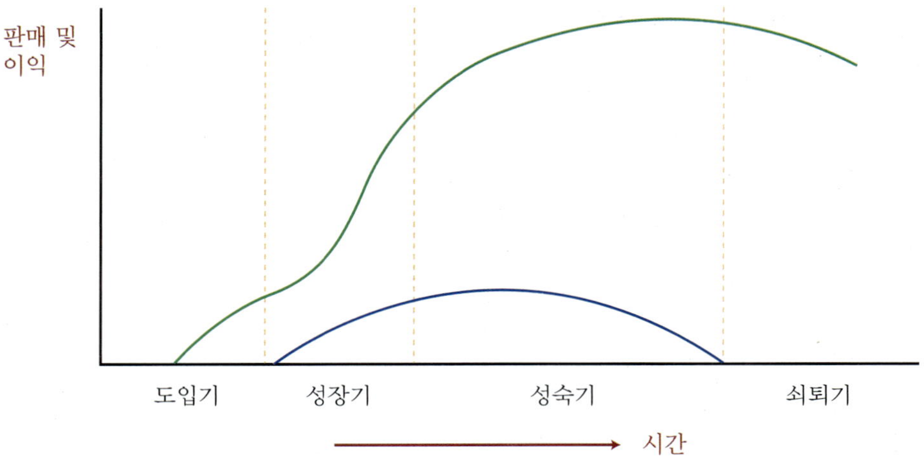

그림 3-1 **상품의 수명주기 단계**

① 도입기(introduction stage)

상품이 시장에 소개된 초기 단계로 상품에 대한 소비자의 인지도 및 수용도가 낮고 경쟁자 수도 적은 시기로 생산원가가 비싸다. 구매자가 많지 않고 수익률이 매우 낮으며 상품 품질에 대한 소비자의 검증이 이루어지지 않은 시기이므로 구매 시 신중한 선택이 필요하다.

② 성장기(growth stage)

판매량이 급격히 증가하는 시기로 판매촉진, 시장개척 및 제품의 결함이 보완되는 시기이며 경쟁 제품 및 경쟁사도 늘어난다. 상품 사용 경험자에 의한 홍보, 경쟁품의 등장, 생산원가 인하, 이익률이 상승하는 단계로 구매자는 여러 가지 경쟁 제품의 품질과 가격을 비교한 후 구매한다.

③ **성숙기**(maturity stage)

판매는 증가하지만 증가율은 둔화하는 시기로 구매자는 가격인하 및 각종 서비스를 받을 수 있다.

④ **쇠퇴기**(decline stage)

소비자의 수요 감소와 가격인하에 의해 상품판매에 따른 이익률이 최소가 되거나 손실을 경험하게 되는 시기로 신제품 또는 대체품에 밀려 상품의 판매가 감소하여 이익률이 최저가 되는 시기이다.

2. 상품의 종류

상품은 내구성과 구체성에 따라 내구재, 비내구재, 서비스로, 상품의 원천에 따라 농산품, 수산품, 공산품으로 나눌 수 있다. 또한 의식주의 구분에 따라 의류상품, 식료품, 주거상품으로 나누고, 상품의 성질에 따라 부패성 상품과 비부패성 상품, 주요품과 특수품으로 나누며, 상품의 용도에 따라 소비용품과 산업용품으로 나눌 수 있다. 상품의 종류에 따른 특징을 살펴보면 다음과 같다.

(1) 소비용품

최종 소비자가 소비를 목적으로 구매하는 제품을 말하며 소비자가 구매하는 행동을 기준으로 편의품, 선매품, 전문품으로 구분될 수 있다.

1) 편의품

소비자가 최소한의 쇼핑노력으로 구매하는 저렴한 가격의 제품으로 구입하기 편리한 위치의 점포에서 주로 구매한다. 일반적으로 가격이 저렴하고, 구입에 필요한 정보 없이 제품을 선택하며, 반복해서 구매한다.

① **필수용품**

규칙적으로 일반가정이나 매장에서 구매하는 상품으로 비정기적, 계획적으로 구매하며, 선호하는 상표에 따라 구매한다(비누, 치약, 휴지 등).

② 충동상품

충동에 의한 비계획적으로 구매하는 상품이다.

③ 응급상품

긴급 시 구매하는 상품으로 가격이나 품질은 고려되지 않기도 한다.

2) 선매품

선매품은 소비자가 여러 대체상품을 비교한 후에 구매하는 상품으로 구매횟수가 적은 겉옷, 가전제품, 가구, 자동차 등이 이에 속한다. 선매품은 편의품에 비해 재정 및 사회적 측면에서 중요한 품목일 가능성이 높다.

3) 전문품

제품이 가지는 전문성이나 독특한 성격 때문에 대체품이 없으며 브랜드 인지도가 높은 상품을 말한다. 구매 시 소비자는 자기가 원하는 상표를 찾아내기 위해 많은 노력을 기울이며, 자기가 원하는 상표를 구입하는데 가격은 큰 영향을 미치지 않는다. 고급 사진기, 음향기기, 유명 디자이너의 의류, 미술작품 등이 이에 속한다.

(2) 산업용품

산업용품은 구매자가 제품이나 서비스를 생산할 목적으로 구매하는 물품으로 물품의 용도에 따라 다음과 같이 구분한다.

1) 설비

생산활동에 기반이 되는 상품으로 산업용품 중에서 고정 자산적 성격이 높아 유동성이 낮고 내구성이 길며 값이 비싼 공장의 생산설비 등이 속한다.

2) 도구

도구는 설비에 비해 덜 비싸고 짧은 기간 동안 사용되며 제품의 구매결정에 소요되는 시간도 짧다. 각종 소규모 공구, 주방 기기 등이 이에 속한다.

3) 부품 및 가공재료

일부는 생산공정을 거쳐 제조되었으나 제품 그대로는 충분한 효용가치를 지니고 있지 않은 것으로 최종적으로 생산되는 완제품의 재료가 된다. 예를 들어, 밀가루는 그 자체로는 효용가치가 낮으나 식빵으로 제조되었을 때 보다 큰 효용가치가 생성된다.

4) 원자재

원자재는 가공되지 않은 자재로서 원광석, 농수산물, 임산물 등의 일차상품이 속한다. 등급으로 품질이 표시되며 가격도 등급에 따라 공개시장에서 결정된다.

5) 소모품

소모품은 각종 청소도구 등과 같은 유지품목과 수선품목, 운영품목 등으로 구매 시에는 일상적인 업무로 최소한의 인원만 그 구매결정에 참여하며, 구매결정에 소요되는 시간도 짧다. 소모품은 비교적 표준화되어있고, 경쟁제품 간에 별 차이가 없으므로 구매결정에 가격이 가장 중요하다.

3. 식품의 품질표시

(1) 식품 품질표시의 중요성

식품의 품질표시는 생산자와 소비자를 연결하는 수단이며, 이 표시를 통하여 생산자는 제품의 우수성을 소비자에게 알리고 소비자는 이를 활용하여 원하는 제품을 선택할 수 있다. 따라서 식품의 품질표시는 소비자가 가공식품을 선택할 때 중요한 변수로 작용하게 되었고, 이는 곧 국민의 건강상태와 직결되는 문제로 대두되고 있다. 유전자 재조합 식품, 유기농 식품, 가공식품의 소재 개발로부터 제조방법이나 포장 기술, 유통 방법에 이르기까지 다양한 분야에서 새로운 기술이 이용되고 있어 국민의 알고 선택할 권리의 보장을 위한 표시에 대한 중요성이 커지고 있다. 식생활과 만성 질병과의 상관성에 관한 연구결과가 나오면서 제품의 영양적 성질에 대한 국민의 관심이 증대하고 있고, 이를 만족시키기 위한 표시제도의 정확한 이해와 표시가 중요하게 되었다.

1) 표시대상

❶ 식품 제조 · 가공업 및 즉석판매 제조 · 가공업의 신고를 하여 제조 · 가공하는 식품. 다만 식용얼음의 경우에는 5kg 이하의 포장제품에 한함
❷ 식품첨가물 제조업의 허가를 받아 제조 · 가공하는 식품첨가물
❸ 식품 소분업으로 신고를 하여 소분하는 식품 또는 식품첨가물
❹ 방사선으로 조사 처리한 식품
❺ 수입식품 또는 수입식품 첨가물
❻ ❶ 또는 ❷ 항 외의 용기 · 포장에 넣어진 식품 또는 수입된 자연상태의 농 · 임 · 축 · 수산물로서 용기 · 포장에 넣어진 것. 다만 식품의 보존을 위하여 비닐랩(wrap) 등으로 내용물을 확인할 수 있도록 투명하게 소포장한 것은 제외
❼ 기구 또는 용기 · 포장(수입제품을 포함)

2) 식품의 표시사항

'식품등의 표시기준'에 의한 식품, 축산물, 식품첨가물, 기구 또는 용기·포장의 표시기준에 관한 사항은 다음과 같다.

❶ 제품명(기구 또는 용기 · 포장은 제외), 내용량 및 원재료명
❷ 식품의 유형(따로 정하는 제품에 한함), 품목보고번호
❸ 업소명 및 소재지
❹ 제조연월일(따로 정하는 제품에 한함), 소비기한 또는 품질 유지기한(식품첨가물과 기구 또는 용기 · 포장은 제외)
❺ 내용량(기구 또는 용기 · 포장은 제외)
❻ 원재료명(기구 또는 용기 · 포장은 재질로 표시함) 및 함량(원재료를 제품명 또는 제품명의 일부로 사용하는 경우에 한함)
❼ 성분명 및 함량(성분표시를 하고자 하는 식품 및 성분명을 제품명 또는 제품명의 일부로 사용하는 경우에 한함)
❽ 영양성분(따로 정하는 제품에 한함)
❾ 기타 식품 등의 세부표시 기준에서 정하는 사항
❿ 용기(포장)재질

3) 표시방법

표시사항은 소비자가 쉽게 알아볼 수 있도록 일정 장소에 일괄 표시해야 하며, 표시사항

중 제품명, 식품의 유형, 업소명 및 소재지, 내용량, 영양 성분 및 식품 등의 세부 표시 기준에서 정하는 사항은 제품 용기 · 포장의 주 표시면에 함께 표시할 수 있다.

<table>
<tr><td>제품명</td><td>○○○○○</td><td rowspan="10">• (예시) 이 제품은 ○○○를 사용한 제품과 같은 시설에서 제조
• (타법 의무표시 사항 예시) 정당한 소비자의 피해에 대해 교환, 환불
• (업체 추가표시사항 예시) 서늘하고 건조한 곳에 보관
• 부정 · 불량식품 신고 : 국번없이 1399
• (업체 추가표시사항 예시)
고객상담실: ○○○–○○○–○○○○</td></tr>
<tr><td>식품유형</td><td>○○○(○○○○○○*)
*기타표시사항</td></tr>
<tr><td>영업소(장)의 명칭(상호) 및 소재지</td><td>○○식품, ○○시○○구○○로○○길</td></tr>
<tr><td>소비기한</td><td>○○년○○월○○일 까지</td></tr>
<tr><td>내용량</td><td>○○○g</td></tr>
<tr><td rowspan="2">원재료명</td><td>○○, ○○○○, ○○○○○○</td></tr>
<tr><td>○○*, ○○○*, ○○*함유
(*알레르기 유발물질)</td></tr>
<tr><td>성분명 및 함량</td><td>○○○(○○mg)</td></tr>
<tr><td>용기(포장)재질</td><td>○○○○○</td></tr>
<tr><td>품목보고번호</td><td>○○○○○○○○○○○–○○○</td></tr>
<tr><td></td><td></td><td>영양성분*
(주표시면 표시 가능)</td></tr>
</table>

그림 3-2 식품 표시사항 형식

그림 3-3 식품 표시사항 예

(2) 식품의 품질표시 방법

식품이 제조 또는 생산 후 일정 조건하에서 보관하였을 때 일정한 수준의 품질이 유지되는 기간을 저장수명(shelf life)이라고 한다. 이 기간 동안 식품은 위생적으로 안전하고, 영양학적, 이화학적, 관능적으로 양호한 상태를 유지해야 한다.

1) 식품의 저장수명 관련 표시 방법

식품의 저장수명은 세계 각국에서 모두 표시하도록 규정되어 있으나, 그 표시 방법은 제품의 특성과 종류, 나라별로 다르게 표시하고 있다. 일반적으로 제조한 날짜를 표시하는 '제조일자 표시'와 언제까지 그 품질이 유지될 수 있는가를 표시하는 '기한표시'로 분류되고 있다.

표 3-1 식품저장수명관련 표시

구분	소비기한	유통기한	품질유지기한
정의	해당식품을 먹어도 건강과 안전에 문제가 없는 기한으로 설정	제품의 제조일로부터 판매가 허용된 기한	식품의 특성에 맞는 적절한 보존방법이나 기준에 따라 보관할 경우 해당식품 고유의 품질이 유지될 수 있는 기한
규정	유통기한과 병행표기	유통기한 표시 의무화 유통기한 설정기준에 따라 제품의 특성을 고려하여 설정	유통기한이나 품질유지기한을 선택적으로 표시
관리방법	병행표기 이후 점차 유통기한을 소비기한으로 대체	유통기한 경과 제품은 유통/판매 금지	품질유지기한 지나도 유통판매 가능

❶ 소비기한(use by date, expiration date): 식품 등에 표시된 보관방법을 준수할 경우 섭취해도 안전에 이상이 없는 기한으로 유통기한보다 더 길어질 수 있으나 소비기한이 지나면 절대 섭취를 하지 않는다. 2012년부터 소비기한 표시제를 도입하여 시행하고 있으며 2023년 1월 1일부터 식품의 '유통기한'이 '소비기한'으로 변경 시행되지만, 우유 등 냉장보관기준의 개선이 필요한 품목은 준비기한을 추가로 부여할 예정이다.

❷ 유통기한(sell by date): 제품의 제조일로부터 소비자에게 판매가 허용되는 기한으로 대부분의 가공식품이 표시 대상

❸ 품질 유지 기한(best before date): 식품의 특성에 맞는 적절한 보존방법이나 기준에 따라 보관할 경우 해당 식품 고유의 품질이 유지될 수 있는 기한으로 장기보관식품, 잼, 당류, 맥주 등에 적용

❹ 제조일자(date of manufacture): 포장을 제외한 더 이상의 제조나 가공이 필요하지 않은 시점으로 설탕, 빙과, 얼음, 식염, 주류 등에 적용

❺ 포장일자(date of packaging): 식품이 판매될 용기 · 포장에 넣어진 날짜

유통기한 식품의 제조일로부터 식품을 소비자에게 판매할 수 있는 최종 기한

소비기한 식품을 섭취해도 이상이 없을 것으로 인정되는 최종 소비 기한

식품 (미 개봉 상태 기준)	소비기한 (유통기한 경과 후)	식품 (미 개봉 상태 기준)	소비기한 (유통기한 경과 후)
요거트	10일	김치	6개월 이상
계란	25일	라면	8개월
식빵	18일	냉동만두	1년 이상
액상커피	30일	고추장	2년 이상
우유	45일	참기름	2년 6개월
슬라이드 치즈	70일	식용유	5년
두부	90일	참치캔(살코기)	10년 이상

그림 3-4 식품별 유통기한 경과 후 소비기한

2) 소비기한 표시제도

소비기한이란 식품 등(건강기능식품 포함)에 표시된 보관 방법을 준수할 경우 섭취하여도 안전에 이상이 없는 기한을 말한다. 소비기한은 소비자 중심의 표시제로써 식품의 맛 · 품질 등이 급격히 변하는 시점을 설정실험 등으로 산출한 품질안전한계기간의 80~90%로 설정한 것이고, 유통기한은 영업자 중심의 표시제로서 품질안전한계기간의 60~70%로 설정한 것이다.

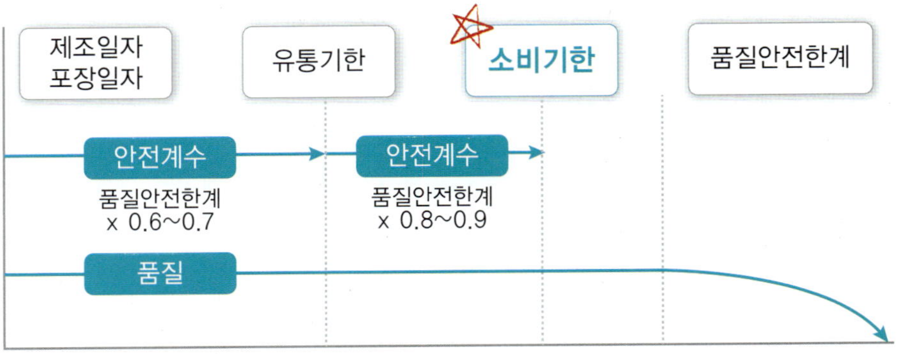

*예시: 생면의 품질이 유지되는 기간이 10일이라면 유통기한은 6~7일, 소비기한은 8~9일
→ 제품별 정확한 기한산정은 설정실험 원칙에 따라 설정

그림 3-5 식품의 저장수명 관련 기한

① 도입배경

그동안 소비자가 유통기한을 식품의 폐기시점으로 인식하거나, 일정기간 경과 제품은 섭취가 가능함에도 섭취 여부를 고민하는 등 소비자 혼란이 있어 왔다. 유럽 · 미국 · 일본 · 호주 등 OECD(경제협력개발기구) 대부분 국가 및 국제식품규격위원회(CODEX)에서 식량낭비 감소, 소비자 정보제공 등을 목적으로 소비기한 표시제를 운영하는 국제적인 추세를 반영하여 국내 또한 도입하였다.

② 기대 효과

안전하게 섭취 가능한 기한을 명확하게 제공함으로써 소비자의 식품 안심도를 높이고, 유통기한 경과 식품의 섭취 여부 판단에 대한 혼란을 방지할 수 있다. 또한, 탄소중립 실현을 위한 식품 폐기물 감소로 환경 · 경제적 편익이 증가되고, 국제적 추세 반영에 따른 국내 식품산업의 경쟁력이 강화될 수 있다. 식품폐기 감소로 연간 소비자는 8,860억원, 산업체는 260억원의 편익이 발생할 수 있으며 향후 10년간 소비자는 7조3천억원, 산업체 2,200억원의 비용이 절감될 수 있다.

③ 제도 시행

소비기한 표시제는 2023년 1월 1일부터 시행되며 시행일 이후 제조·가공하거나 수입을 위해 선적하는 경우부터 적용된다. 다만, 우유류(냉장보관 제품에 한함)는 냉장유통환경 개선(10℃→5℃) 등을 위해 2031년 1월 1일부터 적용하게 된다.

④ 소비기한 표시방법

가. 표시대상

유통기한이 소비기한으로 변경됨에 따라 현행 유통기한 표시대상 제품은 소비기한 표시대상에 해당된다.

나. 표시방법

현행 유통기한 표시 방법과 날짜 표시 방법은 동일하다. "○○년○○월○○일까지", "○○○○년○○월○○일까지"로 표시한다.

⑤ 수입식품의 신고 표시

수출 국가에서 현재의 유통기한 개념인 'Expiration date', 'Sell by date'가 표시된 수입 식품의 경우 해당 날짜를 소비기한으로 수입신고 및 한글 표시하여야 한다.

(3) 농식품 품질 표시제도

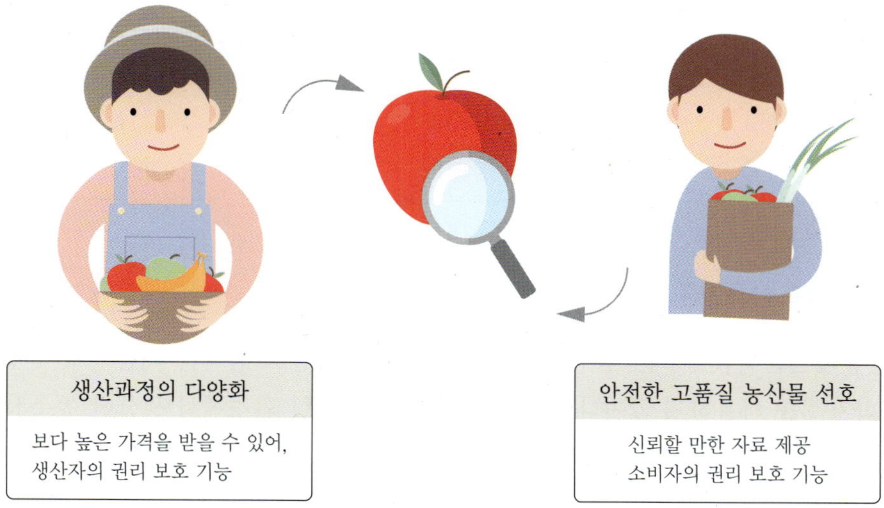

농산물의 생산과정이 갈수록 다양해지고 소비자들 또한 양보다는 질적으로 우수하고 안전한 고품질의 농산물을 선호하면서, 소비자의 요구에 부응하는 안전하고 신뢰할 수 있는 우수한 농산물을 소비자에게 공급하기 위해 최근 정부에서는 식품안전관리 차원에서 GAP(인증표시제), 이력추적관리제도(표시제)를 도입하여 시행하고 있다. 또한 원산지 표시,

GMO 표시, 가공식품에 대한 표시는 의무표시방식으로 시행하고 있다. 우리나라의 식품표시제도의 대부분은 정부가 기준설정부터 검사, 인증, 실행의 전 과정에 관여하고 있으며 친환경 농산물 인증제도만이 민간이 관리과정에 참여하고 있다. 품질인증제도는 소비자가 상품을 선택할 때 어떤 것이 좋은가에 대한 신뢰할 만한 자료를 제공할 뿐 아니라 생산자들에게 높은가격을 받게 함으로써 생산자의 권리를 보호하는 기능을 하고 있다.

1) 농식품 인증제도

① 우수농산물관리(good agricultural practice: GAP)

농산물의 안전성을 확보하고 농업환경을 보전하기 위하여 농산물의 생산, 수확 후 관리 및 유통의 각 단계에서 농약, 중금속, 잔류성 유기오염물질 또는 유해생물 등의 위해요소를 적절하게 관리하는 제도로 소비자에게 안전한 농산물을 공급하고 농산물에 대한 소비자 신뢰 제고 및 국제시장에서의 우리 농산물의 경쟁력 강화, 저투입 지속가능한 농업을 통한 농업환경 보호를 목적으로 도입되었다. 우리나라에서는 2006년부터 본격 시행되었다.

표 3-2 연도별 현황

연도	인증품목(품목)	인증기관(개)	관리시설(개)	인증건수(건)	농가수(호)	재배면적(ha)
2021	298	60	956	11,278	119,824	132,324
2020	283	63	890	10,362	114,264	126,986
2019	266	62	817	9,102	99,050	112,106

② 친환경농축산물인증

친환경농축산물인증제도란 정부가 지정한 전문인증기관이 엄격한 기준으로 선별·검사하여 화학자재를 사용하지 않거나 사용을 최소화한 건강한 환경에서 생산한 농축산물임을 인증해주는 제도이다. 친환경농축산물은 생물의 다양성을 증진하고, 토양에서의 생물적 순환과 활동을 촉진하며, 농업생태계를 건강하게 보전하기 위하여 합성 농약, 화학비료, 항생제 및 항균제 등 화학자재를 사용하지 않거나 사용을 최소화한 건강한 환경에서 생산한 농축산물이다. 친환경농축산물의 종류 및 기준으로 친환경농산물 인증(유기농산물, 무농약농산물), 친환경축산물 인증(유기축산물)으로 분류한다.

표 3-3 친환경농축산물 인증제도 분류

종류	기준
유기농산물 유기축산물	·유기농산물은 합성농약과 화학비료를 전혀 사용하지 않고 재배(전환기간: 최초 수확 전 3년) ·유기축산물은 유기농산물의 재배·생산 기준에 맞게 생산된 유기사료를 급여하면서 인증기준을 지켜 생산한 축산물
무농약농산물	·무농약농산물은 합성농약을 전혀 사용하지 않고 화학비료는 권장 시비량의 1.3 이내 사용

유기농산물 유기축산물 무농약농산물

그림 3-6 인증표시 마크

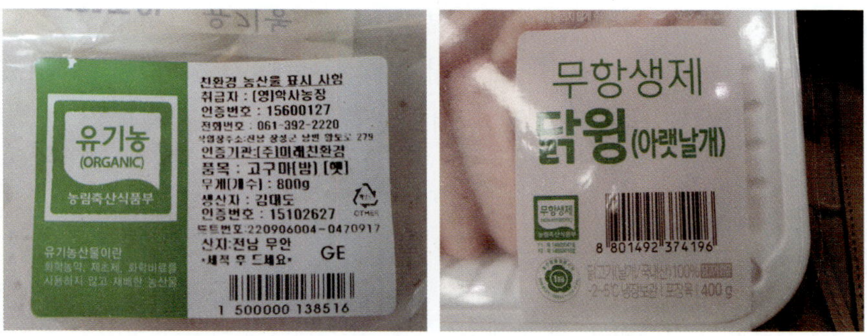

그림 3-7 유기농·축산물 표시 예

③ 농산물이력추적관리

농산물의 안전성 등에 문제가 발생할 경우 해당 농산물을 추적하여 원인을 규명하고 필요한 조치를 할 수 있도록 농산물의 생산부터 판매까지 단계별로 정보를 기록·관리하는 제도이다. 농산물에 대한 추적과 역추적 체계를 확립하여 농산물의 안전성을 확보하고, 문제 발생 시 신속한 원인규명과 조치를 취하여 농산물에 대한 소비자의 신뢰성을 확보하는 제도이다. 농산물이력추적 관리정보는 팜투테이블 모바일서비스를 이용하여 조회할 수 있다. 농산물이력추적 관리번호 구성은 **[그림 3-8]**과 같다.

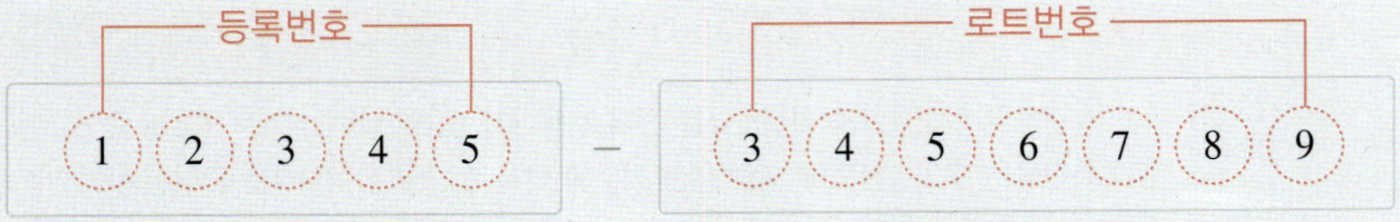

등록번호 : 국립농산물품질관리원에서 이력추적관리 등록 시 부여되는 고유번호
로트번호 : 농산물이력추적관리 등록을 받을 자가 자율적으로 부여하는 식별단위(로트)번호
※ 로트번호는 출하월일, 출하자, 거래처에 대한 고유번호 등으로 등록할 수 있다.

그림 3-8 농산물이력추적 관리번호 구성

④ 지리적표시

지리적표시란 농수산물 또는 농수산 가공품의 명성·품질 기타 특징이 본질적으로 특정 지역의 지리적 특성에 기인하는 경우, 그 특정지역에서 생산된 특산품임을 표시하는 것이다. 지리적표시는 지역의 자연환경과 인간이 빚어낸 공공재산으로 이를 그 지역과 아무 관련이 없는 외지업체나 외국기업이 이용해 돈벌이를 한다면 권리를 도용당하는 입장에서는 심각한 경제적 손실을 입기 때문이다. 우리나라에서는 2002년 보성녹차를 제1호로 최초 등록하여 2020년 101건이 등록되어 있다. 서천 한산 소곡주, 양구 시래기, 나주 배, 안성 한우, 진영 단감 등이 있다.

⑤ 전통식품품질 인증제도

국내산 농수산물을 주원(재)료로 하여 제조·가공·조리되어 우리 고유의 맛·향·색을 내는 우수한 전통식품에 대하여 정부가 품질을 보증하는 제도로 생산자에게는 고품질의 제품 생산을 유도하고, 소비자에게는 우수한 품질의 우리 전통식품을 공급하기 위한 제도이다.

⑥ 식품산업표준인증제도(KS)

식품산업표준인증이란 합리적인 식품 및 관련 서비스의 표준을 제정·보급함으로써 가공식품의 품질고도화 및 관련서비스의 향상, 생산기술 혁신을 기하여 거래의 단순·공정화 및 소비의 합리화를 통하여 식품산업 경쟁력을 향상시키고 국민경제 발전에 이바지하고자 하는 제도이다.

표 3-4 국가 농식품 인증제도 현황

분야	인증제도명	표시마크	내용
농식품 인증	GAP (우수농산물 관리)	GAP (우수관리인증) 농림축산식품부	농산물의 안전성을 확보하기 위하여 농산물 생산, 수확, 포장 단계까지 농약·중금속·미생물 등 위해요소의 철저한 관리를 통해 소비자가 안전한 농산물을 먹을 수 있게 인증해주는 제도
	친환경 농축산물 인증	유기농 (ORGANIC) 농림축산식품부	소비자에게 안전한 농산물 공급을 위해 화학비료, 항생·항균제 등 화학자재를 사용하지 않거나 또는 최소화하여 생산한 농산물을 인증하는 제도 유기농, 무농약, 유기가공식품, 무농약원료가공식품 등 포함
	이력추적 관리제도	Traceability 이력추적 농림축산식품부	농산물의 생산, 유통, 판매 등의 각 단계별 정보를 관리해서 농산물의 안전성 등에 문제가 발생할 경우 해당 농산물을 추적하여 원인을 규명하고 필요한 조치를 취하고 소비자는 이를 통해 안전하게 농산물을 구입할 수 있도록 하는 제도
	지리적 표시	지리적표시 (PGI) 농림축산식품부	지리적 표시제도는 농산물의 품질이 특정지역의 지리적 특성에 기여하는 경우 그 지역에서 생산된 특산품을 표시하는 것
우수식품 인증	전통식품 품질인증	전통식품 (TRADITIONAL FOOD) 농림축산식품부	국내산 농수산물을 주재료로 하여 제조·가공·조리되어 우리 고유의 맛, 향, 색을 내는 우수한 전통식품을 정부가 품질을 보증하는 제도
	식품산업 표준인증제도 (KS)	K 가공식품	합리적인 식품 및 서비스의 표준을 제정·보급함으로써 가공식품이 일정한 품질요건을 충족하는 식품임을 인증하는 제도
	원산지 인증	우수 농산물직거래사업장 농림축산식품부	농업과 식품산업 간 연계발전을 도모하고 농산물을 원료로 가공하고 조리한 식품의 원산지에 대한 신뢰 강화를 위해 운영하는 제도

알아두기 농산품 인증 조회 방법

농산품 인증 조회는 국립농산물품질관리원 홈페이지 또는 모바일 웹으로 가능하다.

- 국립농산물품질관리원 www.naqs.go.kr
- 국립농산물품질관리원 모바일 웹 www.naqs.go.kr/mobile

2) 원산지 관리 제도

① 원산지 표시제

농산물 수입 개방화로 인해 값싼 외국산 농산물이 무분별하게 수입되고, 이들 농산물이 국산으로 둔갑 판매되는 등 부정 유통사례가 증가하고 있어, 농산물의 공정한 거래질서 확립 및 생산농업인과 소비자를 보호를 목적으로 1991년 7월 1일 농산물 원산지 표시제도가 도입되었다. 원산지란 농산물이나 수산물이 생산·채취·포획된 국가·국제규범에서 허용하는 제도로, 지역이나 해역을 의미한다. 미국, EU, 일본 등 대부분의 국가가 원산지 표시 제도를 운영하고 있다.

원산지 표시제 대상품목은 국립농산물 품질관리원(www.naqs.go.kr)에서 확인할 수 있으며 국산 농산물 222개 품목, 수입 농산물 및 가공품 161개 품목, 농산물 가공품 268개 품목이다. 음식점에서는 쇠고기 등 24개 품목을 표시대상으로 정하고 있다.

가. 국산농산물

국내에서 생산된 농산물일 경우 원산지를 '국산', 또는 생산·채취·사육한 시·도 또는 시·군·구를 표시한다.

예) 원산지: 국산 또는 국내산, 충청남도, 서산시

나. 수입 및 반입 농산물 및 가공품

생산된 곳이 국외일 경우의 원산지 표기는 국명 또는 국명산을 Made in 국명 또는 Product of 국명으로 하여 한글 · 한문 또는 영문으로 표시한다.

예) 원산지: 페루, Made in Peru 또는 Product of Peru

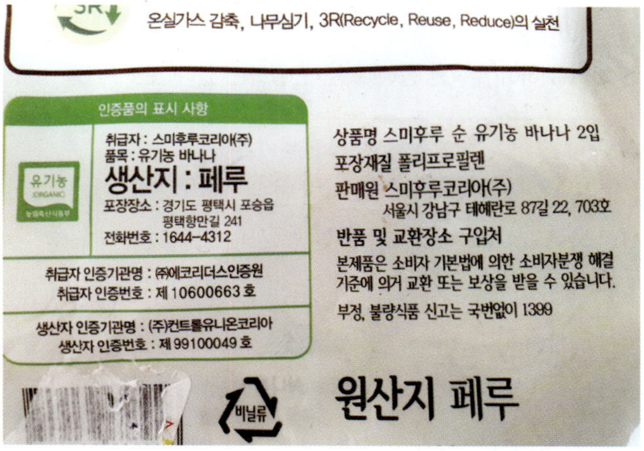

그림 3-9 수입농산물 원산지 표시 예

다. 농산물가공품

가공품에 사용된 원료 농산물의 함량순위에 따라 원료 농산물의 원산지를 표시하며 국산원료는 국산 또는 국내산이라 표시하거나 그 원료가 생산된 시 · 도, 시 · 군 · 구명으로 표시한다. 배합비율이 높은 순으로 3가지 원료에 대하여 표시한다.

라. 음식점 원산지 표시제

일반 음식점, 휴게 음식점, 패스트푸드점, 분식점, 단체 급식소(학교, 기업체, 기숙사, 공공기관, 병원 등)의 음식물 조리하여 판매하거나 상시 1회 50명 이상에게 음식물을 제공하는 급식소에서는 쇠고기, 쌀 등 9개 품목, 수산물 등 15개 품목 등이 음식점에서 원산지 표시 대상이다.

다음 각 호의 것을 조리하여 판매·제공하는 경우 원산지를 표시해야 하며, 이 경우 조리에는 날 것의 상태로 조리하는 것을 포함하여, 판매·제공에는 배달을 통한 판매·제공을 포함

- 쇠고기(식육·포장육·식육가공품 포함)
- 돼지고기(식육·포장육·식육가공품 포함)
- 닭고기(식육·포장육·식육가공품 포함)
- 오리고기(식육·포장육·식육가공품 포함)
- 양고기(식육·포장육·식육가공품 포함)
- 염소고기(유산양 포함)
- 밥, 죽, 누룽지에 사용하는 쌀(쌀 가공품 포함, 쌀에는 찹쌀, 현미 및 찐쌀을 포함)
- 배추김치(배추김치 가공품을 포함)의 원료인 배추(얼갈이배추, 봄동배추를 포함)와 고춧가루
- 두부류(가공두부, 유부는 제외), 콩국수, 콩비지에 사용한 콩(콩 가공품 포함)
- 넙치, 조피볼락, 참돔, 미꾸라지, 뱀장어, 낙지, 명태(황태, 북어 등 건조한 것은 제외), 고등어, 갈치, 오징어, 꽃게, 참조기(해당 수산물 가공품 포함), 다랑어, 아귀, 주꾸미
- 조리하여 판매·제공하기 위하여 수족관 등에 보관·진열하는 살아있는 수산물

쌀·배추 김치 및 축산물 등의 원산지 표시방법은 소비자가 쉽게 알아볼 수 있도록 메뉴판과 게시판에 표시하여야 하고, 단체 급식소는 식당의 월간 메뉴표, 게시판 등에 표시하며, 교육·보육시설은 원산지가 표시된 주간 또는 월간 메뉴표를 가정통신문으로 추가 통보하거나 홈페이지에 공개하여야 한다.

조리음식을 배달하거나, 배달앱을 통해 통신판매하여 음식점 원산지 표시를 음식(제품)명이나 가격표시 주위에 표시하며, 부가적인 사항은 통신판매 매체 종류에 따라 규정에 따라 표시한다. 또한 음식점 내의 냉장고, 식자재 보관창고 등에 보관 진열 중인 식재료도 표시대상 20개 품목에 대해서는 원산지를 모두 표시해야 한다.

메 뉴 판

삼계탕(닭고기 : 브라질산)
불고기(쇠고기 : 호주산과 국내산 한우 섞음)
함박스테이크(쇠고기 : 미국산, 돼지고기 : 국내산)
모둠회(넙치 : 국내산, 참돔 : 일본산, 조피볼락 : 중국산)
배추김치(배추 : 국내산, 고춧가루 : 중국산)

※ 단, 조리용도에 따라 원산지가 다른 경우 용도별로 각각 원산지 표시

그림 3-10 식품의 원산지 표기방법 예 1

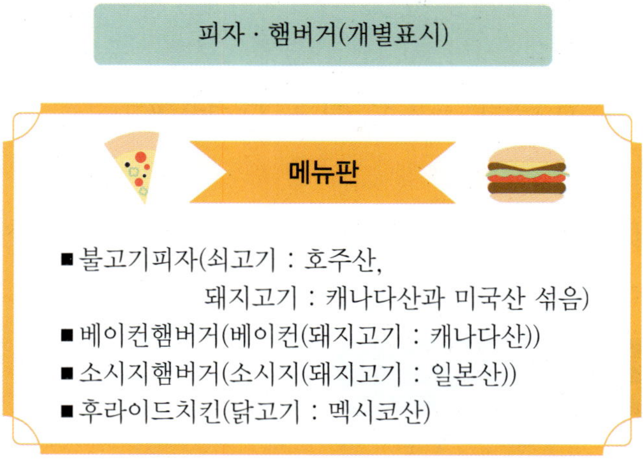

그림 3-11 식품의 원산지 표기방법 예 2

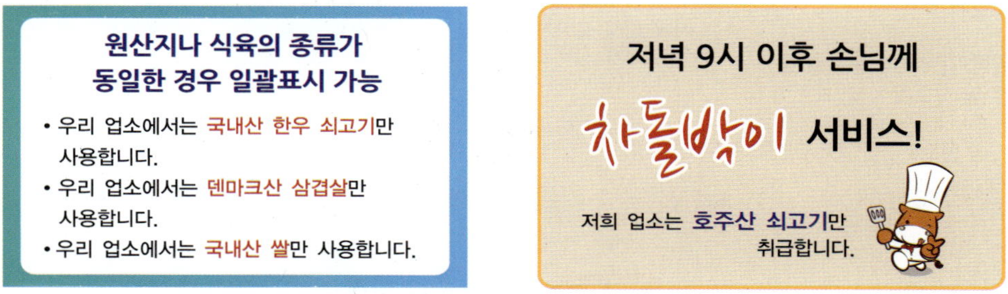

그림 3-12 원산지 표시의 일괄표시 활용 예

마. 원산지 표시 정보 조회 방법

농산물, 가공품, 음식점 원산지 표시에 관한 정보는 컴퓨터에서는 국립농산물품질관리원 홈페이지(www.naqs.go.kr)에 접속하여 '원산지표시 안내' 서비스를 이용하고, 스마트폰에서는 '농식품안심이앱' 에서 정보를 조회할 수 있다.

② 축산물 이력관리

가축 및 축산물의 생산 · 도축 · 가공 · 유통과정의 각 단계별 정보를 기록 · 관리함으로써 문제 발생 시 이동경로를 추적하여 신속하게 대처하고 가축방역의 효율성을 도모하고, 축산물 안전성에 대한 소비자의 신뢰를 확보하기 위해 2008년에 도입하였다. 유럽과 일본, 미국의 광우병 발생 등으로 국내 소비자들의 식품위생 및 안전성에 대한 관심이 높아져 이력제 필요성이 제기되었다. EU, 일본, 호주 등에서 실시하고 있으며 미국도 개체식별

시스템을 통해 질병관리 등에 활용하는 등 다수 국가에서 시행하고 있다. 쇠고기 이력제는 2009년 6월에 전면 시행되었으며 2014년 12월에 이력대상 품목에 돼지고기가 추가되었고, 2020년 1월부터는 닭 · 오리 · 달걀까지 확대 시행되고 있다.

가. 관리 체계

- 소고기: 소 출생 시 개체식별번호를 부여하고 최종 쇠고기 판매단계까지 동일한 번호가 기록 · 유지되도록 관리

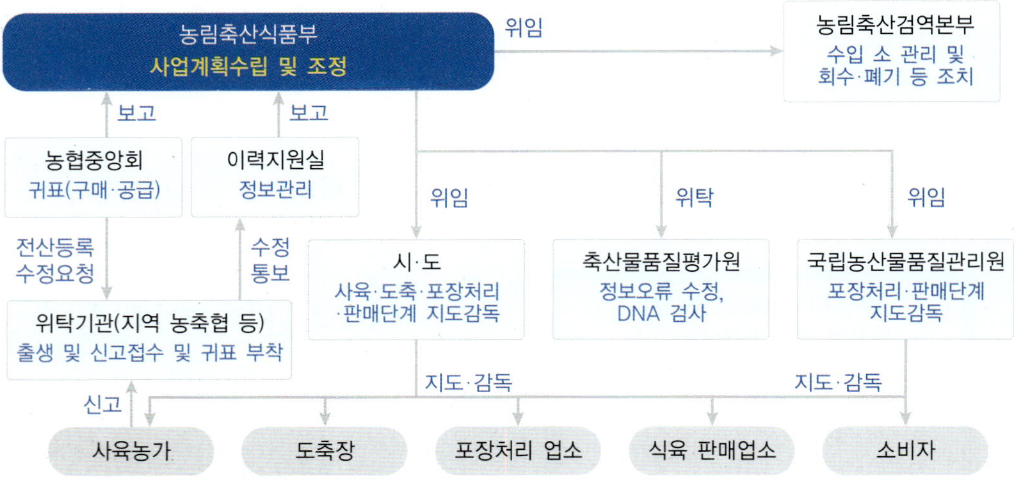

그림 3-13 **소고기 관리 체계**

- 돼지고기: 농장식별번호를 부여하여 관리하고 도축 시 이력번호를 부여하여 유통단계 관리

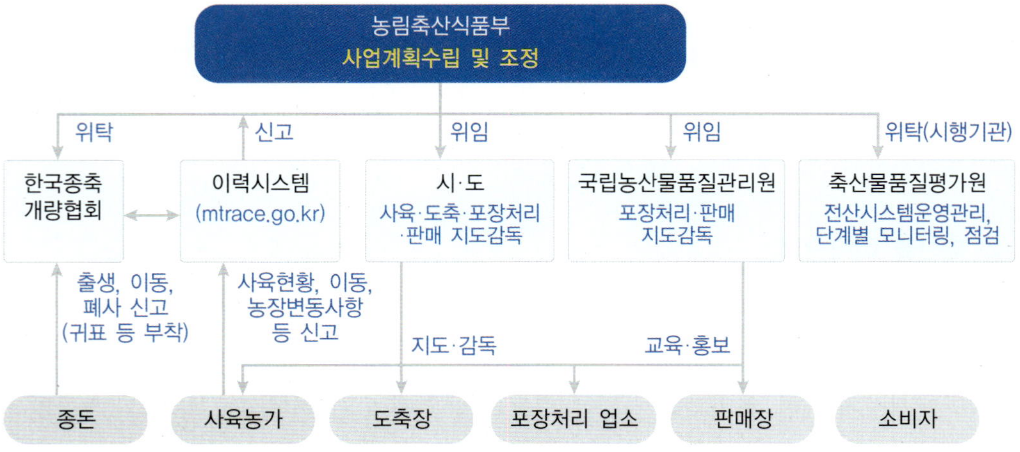

그림 3-14 **돼지고기 관리 체계**

• 닭 · 오리 · 달걀: 농장식별번호를 부여하여 관리하고 도축(포장) 시 이력번호를 부여하여 유통단계 관리

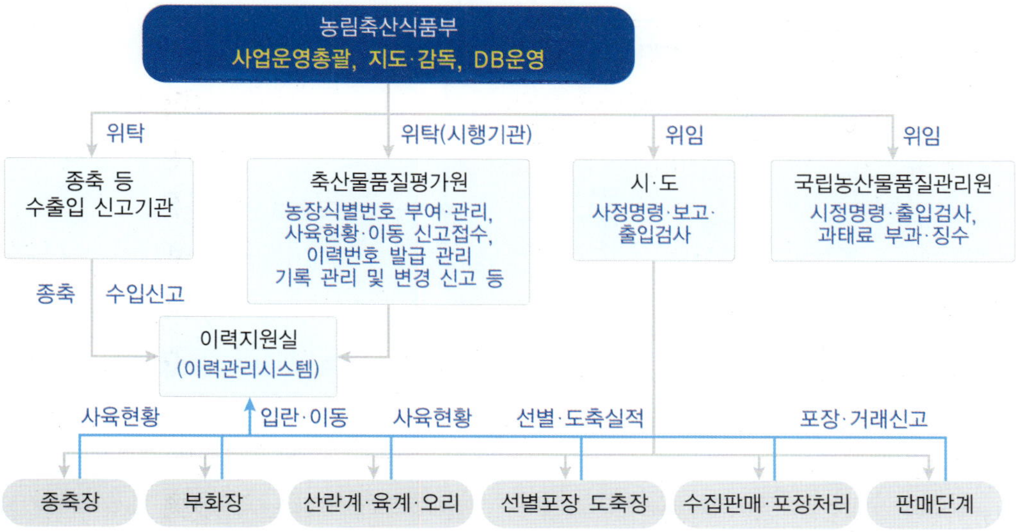

그림 3-15 닭·오리·달걀 관리 체계

나. 이력조회 방법

식육 판매업자는 식육표시판에 해당 소 또는 돼지의 개체 식별번호를 표시하여 판매하고, 소비자는 안심 장보기 앱, 인터넷(www.mtrace.go.kr) 등을 통해 축산물의 이력정보를 확인할 수 있다.

[이력 조회 방법]

1. 축산물 이력제시스템 홈페이지 접속(www.mtrace.go.kr)
2. 축산물 이력번호 조회 화면에 입력(12자리)
3. 결과 보기

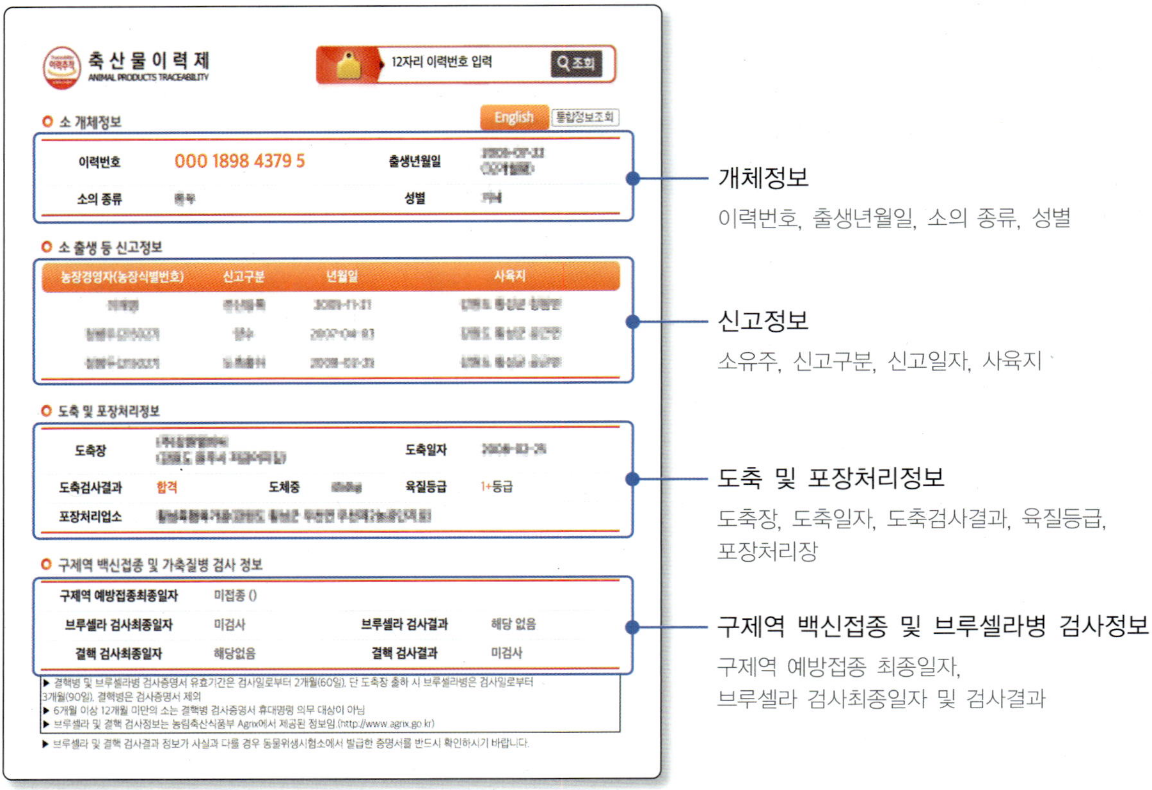

그림 3-16 쇠고기의 이력정보 확인방법(홈페이지 이용)

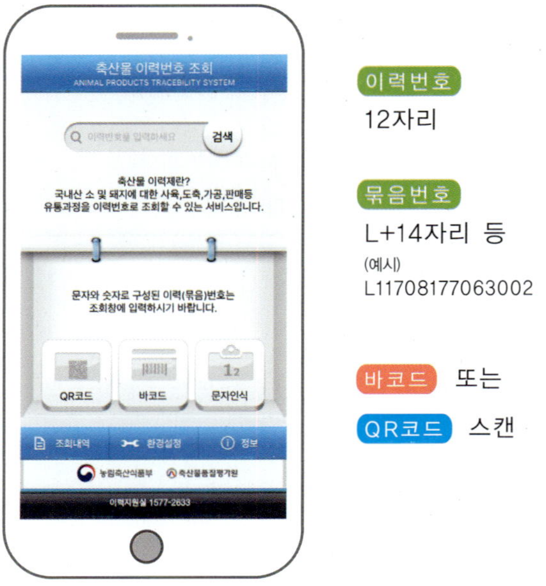

그림 3-17 쇠고기의 이력정보 확인방법(스마트폰 이용)

③ 유전자 변형 농산물

유전자 변형 농산물(Genetically Modified Organism)은 유전자를 인공적으로 분리·결합하여 자연상태로는 나타나지 않는 특성(제초제 저항, 내병·내충, 품질의 특성화 등)을 갖도록 한 농산물로 GMO는 21세기 식량문제를 해결할 수 있는 핵심 기술로 각광받고 있으나 인체 위해성, 환경문제, 사회 윤리적 문제 등의 잠재적 위해성을 동시에 내포한 농산물이다.

유전자 재조합 식품이란 생물의 유전자 중 유용한 유전자만을 취하여 다른 생물체의 유전자와 결합시키는 등의 유전자 재조합 기술을 활용하여 재배·육성된 농·축·수산물 등을 원료로 하여 제조·가공한 식품을 의미한다. 표시 대상 품목은 콩, 콩나물, 옥수수, 면화, 카놀라, 사탕무 등이다.

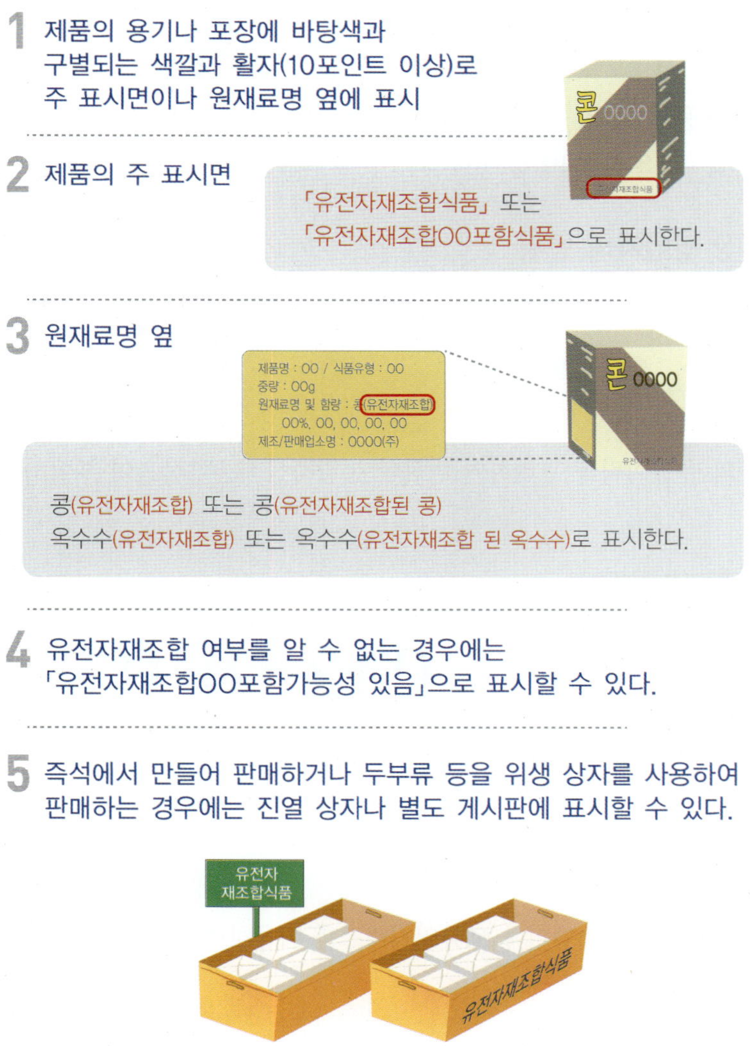

그림 3-18 유전자 재조합 식품 표시

(4) 수입축산물 이력관리제

수입축산물 이력관리제(Meat Watch)란 수입쇠고기 · 돼지고기를 취급하거나 판매하는 영업자에게 수입쇠고기 · 돼지고기의 수입부터 판매 단계까지의 유통단계별 거래내역을 신고 · 기록 관리토록 하여 수입축산물 유통이력정보를 체계적으로 관리하고, 소비자에게 수입쇠고기 · 돼지고기의 이력정보를 제공 및 위해상황 발생 시 소비자 판매 차단 및 신속한 회수를 목적으로 도입된 제도이다.

1) 적용 대상 품목

① **수입쇠고기 · 돼지고기** – 지육이나 지육을 이용하여 생산한 정육 또는 포장육 및 그 밖에 농림축산식품부령으로 정하는 부산물

② **식육가공품 등은 제외** – 햄류 · 소시지류 · 베이컨류 · 건조저장육류 · 양념육류 · 분쇄가공육 · 갈비가공품 · 식육추출가공품 등)

2) 적용 대상 영업자의 범위

수입 쇠고기·돼지고기를 판매하는 모든 영업자가 속한다.

3) 이력번호

수입축산물의 유통이력을 관리하기 위하여 농림축산식품부장관이 부여하는 12자리 고유번호이다.

이력번호 12자리 숫자 코드 체계

8	01	0123	01234
축종	원산지 코드	수입업자 코드	수입유통식별 일련번호

4) 확인 방법

수입축산물 이력관리시스템이나 모바일서비스를 이용하여 정보를 조회할 수 있다.

① 수입축산물 이력관리시스템 이력번호 조회방법

수입이력정보 조회

이력정보 > 수입이력정보조회

구입하신 수입쇠고기·돼지고기의 이력정보를 확인 하실 수 있습니다.
이력번호 또는 묶음번호를 조회창에 입력하시면 상세한 정보확인이 가능합니다.

이력번호/묶음번호

800101000177 조회

기본정보 품목명은 수입신고시점의 품목정보입니다.

이력번호	800101000177	선하증권번호	SUDU397002383001
수입축산물 품목	냉장쇠고기		

원산지정보

원산지(국가)	호주

수입이력정보

수출국 도축장	TEYS AUSTRALIA SOUTHERN PTY LIMITED	수출국 도축일자	2009-11-30 ~ 2009-12-08
수출국 가공장	QUEENSLAND ABATOIR CORPORATION	수출국 가공일자	2009-12-01 ~ 2009-12-09
수출업체	CARGILL BEEF AUSTRALIA	수입업체	HANGYUL L S LTD
수입연월일	2010-01-12		
부위(코드)	갈비(BF010)		

기본정보

구입하신 축산물에 표시된 이력번호
선하증권번호(B/L): 수입축산물의 수입 선하증권번호
품목명: 냉동쇠고기, 냉장돼지고기 등 수입품목명 표시

원산지정보

수입축산물의 원산지 국가표시

수입이력정보

수출국 도축장/도축일자: 수출국의 도축장업장 및 도축일자 표시
수출국 가공장/가공일자: 수출국의 가공작업장 및 가공일자 표시
수출업체: 수출국의 수출업체 표시
수입업체: 국내 수입업체 표시
수입일자: 국내 수입된 일자 표시
부위명: 수입된 식육의 부위명 표시

② 모바일시스템 이력번호 조회방법

01

모바일웹사이트 접속

www.meatwatch.go.kr으로 접속합니다.
조회창에 이력번호/묶음번호를 입력한 후 조회 버튼을 누릅니다.

수입이력정보
조회 QR코드

02

이력정보 확인

수입축산물의 이력정보를 확인하실 수 있습니다.

(5) 수산물 이력제

어장에서 식탁까지 수산물의 이력정보를 투명하게 공개하여 소비자가 수산식품을 안심하고 선택할 수 있도록 도와주는 제도로 생산정보 → 가공정보 → 운송정보 → 소매정보 → 인터넷을 통한 정보검색이 가능하며 이력제 표시가 있는 수산물이면 간편하게 인터넷으로 식별번호만 입력하면 이력정보를 확인할 수 있다. 이력제 등록 확인은 홈페이지(www.fishtrace.go.kr)와 모바일서비스를 통하여 수산물 상품 정보, 생산자 정보, 가공유통업체 정보를 확인할 수 있다.

그림 3-19 수산물 이력정보 표시 예

(6) 식품의 영양표시제도

1) 영양표시제도

식품, 식품첨가물, 건강기능성식품, 축산물에 들어 있는 영양성분의 양 등 영양에 관한 정보를 표시하도록 하여 소비자의 식품 선택을 돕기 위한 제도이다.

2) 영양표시제도의 역할

① 소비자 보호수단

식품 제조업자나 판매업자는 소비자가 알아야 할 최소한의 정보를 제품의 포장이나 용기에 표기하여 식품의 안전성을 확보할 뿐 아니라 소비자가 쉽게 경쟁상품과 비교하여 합리적 선택을 할 수 있도록 한다.

② 소비자의 영양교육 측면

식품표지에 제시된 계몽적 영양정보, 즉 1일 권장량에 대한 비율 등을 잘 활용함으로써 국민의 건강한 식생활을 위한 훌륭한 영양교육 자료로 활용할 수 있다.

③ 건전한 식품의 생산을 유도하기 위한 수단

식품제조업자가 건전한 식품을 생산할 수 있도록 동기를 부여한다.

3) 영양표시제도의 종류

영양표시제도는 해당 제품의 영양적 특성을 포장지 겉면에 나타내는 모든 표현을 대상으로 하고 있다. 표지에 실제 나타나는 표현은 크게 다음과 같은 3가지 범주로 구분해 볼 수 있다.

① **영양성분 표시**(nutrient declaration)

식품이 가진 영양적인 가치를 표준화된 양식으로 제품의 일정량 당(100g), 1인분당 혹은 1단위 포장(캔, 병, 봉)당 함량을 숫자나 그래프 등을 이용하여 사실적으로 표시한다.

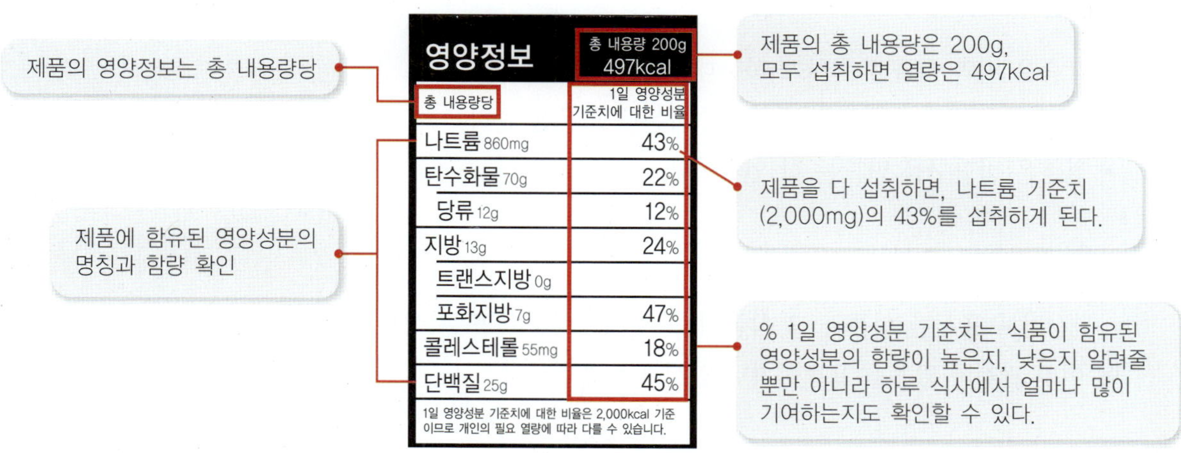

그림 3-20 영양성분 표시 예

식품 포장지에 식품의 영양 정보를 기준에 따라 총 내용량, 열량, 탄수화물, 식이섬유, 당류, 단백질, 지방, 포화지방, 트랜스지방, 콜레스테롤, 나트륨, 칼슘, 철 함량 등을 총 내용량당 1일 영양성분 기준치에 대한 비율로 표기한다. 영양표시는 장기보존식품(레토르트 식품), 과자류 중 과자 및 캔디류, 빵류 및 만두류, 초콜릿류, 잼류, 식용유지류, 면류, 음료수, 특수용도식품의 포장지에 필수로 표기해야 한다.

② 영양강조 표시(nutrition claim)

가. 영양소 함량 강조표시(nutrition content claim)

식품에 함유된 영양소 수준에 대한 영양강조 표시로 일반적으로 열량, 지방, 포화지방, 콜레스테롤, 나트륨 등과 같이 적게 섭취하기를 권하는 영양소들은 "무", "저" 등의 용어를 사용하여 강조하고, 식이섬유소, 단백질, 무기질 또는 비타민 등 우리가 많이 섭취하기를 권하는 영양소들의 경우에는 "고", "함유", "풍부" 등을 사용하여 강조한다**[표 3-5]**.

나. 비교강조 표시(comparative claim)

같은 종류의 식품끼리 영양소 수준을 비교하여 강조 표시하는 경우로 덜 들어있다거나 더 들어있다는 표현 이외에도 "강화", "첨가", "감소" 혹은 "라이트" 등도 여기에 해당된다.

다. 영양소 기능 강조표시(nutrition function claim)

신체 내에서 특정 영양소의 정상적 기능을 강조하기 위한 것으로 다음과 같은 경우가 이에 해당된다.

- 칼슘은 뼈와 이를 튼튼하게 하는데 도움이 된다.
- 단백질은 신체 조직을 만들고 보수하는데 도움을 준다.
- 철분은 적혈구를 만드는 한 인자이다.

③ 건강정보 표시(health claim)

건강정보 표시란 식품과 그 식품에 들어있는 영양소 또는 성분이 건강과 관련된 증상 간에 어떤 관계가 있음을 표현하거나 암시하는 표현이다.

표 3-5 영양소 함량 강조표시 기준표

영양성분	강조표시	표시조건
열량	저	식품 100g당 40kcal 미만 또는 식품 100㎖당 20kcal 미만일 때
	무	식품 100㎖당 4kcal 미만일 때
지방	저	식품 100g당 3g 미만 또는 식품 100㎖당 1.5g 미만일 때
	무	식품 100g당 또는 식품 100㎖당 0.5g 미만일 때
포화지방	저	식품 100g당 1.5g 미만 또는 식품 100㎖당 0.75g 미만이고, 열량의 10% 미만일 때
	무	식품 100g당 0.1g 미만 또는 식품 100㎖당 0.1g 미만일 때
콜레스테롤	저	식품 100g당 20㎎ 미만 또는 식품 100㎖당 10㎎ 미만이고, 포화지방이 식품 100g당 1.5g 미만 또는 식품 100㎖당 0.75g 미만이며, 포화지방이 열량의 10% 미만일 때
	무	식품 100g당 5㎎ 미만 또는 식품 100㎖당 5㎎ 미만이고, 포화지방이 식품 100g당 1.5g 또는 식품 100㎖당 0.75g 미만이며, 포화지방이 열량의 10% 미만일 때
당류	무	식품 100g당 또는 식품 100㎖당 0.5g 미만일 때
나트륨	저	식품 100g당 120㎎ 미만일 때
	무	식품 100g당 5㎎ 미만일 때
식이섬유	함유 또는 급원	식품 100g당 3g 이상 또는 식품 100kcal당 1.5g 이상일 때
	고 또는 풍부	식품 100g당 6g 이상 또는 식품 100kcal당 3g 이상일 때
단백질	함유 또는 급원	식품 100g당 1일 영양소 기준치의 10% 이상, 식품 100㎖당 1일 영양소 기준치의 5% 이상일 때 또는 식품 100kcal당 1일 영양소 기준치의 10% 이상일 때
	고 또는 풍부	식품 100g당 1일 영양소 기준치의 20% 이상, 식품 100㎖당 1일 영양소 기준치의 10% 이상일 때 또는 식품 100kcal당 1일 영양소 기준치의 10% 이상일 때
비타민 또는 무기질	함유 또는 급원	식품 100g당 1일 영양소 기준치의 15%이상, 식품 100㎖당 1일 영양소 기준치의 7.5% 이상일 때 또는 식품 100kcal당 1일 영양소 기준치의 5% 이상일 때
	고 또는 풍부	식품 100g당 1일 영양소 기준치의 30% 이상, 식품 100㎖당 1일 영양소 기준치의 15% 이상일 때 또는 식품 100kcal당 1일 영양소 기준치의 100% 이상일 때

FOOD PURCHASING MANAGEMENT

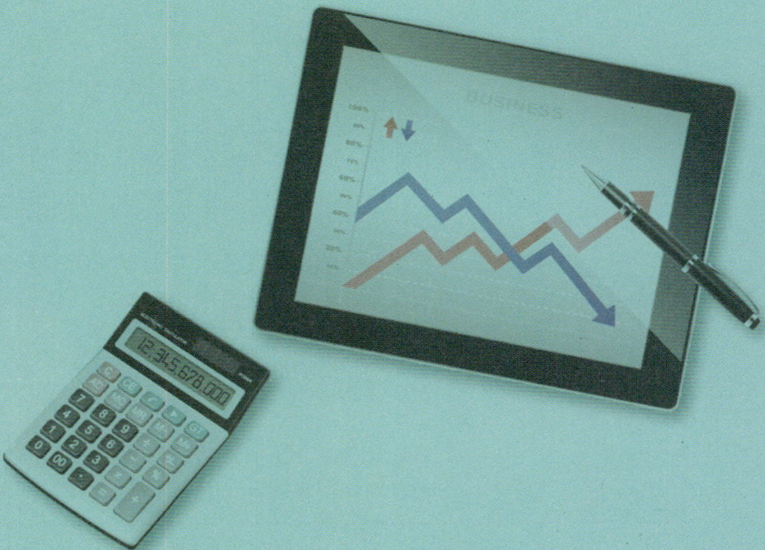

Chapter **04**

구매계획과 계약

1. 구매계획의 수립
2. 구매의 유형
3. 구매계약

1. 구매계획의 수립

고객의 욕구(needs)가 다양해지면서 기업의 경영관리 측면에서 원가관리와 상품품질에 구매업무가 많은 영향을 미치고 있다. 또한 식재료의 활용에 있어서도 농수산물, 축산물뿐만 아니라 다양한 가공식품이 생산지의 다국적화와 용도의 다변화 등 구매물품의 광역화와 다각화가 이루어지고 있으므로 체계적인 조직 내에서의 구매계획 수립이 요구되고 있다.

이상적인 구매활동을 위한 식품구매 계획수립에는 식품의 계절적인 수급현황, 경기 변동 및 물가동향, 가격변화 그리고 저장수명 등과 같은 식품의 특성이 사전에 고려되어야 할 뿐 아니라, 철저한 시장조사가 필요하다.

(1) 구매계획 수립절차

급식업체에서의 식품구매는 좋은 품질의 적정품목을 적절한 가격에 구입하는 것이 바람직하다. 특히 구매가격은 원가에 그대로 적용되어 급식업체 경영관리 목적에 영향을 미치므로 합리적인 구매계획의 수립이 요구된다. 합리적이고 효과적인 구매활동을 위해서는 식재료에 관한 관련정보 · 규격 · 가격변동 및 유통시스템 등에 관한 정보를 수시로 파악해야 하며, 구매자는 납품업체의 선정, 구매방법, 검수, 식재료 감별 등에 대한 전문지식을 갖추어야 한다. 또한 구비되어 있는 설비 · 장치 · 장소 · 저장능력 등도 충분히 고려하여 구매해야 한다. 구매계획 수립을 위해서는 다음과 같은 기초조사가 전제되어야 한다.

- 구매물품의 가격조사, 납품업체 조사, 거래조건, 물가동향 등 시장조사
- 구매 관련 내 · 외부 정보 및 자료의 조사
- 조직 내 설비 · 장치 · 장소 · 저장능력의 활용도 검토
- 구매물품의 재고현황, 생산계획, 판매계획
- 수송수단, 유통구조, 비용
- 구매물품 및 거래처의 과거 보유기록과 자료

구매계획 수립은 **[그림 4-1]**과 같이 각 단계에서 필요한 업무내용을 방침계획 · 구매계획 · 생산 및 판매계획으로 세분화하여 수행한다. 원활한 구매계획 수립을 위해서 먼저 조직의 정책결정과 함께 판매계획을 먼저 설정하여야 하고, 그다음에 생산계획이 결정된 후, 과학적 · 경제적 효율성을 고려한다.

1) 방침계획

방침계획이란 기업의 경영계획과 관련된 기본지침이며 정책의 구체적인 실행을 위한 규정이라고할 수 있다. 특히 이 단계는 중·장기적인 정책수립과 상품결정을 위한 전략과 전술을 수립하고, 마케팅 계획과 연계하여 상품전략과 구매계획의 방향을 결정한다.

2) 구매계획

구매계획에서는 소요량을 파악하여 구매내용에 따라 발주하고, 사입과 검수, 그리고 저장관리를 계획한다. 구매계획은 월별·분기별·1년 단위로 수립하고, 나아가 조직의 중장기적인 계획하에서 집행되어야 한다. 경제적인 구매 계획하에서 구매활동이 수행될 때 효율적인 경영관리가 가능하게 된다.

3) 생산 및 판매계획

구매계획의 기본이 되며, 외식업체, 센트럴키친(CK), 단체급식소, 호텔식음료 주방 등에서 이루어지는 생산활동에 의해 생산되는 음식은 고객에게 판매·소비된다. 소비자의 소비결과를 바탕으로 각종 정보를 분석하여 지속적인 수정·보완이 가능하도록 체계적인 구매계획 수립이 행해져야 하는 것이다.

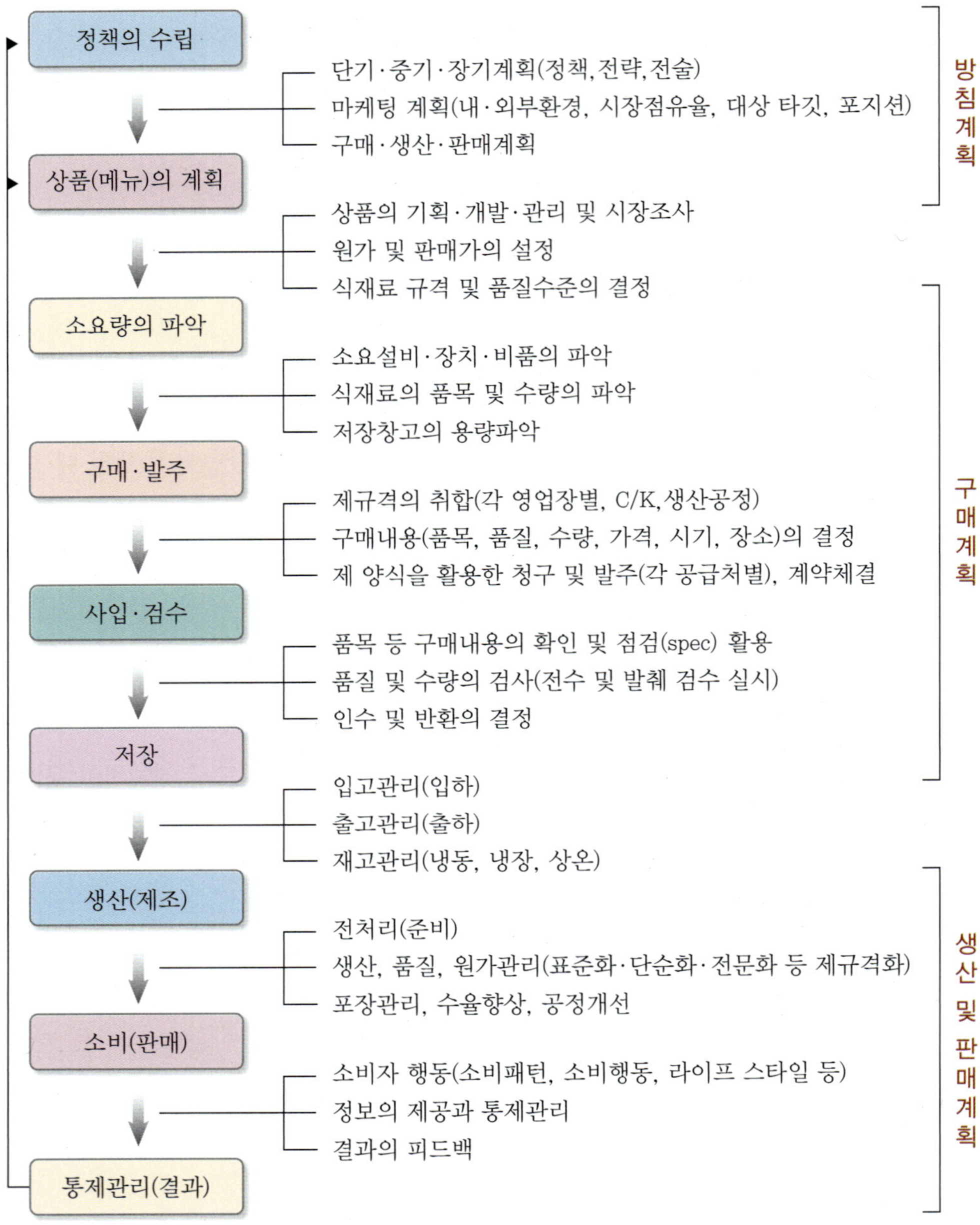

그림 4-1 구매계획 수립의 흐름

2. 구매의 유형

구매방법은 구매하려는 물품의 특성, 구매량, 시장조건, 조직규모, 구매부분의 업무범위 등에 따라 다르게 선택할 수 있다. 조직의 특성에 적합한 구매 유형을 선택하는 것이 바람직하며 주로 이용되고 있는 구매방법은 다음과 같이 분류될 수 있다.

(1) 독립구매와 중앙구매

1) 독립구매

각 영업장이나 관련부서에서 필요로 하는 물품을 각각 독립적으로 구매하도록 하는 방법으로 현장구매 또는 분산구매라고도 한다. 독립구매는 구매물품의 가격차가 심하지 않고, 소량품목, 사무용 소모품, 수리 부속품의 구매에 적합하며, 긴급상황에 적극적으로 대응할 수 있다는 장점이 있다. 독립구매의 장·단점은 다음과 같다.

① 장점

가. 구매과정이 간단하여 단기간에 가능하다.
나. 자주적 구매가 가능하다.
다. 긴급수요의 경우에 유리하다.
라. 운임 등 기타 경비가 절감되고 차후 서비스 면에서 유리하다.

② 단점

가. 중앙구매에 비해 소량구매에 따른 경비가 많이 들고 구입 단가의 상승으로 비경제적이다.
나. 공급원의 위치가 먼 경우 적합한 시기에 구매가 어렵다.

2) 중앙구매

본사나 조직 전체에서 필요로 하는 물품을 특정 조직부문(구매부서)에서 취합하여 집중적으로 구매하는 방법으로 집중구매, 본사구매라고도 한다. 특히 조직 전체에서 공통적으로 사용하는 물품, 고가품목, 대량사용품, 구매절차가 복잡한 물품의 구매에 적합하다. 식품공장, 규모가 큰 위탁급식업체, 대규모 체인음식점 등에서 주로 이루어지며, 구매절차가 복잡하고 저장창고와 같은 별도의 시설이나 장소를 구비해야 하는 특징을 가지고 있다. 중앙 구매의 장·단점은 다음과 같다.

① 장점

가. 대량구매에 따른 구매 가격인하가 가능하며 구매비용을 절감할 수 있다.
나. 전문 구매부서에서 구매활동이 이루어지므로 전문성과 경쟁력 제고가 가능하다.
다. 구매조직의 집중도가 향상되고, 거래처 관리가 용이하다.
라. 구매조직이 하나이므로 구매방침과 절차가 일관성이 있다.
마. 효과적인 재고관리로 재고량을 감소시킬 수 있다.
바. 거래업체가 한정되므로 품질관리가 쉬워진다.

② 단점

가. 다양한 품목 취급에 따른 구매절차가 복잡하고 능률이 저하된다.
나. 물품청구의 취합에서부터 발주 후 검수·입출고·재고관리에 장시간이 소요된다.
다. 긴급 품목의 발주 시 불리하다.
라. 구매의 자립성이 없고 수속이 복잡하다.

(2) 정기구매와 수시구매

구매하는 시기를 기준으로 정기구매와 수시구매 방법이 있다.

1) 정기구매

정기적으로 일정시점에서 구매하는 방법이며, 지속적으로 사용되는 물품의 구입 시 이용한다. 특히 물품 재고량이 일정한 양에 도달하였을 때 자동으로 구입하거나, 판매 및 생산계획을 토대로 정기적으로 구입한다.

2) 수시구매

사용부서에서 구매요구서가 들어올 때마다 수시로 구매하거나, 비정상적인 상황에서 돌발적으로 즉시 구매가 이루어지는 방법이다.

(3) 당용구매와 장기계약 구매

1) 당용구매

당장 필요한 물품을 그때 즉시 구매하는 방법으로, JIT(Just in time) 구매라고 한다. 이미 소요시기가 결정되어 있는 품목, 일시적인 수요품목, 비저장품목, 계절품목, 소량품목 등의 구매에 적당하다. 또한 재고량 최소화로 저장비용의 절감과 구매품목의 가격 하락이 예상될 때 사용하면 유리하지만, 소량 구매 시에는 가격이 높아질 수도 있기 때문에 비경제적일 수도 있다. 우리나라 학교급식에서 활용하는 방법이다.

① 장점

가. 재고가 없으므로 보관비용을 절약할 수 있다.
나. 초과구매를 방지할 수 있다.
다. 새로운 생산품이나 생산방법이 채택될 경우 유리하다.
라. 가격하락이 예상될 때 유리하다.

② 단점

가. 조달비용이 증가한다.
나. 소량구매와 구매량이 일정하지 않으므로 수량 할인혜택을 받지 못하며 가격결정에 불리하다.

2) 장기계약 구매

특정품목이 계속해서 대량으로 필요한 경우에 장기계약을 체결하고 일정한 시기마다 일정량을 납품하도록 하는 구매방법으로, 가격변동폭이 적은 경우 장기계약에 따라 저렴한 가격으로 물품을 안정적으로 공급받을 수 있다. 판매자는 수량과 단가 등을 사전계약으로 결정하게 되므로 이윤 폭이 줄어들 수 있다.

(4) 공동구매

경영자나 소유주 및 서로 다른 조직체들이 공동으로 구매하는 방식으로 공동구매에 참여하는 각 조직체는 구매하려는 각 품목에 대한 명세서에 동의해야만 한다. 대부분 협동조합이나 협회를 통해 협력구매가 이루어지며, 개별단위의 구매에 비해서 대량구매에 따른 가격

할인으로 원가절감이 가능하고, 개별구매보다 공신력 있는 공급업체를 선정할 수 있어 공급력이 개선되고 강화된다.

(5) 일괄 위탁 구매

구매하고자 하는 물품의 양이 소량이면서 종류가 다양한 경우에 특정 업자에게 구입원가를 명백히 책정해서 모두 위탁하여 구매하는 방법으로, 구매 담당자가 모든 구입물품에 대한 내용을 파악하기 어려울 때 사용하면 유리하다.

(6) 리스

리스(lease)란 소비자가 구매하지 않고 상품 사용권을 계약에 의해 일정 기간 대여하는 것을 말한다. 고가품목의 경우 사용자의 초기 투자비가 높을 때 투자비를 최소화하기 위해 활용하는 방법이다. 최근 리스제도가 활성화되고 있지만, 구입할 경우와 리스할 경우의 경제적 효용가치를 분석한 후 리스 여부를 결정해야 한다. 리스 사용 시 얻을 수 있는 이점은 다음과 같다.

❶ 구매와 리스 금액의 차액만큼 다른 곳에 투자할 수 있다.
❷ 리스는 비용으로 처리되므로 세제상 유리하다.
❸ 리스를 통해 최신제품 사용에 유리하다.
❹ 리스 품목의 관리는 임대인이 담당하므로 관리비용을 절약할 수 있다.

3. 구매계약

(1) 계약의 법률적 의미

계약은 사법상의 효과를 발생시킬 목적으로 서로 대립되어 있는 2개 이상의 의사표시가 청약과 승낙으로 합의에 도달함을 의미한다. 즉 구매계약이란 특정 물품의 구매에 대한 청약에 대하여 승낙함으로써 성립하게 된다. 여기서 청약이란 특정내용의 계약을 성립시키기 위해서 상대에게 요청하는 의사표시 행위이며, 승낙이란 청약자가 제시한 계약 내용에 합의를 표명하여 계약을 성립시키고자 하는 의사표시를 말한다. 그러므로 계약은

- 법률행위로
- 상호대립하는 2개 이상의 의사표시가 있어야 하고
- 의사표시는 서로 다른 의의를 가지고 있어야 하며
- 복수의 의사표시가 합치하여야 한다.

구매계약의 법적효력은 입찰이라는 청약 행위가 낙찰에 의해 승낙되어 그 승낙된 사실을 낙찰자에게 통보하여 낙찰자가 이를 접수한 순간부터 발생한다. 이와 같은 효력은 해제나 해지, 계약의 종료로 소멸한다. 계약의 해제는 계약체결로 인하여 발생하는 법률효과를 소급하여 무효로 함을 말하며, 상대방의 동의가 필요하지 않고 해제권을 가지고 있는 자의 일방적인 의사표시로 이루어진다. 계약의 해제는 납품업자가 계약내용을 불완전하게 이행하거나 계약내용을 이행할 수 없는 경우, 재고의 증가나 생산계획의 변경 등과 같이 구매자측에 사정이 있는 경우 발생할 수 있다.

또 계약의 해지는 '계약의 효력이 소멸한다'는 것은 해제와 같으나, 계약체결 당시로 소급되지 않고 다만 미래에 대한 법률효과가 소멸되는 것으로 손해배상을 청구할 수 있다. 한편 구매계약 기간은 저장능력과 소요량 그리고 제반시설을 토대로 주간계약, 월 2회 계약, 월간 계약, 분기별 계약, 반기별 계약 및 중장기 계약 등 계약자의 특성에 맞게 선택한다.

(2) 구매계약의 유형

계약방법에 따라 입찰에 의한 방식, 협의에 의한 수의계약 방식으로 구분하며, 계약가격 결정방식에 의해 총액방식, 단가방식, 희망수량 단가방식으로, 계약수량 확약 여부에 따라 확정수량 방식, 계산 수량방식 등으로 구분한다. 가장 일반적인 계약방법에 따른 분류는 다음과 같다.

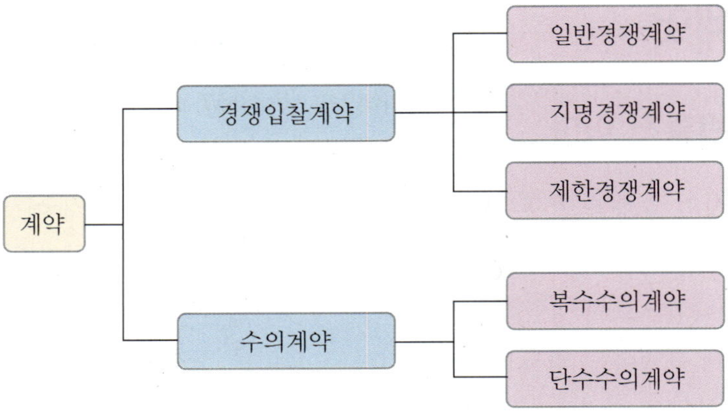

그림 4-2 계약의 유형

1) 경쟁입찰 계약

① 일반경쟁 계약

계약내용을 신문·관보·게시판 등에 널리 공고하여 불특정 다수인으로 하여금 경쟁입찰하게 하여 미리 정한 예정 가격의 범위 내에서 가장 적합한 가격에서 유리한 조건으로 입찰한 자를 선정하여 계약을 체결하는 방법이다. 계약절차를 요약하면 **[그림 4-3]**과 같다.

- **입찰 공고:** 물품 및 수량에 대한 계약 내용과 조건, 그리고 경쟁 참가자의 자격에 관한 사항, 입찰 집행의 장소와 일시, 입찰 보증금, 입찰시효에 관한 사항, 기타 필요한 사항 등을 공시한다. 즉 어떤 물품을 얼마만큼 구매하겠다는 것을 알리는 단계로 신문·관보·게시 및 기타방법을 이용하여 보통 10일 동안 공고하지만 긴급 시에는 5일까지 단축할 수 있다.
- **입찰 등록:** 공고에 응한 대상자를 중심으로 제출 서류와 입찰보증금을 점검 및 확인하는 단계이다.
- **입찰:** 2명 이상의 경쟁 원칙에 입각하여 입찰서와 입찰 보증금(입찰 금액의 약 10%)을 납부하고 희망하는 조건을 제시하는 단계이다.
- **개찰:** 사전에 공고된 일시와 장소에서 입찰자 입회하에서 개찰한다(우편 개찰 시는 제3자 입회하).
- **낙찰:** 계약 대상자를 선정하는 과정으로 가장 유리한 조건과 가격으로 입찰한 상대를 선정하여 낙찰가를 결정하고 청약을 승낙하는 법률적인 행위이다.

- **계약 체결 단계**: 계약의 목적, 금액, 보증금, 기간, 계약 위반 시 조치사항 등이 기술된 계약서나 서류에 서명하여 계약을 체결한다.

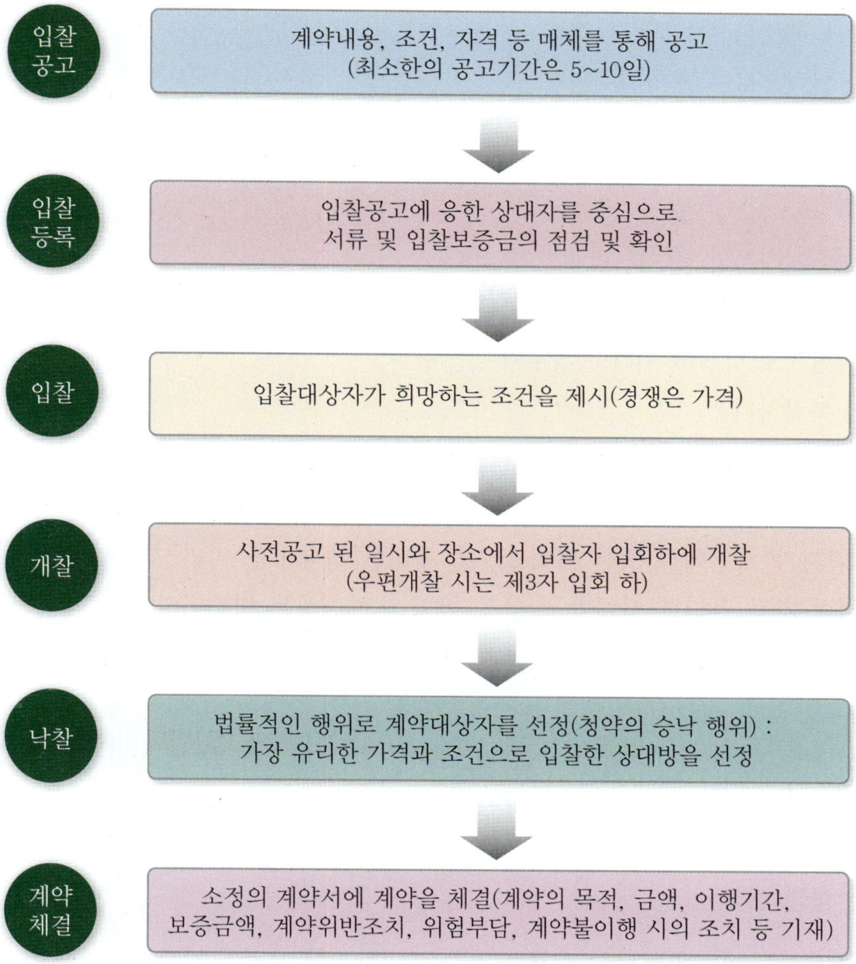

그림 4-3 일반경쟁 입찰체결의 절차

일반경쟁 계약의 장·단점은 다음과 같다.

가. 장점

- 기회를 균등하게 부여한다.
- 의혹감을 배제할 수 있다.
- 유의한 가격으로 구매할 수 있다.
- 새로운 거래처를 발견할 수 있다.

나. 단점

- 불성실한 거래처의 참여를 방지할 수 없다.
- 긴급구매 시 소요시간에 맞추기가 곤란하다.
- 업자 담합으로 낙찰이 어려운 경우가 발생한다.
- 수속이 복잡하다.

② 지명경쟁 계약

계약담당자가 사전에 특정한 자격요건을 구비한 상대방을 미리 지정·지명하여 경쟁입찰하게 하여 가장 유리한 상대방을 선정, 계약을 체결하는 방법이다. 특히 계약의 성질이나 목적상 경쟁자가 소수인 경우나 일반 경쟁계약이 불리하다고 인정되는 경우에 적합하다. 절차의 간편성, 비용절감, 책임 소재의 명확함 등의 장점이 있으나, 독단적인 결정에 따른 경제성 확보곤란, 업자담합의 우려가 있을 수 있는 단점이 있다. 지명경쟁 계약의 절차는 유리한 상대방을 선정하여 지명하고, 지면 통지 후 등록을 거친 다음, 계약을 체결한다.

③ 제한경쟁 계약

계약내용을 공고할 때 일정한 자격 요건을 구비한 입찰자만이 경쟁입찰에 참가하도록 제한하고, 유자격자만으로 입찰에서 경쟁하게 하여 가장 유리한 입찰자를 선정하고 계약을 체결하는 방법이다. 이 방법은 특수한 품목, 기술, 풍부한 경험과 실적을 요하는 경우에 적합하며 절차는 입찰참가자의 자격요건을 제한하는 것 외에는 일반 경쟁계약과 동일하다.

2) 수의 계약

경쟁계약과 반대되는 개념으로 경쟁방법에 의하지 않고 계약담당자가 적당하다고 인정하는 특정인(단수 또는 복수)과 협의하여 계약을 체결하는 방법이다. 이 방법은 일반 경쟁계약이 불리하다고 인정되는 경우, 계약의 목적 · 성질이 경쟁에 적합하지 않은 경우 또는 계약가격이 소액인 경우 등 특별한 경우에 사용한다. 특히 소량구매, 개인적인 주문, 전화주문을 통한 신속한 구매의 경우에 주로 활용된다. 계약절차는 견적서를 토대로 계약보증금 및 내용을 상호 협의하여 계약을 체결하는 과정으로 이루어진다.

가. 장점

- 절차의 간소함으로 비용절감의 효과가 있다.
- 신용이 확실한 거래처의 선정이 가능하다.
- 안정된 거래가 가능하다.

나. 단점

- 구매 공정성이 결여될 수 있고 경쟁력이 미흡하다.
- 불리한 가격으로 계약되기 쉽다.
- 유능하고 새로운 거래처 발굴이 곤란하다.

구매입찰 공고의 예

급식물품구매 전자입찰 공고

OO초등학교 공고 제2011-1호

1. 입찰에 부치는 사항

가. 입찰건명 : OO초등학교 급식재료 구매입찰(곡류 및 공산품 등)
나. 품　　명 : 곡류, 공산품(수량 및 규격은 붙임 품목설명서 참조)
다. 기초금액 : 70,209,110원(부가세포함)
라. 납품장소 : OO초등학교 급식실
마. 납품기간 : 2011. 3. 1. ~ 2011. 8. 31.(학사일정에 의한 비급식일은 제외)
※ 본 급식 식재료의 수량은 학생인원에 따라 가감될 수 있음.

2. 입찰 및 계약방식

가. 최저가 낙찰제(최저가격으로 제출한 업체를 낙찰자로 결정), 전자입찰방식에 의한 입찰입니다.
나. 지역제한입찰입니다.
다. 예정가격은 복수예정가격으로 결정됩니다.
라. 본 물품구매는 청렴계약제 시행대상입니다.

3. 입찰참가자격

가. 지방자치단체를 당사자로 하는 계약에 관한 법률 시행령 제13조 및 동법시행규칙 제14조에 의한 유자격자로서 부가가치세법 제5조의 규정에 의거 당해사업에 관한 사업자등록증을 교부 받은 자.
나. 경기도 내 사업장이 있고 해당 부분 도, 소매 사업허가를 획득한 자.
다. 급식품 공급에 필요한 시설, 냉동차량, 점포를 소유하고 또는 임차하고 있는 자(냉동, 냉장창고 기본평수 이상, 냉동탑차로 납품, 차량 내부온도를 확인할 수 있는 온도계 비치).
라. 당해 입찰 목적물의 운반에 필요한 냉동·냉장 차량등록증 및 이에 따른 책임, 종합 보험에 가입한 자.
마. 납품업체 및 업체종사자의 건강진단(보건증), 정기 방역소독 실시 및 영업배상책임보험(1인당 1천만 원, 사고당 3억 이상)에 가입하고 이를 증명할 수 있는 서류를 제시할 수 있는 자.
바. 지방세, 국세완납증명서를 제시할 수 있는 자.
사. 본 입찰은 「지문인식 신원확인 입찰」이 적용되므로 개인인증서를 보유한 대표자 또는 입찰대리인은 국가종합전자조달시스템전자입찰특별유의서 제10조 제1항 제5호에 따라 미리 지문정보를 등록하여야 전자입찰서 제출이 가능합니다.
아. 본 물품구매는 전자입찰방식으로 집행되므로 국가종합전자조달시스템 전자입찰 이용자등록을 필한 자이어야 합니다. (전자입찰 미등록 업체인 경우에는 국가종합전자조달시스템 전자입찰 시스템 가입 및 공인인증기관의 인증서를 받은 후 입찰집행일 전일까지 국가종합전자조달시스템 입찰 홈페이지(www.g2b.go.kr)의 전자입찰시스템에 이용자 등록을 하여야 합니다.
자. 미자격자가 고의로 입찰에 참가하거나, 지방자치단체를 당사자로 하는 계약에 관한 법률시행령 제92조에 해당한다고 판단될 경우에는 관계규정에 따라 부정당업자로 제재할 수 있습니다.

4. 현품설명

별도의 현품설명은 없으며, 공고기간 중 규격서 및 내역서 등에 대하여 문의사항이 있으면 본교 행정실(☎000-0000), 급식실(☎000-0000)로 문의하시기 바랍니다.

5. 입찰서 제출

가. 제출기간 : 2011. 02. 08.(화) 10:00 ~ 2011. 02. 17.(목) 13:00
나. 본 입찰은 전자입찰로만 집행하며, 전자입찰서는 조달청 전자입찰 인터넷 홈페이지(www.g2b.go.kr)의 전자입찰시스템을 이용하여 제출하여야 합니다.
다. 입찰서의 제출확인은 전자입찰시스템 '웹송신함'에서 하시기 바랍니다.
라. 한 번 제출한 입찰서는 취소하거나 수정할 수 없습니다. 단, 조달청 물품구매전자 입찰특별유의서 제10조에 따라 입찰의 취소를 신청한 경우 입찰집행관은 입찰서를 무효 처리할 수 있으며, 이 경우 취소의사를 표시한 입찰자는 당해 제조·구매입찰에 대하여 재입찰을할 수 없습니다.
마. 전자입찰시스템 또는 전송회신의 장애로 입찰연기의 경우 전자입찰시스템장애 발생 이전에 유효하게 접수된 입찰서는 연기된 입찰에 유효하게 접수된 것으로 보며, 입찰서를 다시 제출할 수 없습니다.

바. 입찰에 참가하고자 하는 자는 지방자치단체를 당사자로 하는 계약에 관한 법률시행령 등의 입찰관련 법령에 의한 물품구매전자입찰특별유의서, 입찰유의서, 계약일반조건 및 특수조건 등 기타 필요한 모든 사항에 관하여 입찰서 제출 전에 완전히 숙지하여야 하며, 이를 숙지하지 못 한 책임은 입찰자에게 있습니다.

6. 입찰보증금납부 및 동귀속

지방자치단체를 당사자로 하는 계약에 관한 법률시행령 제37조 및 제38조의 규정에 의하여 입찰보증금(입찰금액의 5/100 이상)은 전자입찰서의 납부이행각서로 갈음하나 국고귀속사유가 발생할 경우 납부확약내용에 따라 이를 즉시 현금으로 납부하여야 합니다.

7. 개찰

가. 입찰집행(개찰)일시 : 2011년 2월 17일(수) 14:00
나. 개찰장소 : OO초등학교 행정실 입찰집행관 PC
다. 개찰결과 유찰 시에는 재입찰 공고에 부합니다.

8. 낙찰자 결정

가. 본 입찰은 지방자치단체를 당사자로 하는 계약에 관한 법률시행령 제42조의 규정에 의거예정 가격 이하로서 최저가 입찰자 순으로 입찰자격심사를 하여 낙찰자를 결정합니다.
나. 개찰결과 유찰 시에는 1회에 한하여 전자 재입찰을 실시합니다.
다. 동일가격으로 입찰한 자가 2인 이상일 때는 지방자치단체를 당사자로 하는 계약에 관한 법률 시행령 제48조 규정에 의하여 동가 업체 모두 참석하여 추첨으로 낙찰자를 결정합니다.
라. 낙찰자로 결정된 자는 특별한 사유가 없는 한 낙찰일로부터 5일 이내에 계약을 체결하여야 합니다.

9. 입찰의 무효

지방자치단체를 당사자로 하는 계약에 관한 법률 시행령 제39조 및 동시행규칙 제42조, 물품구매입찰유의서 제12조, 국가종합전자조달시스템 전자입찰유의서에 의합니다.

10. 청렴계약이행서약서 제출

가. 본 입찰은 청렴계약제 시행대상이므로 청렴계약입찰특별유의서 제2조 제1항에 의거 청렴계약 이행각서(업체 제출용)를 제출하여야 합니다.
나. 제출방법 : 입찰에 참여하는 모든 업체는 동 특별유의서 제2조 제1항에 의거 청렴계약이행각서를 제출한 것으로 간주합니다.
다. 낙찰대상자로 선정된 업체는 대표자가 청렴이행각서를 서명하여 본교와의 계약체결 시 제출하여야 합니다.
라. 청렴계약이행각서, 청렴계약입찰특별유의서, 청렴계약특수조건 등은 본교에 비치된 서식을 사용하실 수 있습니다.

11. 기타참고사항

가. 입찰에 참가하는 자는 입찰공고조건, 물품구매입찰유의서, 물품구매계약일반조건, 물품구매계약특수조건, 물품구매전자입찰특별유의서, 공공입찰통합관리시스템 입찰자용 이용약관 및 기타 입찰에 필요한 모든 사항을 숙지하여야 하며, 숙지하지 못하여 발생하는 책임은 입찰자에게 있습니다.
나. 전자입찰참가 희망업체의 전산장비 준비부족 등의 사유로 전자입찰등록 및 투찰이 곤란한 경우에는 투찰시간 마감 24시간 이전에 국가종합전자조달시스템 콜센터(☎1588-0800)로 문의하여 주시기 바라며, 문의를 하지 않아 발생되는 모든 책임은 입찰참가자에게 있습니다.
다. 본 공고안은 국가종합전달조달시스템(www.g2b.go.kr)의 『입찰정보』-『물품』-『공고현황』을 이용하시기 바랍니다.
라. 입찰결과에 대한 정보는 국가종합전달조달시스템(www.g2b.go.kr)의 『입찰』-『물품』-『개찰결과/최종낙찰자』를 조회하여 이용하시기 바랍니다.
마. 기타 입찰에 관하여 자세한 사항은 우리 학교 행정실(☎000-0000)로 문의하시기 바랍니다.

2011년 02월 08일 OO초등학교 분임경리관

입찰서의 예

입 찰 서

________________귀하

입찰년월일 : 20 년 월 일
공 고 번 호 : 공고 제 호

1. 계약건명 : ________________

2. 입찰금액 : ________________

3. 입찰내역 : ________________

품목	단위	수량	단가	금액	비고

※ 필요에 따라 별첨할 수 있음.

4. 납품년월일 : 20년 월 일

입찰자주소 :
상호 :
대표자 : 인
(주민등록번호 : –)

견적의뢰서의 예

견 적 의 뢰 서

견적의뢰번호 : 제 호 년 월 일

__________________귀중

수고스럽지만 아래 물품에 대해서 다음 조건을 승낙하시면
견적서를 송부해주시기 바랍니다.

OOOO주식회사
구매과 인

1. 견적서 제출기일 월 일
2. 수취장소 (이 기간 내에 납품이 어려운 경우에는 기한을 신청해주시기 바랍니다.)
3. 납기주문 후 일간
4. 품질구조
5. 견적 유효기한을 기입할 것

품명	수량	단위	비고

(주)
① 견적의뢰번호(부 · 과로서 일련번호를 채용할 경우는 센터파일 한다)
② 수취장소(수취장소까지의 운임은 견적가격에 포함되므로 명확하게 기입한다)
③ 품질구조(예 : 강제 둥근 머리리벳 $\Phi 4 \times 10$㎜, 강제캐비닛, 치수는 첨부한 도면 참조)
④ 견적유효기한(시세변동이 심한 재료를 쓰는 제품에 대해서는 반드시 기입토록 지도하여 분쟁을 방지한다)
⑤ 비고-대여치공구 · 재료조건 · 약도등
- 대여치공구(예 : 트리밍다이 · 벤딩다이 및 로케이션 게이지를 무상대여 한다)
- 재료조건(수주자 부담, 발주자로부터 유상 지급 · 무상 지급이라고 명시한다)
- 약도(첨부도면을 필요로 하지 않을 경우 기입하여, 품질구조의 항목란에 비고 참조라고 기입한다)

식자재공급 계약서 예

주식회사 OOO(이하 "갑"이라 한다)와 OO(이하 "을"이라 한다)은 다음과 같이 물품 공급 계약을 체결한다.

제1조 (계약의 목적)
본 계약은 "갑"과 "을"간의 물품 구매 및 공급에 대한 제반 조건을 정함을 목적으로 한다.

제2조 (물품 공급조건)
1) 본 계약의 물품이라 함은 "갑"이 필요로 하는 식자재를 칭하며, "을"이 납품할 물건의 품명, 규격, 품질, 수량 등은 "갑"이 요구한 사항과 동일하여야 한다.
2) "갑"은 필요 시 "을"에게 견본을 요구할 수 있으며, "을"은 견본과 동일한 물품을 공급하여야 한다.
3) "을"의 사정으로 동일한 물품의 납품이나 지정일까지의 납품이 불가능할 경우, "을"은 사전에 "갑"에게 통보하여야 하며 "을"은 이로 인한 "갑"의 손해에 대한 배상 책임이 있다.
4) 상기 3)항의 사유로 "갑"이 부족 물량을 "을" 이외의 다른 거래선으로부터 구입할 경우, 이로 인한 구입 금액의 차액을 "을"은 "갑"에게 지불하여야 한다.

제3조 (계약이행 및 계약기간)
1) "을"은 "갑"의 동의 없이는 "갑"이 주문한 물품의 단가 및 물량과 다르게 물품을 공급할 수 없다. 단, "갑"과 "을"은 상호 동의 하에 물량을 증감할 수 있으며 이로 인하여 공급이 지연될 경우에 "을"은 이를 "갑"에게 사전 통보하며 "갑"은 공급지연에 대한 책임을 "을" 에게 요구할 수 없다.
2) "을"의 납품자격은 본 계약일로부터 1년간 유효하며 계약기간 만료 1개월 전까지 "갑"과 "을" 어느 일방이 계약해지 의사를 통보하지 않는 경우에는 본 계약은 1년 단위로 자동 연장된다. 단, "을"이 제7조, 제8조, 제9조의 각 항을 위반한 경우, "갑"은 본 계약을 해지할 수 있으며 "을"은 이를 수용하여야 한다.

제4조 (물품입고)
"을"은 "갑"이 지정하는 장소와 기간 내에 물품을 납품하여야 하며, "갑"의 요구가 있을 경우에 "을"은 납품 시 사용한 포장재 일체를 수거하여 반출하여야 한다.

제5조 (물품검수)
1) "을"은 공급 물품에 대하여 "갑"이 지정한 검수자로부터 물품 확인 검사를 받아야 한다.
2) 검수 결과 부족 또는 불량품이 있을 경우, "을"은 즉시 보충 또는 대체 공급하여야 한다.
3) "갑"은 물품의 품질 확인을 위하여 필요시 관련된 증빙 서류를 요구할 수 있고 "을"은 이를 수용하여야 한다.
4) "을"은 식품위생법 상의 적합한 물품을 유통시켜야 하며, 이를 위반하여 발생되는 문제에 대해 모든 민·형사상의 책임을 진다.

제6조 (대금결제)
대금결제는 "갑"의 지급 기준으로 하되, 필요시 "갑"과 "을"은 결제조건을 협의, 변경할 수 있다.

제7조 (손해배상의 청구)
"을"은 아래와 같은 사유로 "갑"에게 손해를 입혔을 경우, "을"은 "갑"에게 손해배상을 하여야 한다.
1) 물품공급에 있어 제5조 4)항을 위반한 경우.
2) "을"의 귀책사유에 의한 물품의 오·훼손, 하자 등이나 이로 인하여 "갑"이 직·간접적 손해를 입었을 경우.
3) "갑"에 공급된 상품의 각종 인·허가 사항 및 관계법규를 위반하여 "갑"에게 손해를 입혔을 경우.

제8조 (계약해지)
1) "갑"과 "을"은 일방의 귀책사유로 인하여 정상적 거래를할 수 없거나, 아래 사항에 해당하는 사유가 발생한 경우 본 계약을 해지할 수 있다.

제8조 (계약해지)

1) "갑"과 "을"은 일방의 귀책사유로 인하여 정상적 거래를할 수 없거나, 아래 사항에 해당하는 사유가 발생한 경우 본 계약을 해지할 수 있다.

① "을"이 본 계약의 전부 또는 일부를 이행하지 아니한 경우.

② "갑"이 요구하는 물품을 납품하지 않거나, 납품 가능성이 없다고 "갑"이 인정한 경우.

③ "을"이 납품한 물품이 검수 결과 불합격, 반품이 2회 이상 반복되고 개선되지 않는 경우.

④ "을"이 제7조(손해배상청구)의 귀책 사유로 거래 관계가 유지될 수 없는 경우.

⑤ "을"이 제9조(금지사항)를 위반한 경우.

⑥ "갑"에게 더 이상 거래관계를 지속할 수 없는 사항이 발생한 경우.

2) 계약해지는 계약해지를 통지한 날로부터 효력이 발생한다.

제9조 (금지사항)

"갑"과 "을"은 계약을 위반하는 아래의 사항에 해당하는 행위를 하여서는 안 된다.

1) "갑"의 사전 서면 승인없이 "을"이 계약 상의 권리, 의무를 제3자에게 양도하는 행위.

2) "갑"의 정당한 물품 주문을 정당한 사유 없이 지연하거나 거절하는 행위.

3) 관련법규를 위반하여 물품을 공급하거나 상거래 상 통상적으로 인정할 수 없는 행위.

제10조 (기타)

1) 본 계약에 명시되지 아니한 사항은 관련법규와 일반 상관례에 따른다.

2) 본 계약의 효력은 "갑"과 "을"이 서명, 날인한 날로부터 발효된다.

3) 본 계약에 관한 소송은 "갑"의 소재지 관할 법원으로 한다.

4) "갑"과 "을"은 본 계약서 조항의 성실한 이행과 계약을 증명하기 위하여 계약서 2부를 작성 하여 서명, 날인한 후 각 1부씩 보관한다.

20 . . .

"갑" : 서울시 영등포구 OOO동 60
주 식 회 사 OOO
대 표 이 사 OOO

"을" :

FOOD PURCHASING MANAGEMENT

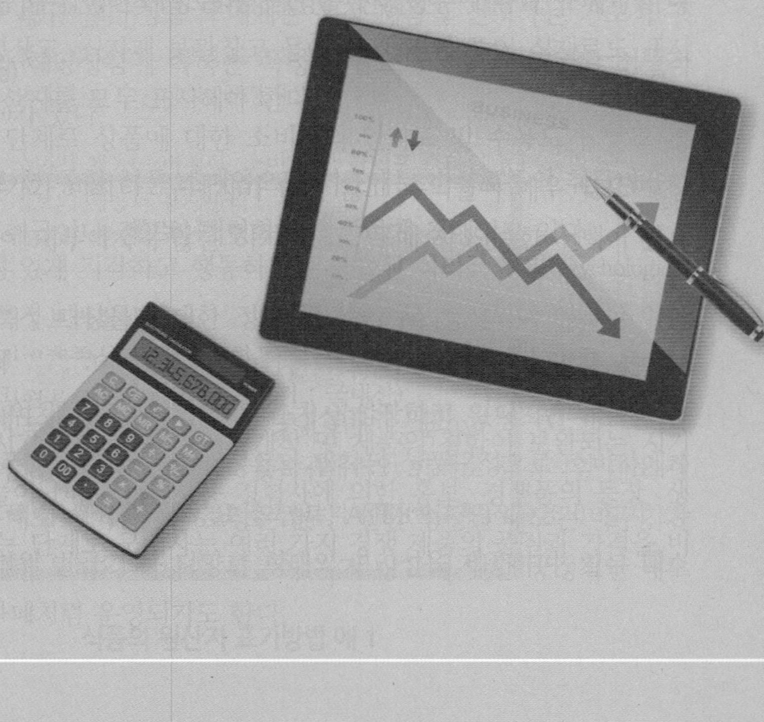

Chapter **05**

구매활동

1. 구매활동의 의의 및 특성
2. 구매절차
3. 수요예측
4. 구매요구서와 명세서의 작성 및 승인
5. 재고량 조사 및 발주량의 결정

1. 구매활동의 의의 및 특성

(1) 의의

생산에 필요한 특정 물품을 적정거래선으로부터 최적 품질을 확보하여 필요한 시기에 필요한 수량만큼을 최소비용으로 구입할 목적으로 구매활동을 계획·통제·실시하는 관리활동을 말한다. 구매하고자 하는 상품이나 서비스가 왜 필요한가를 확인하며, 그 필요성과 필요한 물품을 분석하고 확인하는 것으로부터 구매활동이 시작된다. 즉, 조직 내 여러 부서에서 요청하는 물품의 품목·구매수량·품질·용도·규격 등의 구매요건을 충족시키고, 나아가 생산 전단계(前段階)에 이르기까지의 구매업무 내용을 수행하는 전체 과정을 말하며, 이것은 구매 절차의 각 단계에 의해서 진행된다.

[그림 5-1]은 구매활동의 전체 과정을 나타낸 것이다.

(2) 구매활동의 특성

구매활동은 생산 예정 상품을 위해 구매할 재료의 수량을 계획하고, 구매방법 또는 구매유형을 결정한 다음, 구매절차를 통해서 실시되는데, 여기에 구매계획뿐만 아니라 발주에서부터 사입, 검수, 저장과 입·출고 그리고 재고 등 여러 관리활동이 포함된다. 이와 같이 구매활동이 원활하게 수행되기 위해서는 단순한 물품 구입에만 국한하지 않고 경제적 효율성을 바탕으로 기술적·과학적·경영적인 특성을 파악하고 효율적인 시스템 구축이 전제되어야 한다. 구매활동에는 관련 전문지식과 다양한 경험의 축적이 필요하므로 구매활동의 핵심인 시스템화에 역점을 두고 수행되어야 한다.

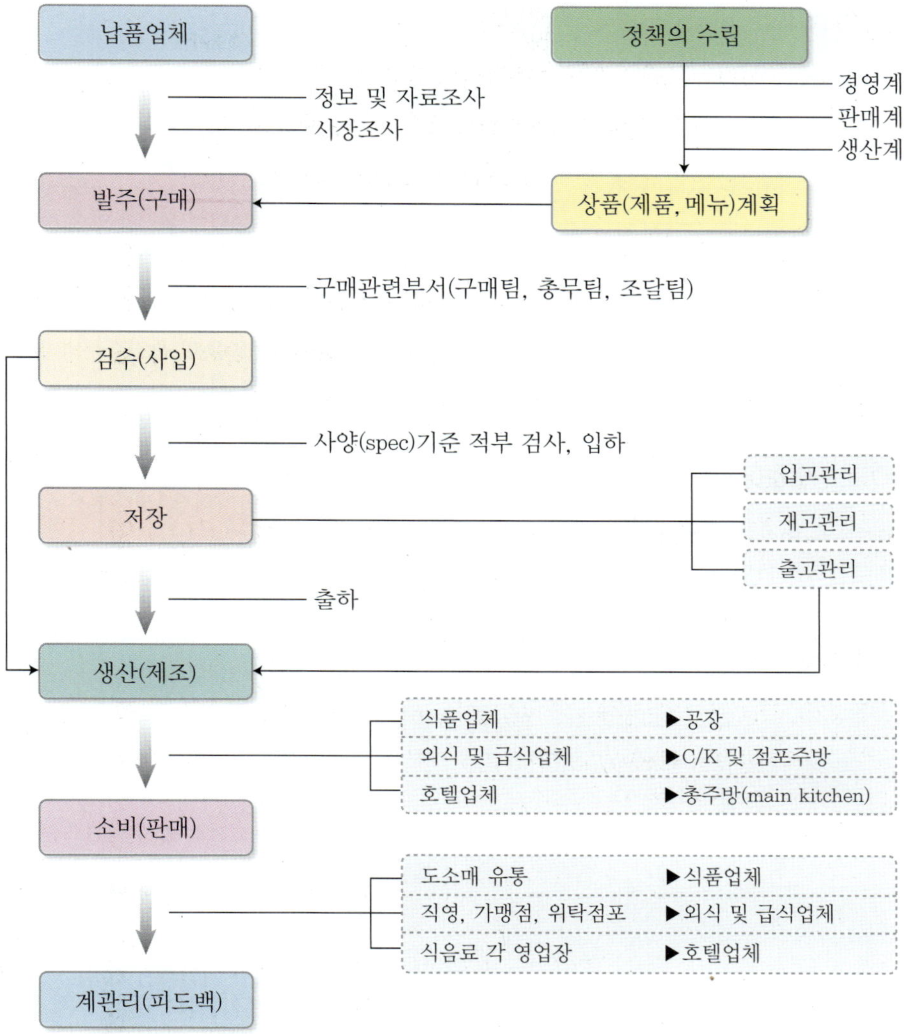

그림 5-1 구매활동의 전체 과정

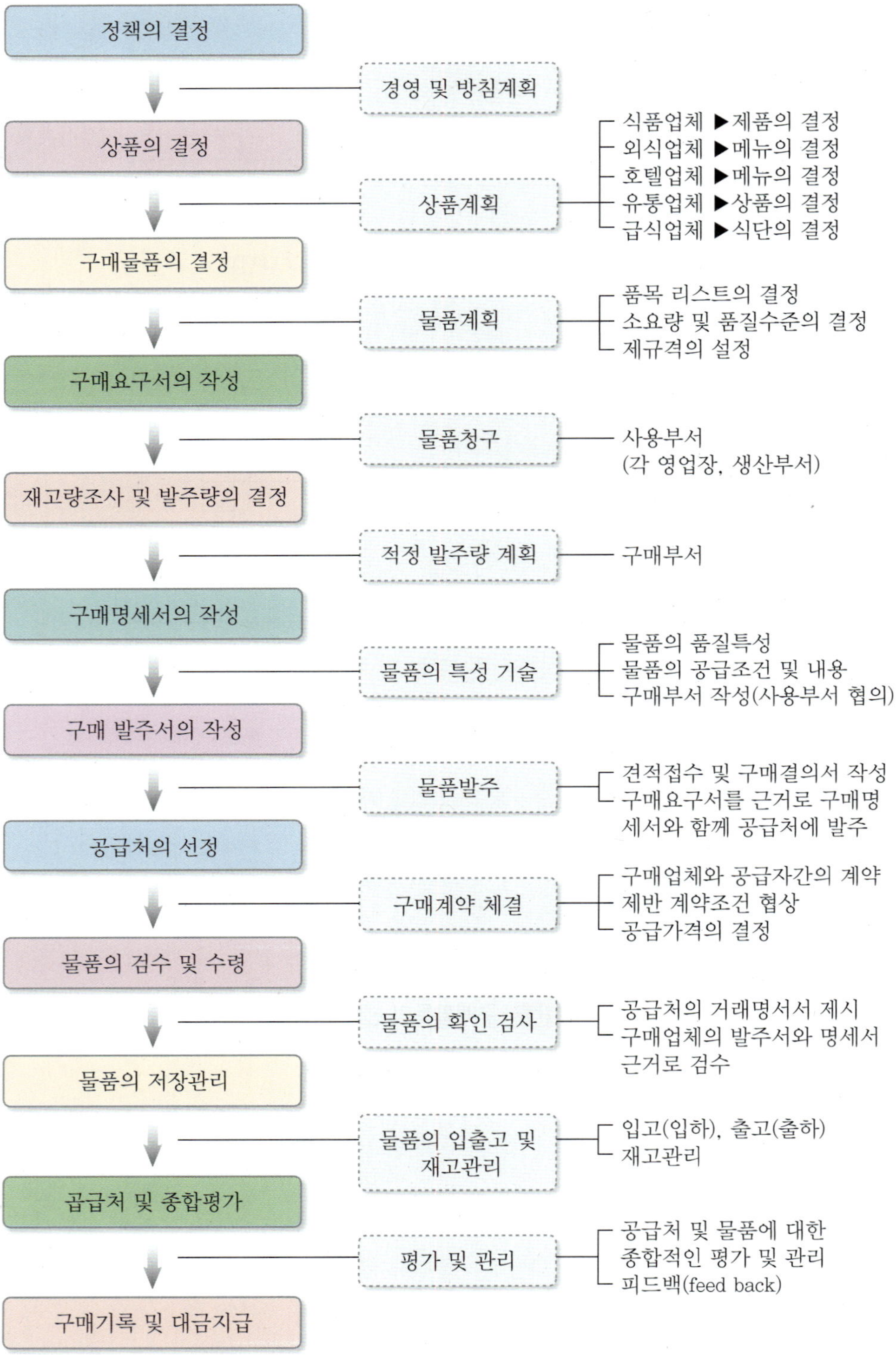

그림 5-2 세부적인 구매활동의 단계

2. 구매절차

구매절차는 구매활동의 시작에서부터 완료될 때까지의 각 단계별 전체 진행과정을 의미하며 조직의 규모, 구매방침, 구매계획 또는 구매상황(신구매, 재구매) 등에 따라 절차가 달라지지만 일반적인 구매절차는 **[그림 5-2]**와 같다.

(1) 정책 및 상품의 결정단계

대부분의 대형 외식업체, 단체 급식업체, 호텔 및 유통업체의 구매활동은 조직적·집단적·대량적으로 이루어지고 있으나, 개인업체에서는 비체계적이며 소량적으로 이루어지고 있다. 대형 외식업체에서의 구매활동은 경영 관리 활동의 한 부분으로, 전사적인 단계에서 판매 및 생산계획을 바탕으로 구매전략과 계획이 수립되고 있다. 상품의 기획과 개발, 원가와 판매가, 그리고 식재료 규격과 품질 수준의 결정 단계는 기업의 경영방침계획에 포함된다. 따라서 기업의 경영 정책 수립과 상품의 결정은 구매활동에 있어서 경쟁력과 경제성으로 연계되기 때문에 구매활동에 있어서 대단히 중요한 의미를 가지고 있다.

(2) 구매물품 및 소요량의 결정단계

일반적으로 기업 내 구매부서는 각 영업장 또는 생산관련부서에서 요청하는 물품의 품목과 소요량을 관리하고 지원하는 구매업무를 수행하는 권한과 책임을 가지고 있다. 가장 많은 구매를 필요로 하는 곳이 생산부서(식품공장, 센트럴키친)이며, 창고관리부서는 재고량이 일정 시점에 도달할 때 적정재고량을 확보하기 위해서 구매부서와 밀접한 업무협력이 필요하다. 또한 각 영업장이나 생산부서에서는 재주문 시점이나 최적재고 유지를 위해 구매요구서를 구매부서에 요청하는데, 이때 요청부서와 구매부서 간에는 물품의 품목·품질·용도·규격 등에 대한 충분한 협의가 있어야 한다.

(3) 재고량 조사 및 발주량의 결정단계

급식업체의 단위영업장이나 생산관련부서에서 물품구매를 요청하면, 구매부서의 담당자는 표준 레시피로부터 식재료의 소요량을 산출한다. 이때 비저장 물품은 산출된 소요량을 구매량으로 결정하여 발주하지만, 저장물품은 창고의 적정재고량을 고려한 수량을 발주한다. 특히 발주량을 결정할 때는 품목별 투입(in-put)과 산출(out-put)의 생산 효율(yield)을 고려해야 하고, 경제적인 발주량을 통한 적정재고량을 유지해야만 효율적인 비용지출 및 원가관리를할 수 있다. 즉 물품의 재고과다는 구입 비용지출이 커지게 될 뿐 아니라 과다구입에 따른 조직 내 자금 운용이 제한되고, 재고부족은 생산 차질로 인한 판매손실을 초래할 수 있다.

(4) 구매명세서 및 발주서의 작성단계

물품 사용부서에서는 필요 물품에 관한 구매를 청구하기 위해서 구매요구서(또는 구매요청서)를 작성하여 구매부서에 접수하면 구매부서에서는 구매명세서를 작성한다. 구매명세서는 물품구매와 관련된 모든 내용, 즉 상품명(품목명), 품질특성, 용도(활용처), 규격 및 기타 특별사항 등을 수록한 양식으로 물품명세서 또는 시방서라고도 한다.

구매명세서는 품목에 관한 내용을 이해할 수 있도록 자세하게 작성하여 구매발주서와 함께 공급업체로 송부된다. 특히 이 단계에서 공급처의 견적을 접수하고, 내부 구매결의서를 작성하여 사전 재가를 받은 다음 공급처에 발주한다. 이때 재고물량을 사전에 파악한 후 경제적인 발주를 해야 과다구입을 방지할 수 있다.

(5) 공급처의 선정단계

구매부서는 필요한 물품에 대한 공급조건을 충족시킬 수 있는 공급처(거래처, 납품처)를 선정한 뒤 계약을 체결하는데, 공급처는 구매부서에서 요구하는 물품과 수량을 적절한 시기에 좋은 품질과 적절한 가격으로 공급할 수 있어야 한다. 구매부서에서는 구매하고자 하는 물품의 공급처와 유통경로를 파악하고 업체의 지리적 위치, 인적 관리, 생산 능력, 가격경쟁력, 자본력, 신용도, 납기이행능력 등을 고려하여 공급처를 선정해야 한다. 또 체계적인 공급처 관리를 위해서 거래선 등록신청서를 작성하여 보관한다.

(6) 물품의 검수 및 수령단계

공급처를 선정하여 발주한 후에는 물품 납기일 준수를 위한 확인과 독촉을 해야 하며, 납품된 물품에 대해서는 공급처에서 구매업체에게 송부한 거래명세서와 구매업체에서 주문한 구매발주서 및 명세서를 대조하여야 한다. 즉 구매발주서와 구매명세서의 내용에 적합한 물품 여부에 대한 검수를 해야 하며, 물품에 하자가 발생한 경우 반환 조치를 하고, 그렇지 않은 경우에는 물품을 인수하여 저장하고 검수기록표에 기재한다.

(7) 물품의 저장관리단계

검수된 물품은 꼬리표(tag)를 부착하여 저장창고에 보관하거나, 당일 사용될 신선 식품은 각 영업장으로 직접 전달한다. 저장창고에 입고된 물품은 사용 부서의 요구에 의해 출고되며, 창고담당자는 입·출고 및 재고관리 업무를 수행한다.

(8) 공급처 및 물품의 종합평가단계

구매물품에 대한 품질 및 공급 상태, 공급처가 제공하는 서비스 및 신뢰도를 종합적으로 평가한 후 물품 대금을 지불한다. 또 구매과정에서 작성한 여러 양식과 기록한 문서는 다음 발주 시 참고로 하거나 법률적인 효력 발생 기간 동안 보관하여 경제성과 효율성을 제고시킨다.

(9) 구매활동 연구

구매 활동은 물품의 유용 가능성, 가격 변동, 공급업체의 서비스, 그리고 소비자의 입맛은 매우 빠르게 이변할 수 있으므로 현명한 구매자는 조직의 미래를 위하여 끊임없는 정보 수집과 연구 활동으로 이에 대한 대비를 해야 한다.

1) 가치 분석

이 활동은 완성하고자 하는 상품의 최종 품질 또는 실행 정도의 손실 없이 불필요한 원가요인을 찾아서 제거하는 과정이다. 예를 들어서 어떤 음식을 만들기 위한 사용하였던 재료 A를 비용이 저렴한 재료 B로 대체하여도 음식의 맛과 품질은 변함이 없는 경우 재료 B로 대체하여 식재료비 원가를 낮추는 활동이다.

2) 수요 예측

구매자는 가능한 상품과 서비스의 종류와 그에 필요한 원가를 예측하기를 원한다. 그래서 종종 구매자는 친숙한 공급업체와 영업사원들로부터 정보를 수집하곤 한다. 그러나 비공식적인 정보 수집은 때때로 잘못된 예측 결과를 가져올 수 있으므로 공공기관 및 인터넷 정보를 통한 상품의 수요와 생산 및 가격 동향 등에 대한 정보를 수집하여야 한다.

3) What-If 분석

컴퓨터 프로그램을 이용하여 특정 식재료의 가격 증가율로 전체 식재료비 증가율에 영향을 끼치는 정도를 구하여, 구매방법 변경, 공급업체 변경, 대체 식재료 개발로 효율적인 구매활동을 기할 수 있는 방법이다.

- **전체 식재료비 인상률**

= 특정 식재료의 가격 인상률 × 전체 식재료비에서 차지하는 특정 식재료비의 비율

예 갈비가격이 10% 인상되었고 이 갈비 가격이 전체 식재료비의 50%를 차지한다면
전체 식재료비 인상률 = 0.1×0.5×100 = 5%

4) Make-or-Buy 분석

식재료를 구입할 때 구매자는 전처리가 된 가공품을 구입할 건지, 조리장에서 원재료를 이용하여 생산할지를 결정하여야 한다. 오늘날 구매자는 식재료 구매결정 시에 다른 어떤 연구 방법보다도 이 방법을 많이 사용하고 있다. 구매자의 잘못된 판단으로 큰 손실을 초래할 수도 있으므로 신중한 선택이 요구된다. 예를 들어 가공 처리된 식재료 구매 시 얻을 수 있는 장점은 ① 품질의 일관성, ② 일관된 분량 통제, ③ 종업원 숙련도와 상관없이 다양한 메뉴 제공 가능, ④ 에너지 절약, ⑤ 조리 감독관의 업무 축소, ⑥ 종업원 조리 기구 요구 낮춤, ⑦ 잔반 감소, ⑧ 식재료 저장 공간 감소, ⑨ 주문 비용 감소, ⑩ 식가용 부분의 증가로 쓰레기 분량 감소, ⑪ 주방 및 저장 공간 축소 등을 들 수 있다. 반면에 단점으로는 생 재료에 비해 높은 가격이다. 가공 처리된 또는 처리되지 않은 식재료를 구입할지는 구매자 전체적인 재료비와 인건비, 기타 비용 등을 고려하여 신중하게 판단하여야 한다.

3. 수요예측

(1) 수요예측의 개념

1) 수요예측의 의의

수요예측이란 기업이 생산하는 제품 및 서비스에 대한 시장의 수요량을 예측하는 일로서, 시장에서의 제품의 판매예측을 말한다. 기업은 판매예측에 근거하여 생산계획을 수립하고, 이것을 바탕으로 구매계획이 수립된다. 업체의 업무계획은 수요예측에서 시작되며 잘못된 수요예측은 과소, 과잉생산을 야기하여 기업에 손실을 가져올 수도 있다. 따라서 구매담당자는 실제 사용부서와의 충분한 협의를 통해 물품의 종류와 필요량을 결정해야 한다. 수요예측은 구매관리 업무의 기초적인 정보자료이므로 과학적이고 통계적인 분석에 근거해서 결정해야 한다.

2) 시장요인과 시장지표

시장요인(market factor)이란 제품 및 서비스의 수요와 관련된 측정 가능한 항목이나 요인을 말하며, 시장지표(market index)는 시장요인을 수치화한 것이다. 수요예측을 위한 시장요인과 지표는 기업 내 · 외부의 환경변화에 따라 다르지만, 대체로 다음과 같다.

❶ 인구 동태, 기온 변화, 소비 변화, 유행성, 경기 동향
❷ 외환 상태, 세계 경제의 동향, 특별 수요, 수출 · 수입 현황
❸ 원 · 부자재의 조달 상황, 신제품의 도입, 타사의 경쟁전략
❹ 정치, 각종 규제, 법률의 개 · 폐정, 천재지변 등

3) 판매예측

판매예측(sales forecast)은 미래의 일정 기간에 예상되는 제품 또는 서비스의 판매량 또는 판매액을 측정하는 것으로 예산수립의 기초자료가 된다. 즉 설비확충, 인력의 확보, 원 · 부자재의 구매 등과 같은 생산에 필요한 자원의 사용 계획은 판매예측을 기초로 하여 결정된다.

(2) 수요예측 모델 선택 시 고려할 특성

1) 비용의 효율성

수요예측을 위한 최적모델을 개발하거나 선택할 때는 소요되는 비용효율성을 고려해야 한다. 그중 모델 개발비용(프로그램 개발, 운영관리자 교육비 등)과 개발된 모델 운영을 위해 소요되는 운영비용이 있다. 이러한 비용은 정교한 모델일수록 자료의 분량이 많아지고 또한 기간에 따라 달라지므로 효율성의 측면에서 기업에 적합한 경제적인 모델을 선택해야 한다.

2) 예측의 정확성

수요예측은 정확성이 바탕이 되어야 하므로 예측 모델을 선택할 때는 정확도와 예측의 신뢰도를 근거로 신중하게 선택해야 한다.

3) 과거 축적자료의 타당성

수요예측에 과거의 축적된 자료를 사용할 경우는 미래에도 비슷할 거라는 가정에서 출발하므로 과학적·통계적 방법에 근거하여 정리된 과거의 타당성 있는 자료를 적절하게 활용해야 한다.

4) 예측기간의 적합성

예측기간은 예측이 필요한 미래의 일정 시점을 의미하며, 단기·중기·장기로 구분한다. 수요예측기간의 설정은 물품의 특성에 따라 저장 물품은 중장기적으로, 비저장 물품은 단기적으로 수요를 예측해야 하므로 물품의 특성에 따른 적합한 예측기간의 설정이 필요하다.

5) 소비행동의 유형성

수요예측 모델은 빠르게 변화하는 환경과 다양한 소비자의 행동 특성을 고려하여 발생 가능한 모든 요인들에 의한 영향을 최소화할 수 있는 모델을 선택해야 한다.

(3) 수요예측 방법

수요예측이란 '미래에 무슨 일이 일어날 것인가' 하는 것이며, 때로는 '과거에 어떤 일이 일어났었느냐'가 예측을 위한 출발점이다. 외식 업체에서의 수요예측은 '과거에 무엇을 얼마나 판매하였는지'에 대한 기록과 '주방의 음식 출구 관리'에 관한 기록으로 수집할 수 있다. 메뉴 분산표(scattering sheet)는 식당의 매출액과 판매되는 메뉴에 대한 정보를 제공하며, 음식 생산 전표는 주방에서 나가는 음식을 기록한 것인데, 이는 메뉴 판매 상황을 분석하는 좋은 도구가 된다.

1) 과거 기록 자료 수집(History gathering)

과거에 어떤 일이 일어났었는지를 분명히 이해한다면 미래를 예측하는 것은 쉬우며, 미래를 예측하는 데 있어 가장 필요한 기본은 과거의 기록이다. 메뉴는 판매된 음식의 종류를 보여주지만 방문한 고객 수(customer count)와 고객이 섭취한 음식의 양도 수요예측을 위해 매우 중요한 요소이다.

자료로 기록하는 두 가지 방법은 첫째, 식당에서 얼마나 많은 음식이 팔렸는지 계산해두는 것, 둘째, 주방에서 나간 음식의 양을 기록하는 것, 즉 생산하거나 판매한 것을 계산해서 기록하는 것이다. 이것이 새롭게 고안된 기법은 아니지만 자료 기록을 위한 매우 정확한 방법이며 자료 기록에 있어 유용성과 정확성에서 매우 유익하다.

표 5-1 메뉴 분산표(Menu Scatter Sheet)

Menu	Guest Check Sales Tally							Total Sold	×	Selling Price	=	Menu Item Revenue Contributin	÷	Total Net Sales	=	Percent Contribuition to Sales
	M	T	W	T	F	S	S									
Fried chicken	8	11	3	10	17	24	26	99	×	$8.50	=	$841.50	÷	$18,342.21	=	4.6%
Pot roast	2	6	5	9	12	18	8	60	×	$11.95	=	$717.00	÷	$18,342.21	=	3.9%
Pork chops		3	3	11	7	13	19	56	×	$9.50	=	$532.00	÷	$18,342.21	=	2.9%
Corned beef	3	2	7	16	12	15	8	63	×	$8.75	=	$551.25	÷	$18,342.21	=	3.0%
Roast turkey	4		9	6	10	17	22	63	×	$10.25	=	$697.00	÷	$18,342.21	=	3.8%
New York strip steak	16	21	13	17	22	29	22	140	×	$13.75	=	$1,925.00	÷	$18,342.21	=	10.5%
Filet mignon	9	16	8	27	23	30	18	128	×	$11.50	=	$1,472.00	÷	$18,342.21	=	8.0%
Chicken kiev	13	8	20		18	18	22	101	×	$10.95	=	$1,105.95	÷	$18,342.21	=	6.0%
Customer Count	56	67	68	98	129	177	162	757								
Comments: Tainy Monday																
No special parties all week																

2) 메뉴 분산표(Menu scatter sheet)

메뉴 분산표는 주인 또는 계산원이 직접 기록하기도 하지만 대부분은 매장 내 금전등록기 또는 포스 시스템에 의해 자동으로 계산된다. 메뉴 분산표는 다음과 같은 특징을 가지고 있다.

❶ 메뉴 분산표는 매출 자료로서 판매된 음식에 관한 기록이다. 이것은 식당에 관한 기록이며 고객이 계산한 전표를 정리하거나 현금 등록기, 포스 시스템으로부터 수집된 기록이다.

❷ 메뉴 분산표로 특정 시간대에 어떤 메뉴가 얼마만큼 팔렸는지 알 수 있다.

❸ 시간대에 따른 각각의 메뉴 아이템의 매출에 대한 수익 공헌도를 알 수 있다.

❹ 각각의 메뉴 아이템 판매로부터 얻어지는 최종 순이익의 비율을 알 수 있다.

❺ 총 고객 수, 날씨 상태 또는 특별 행사들과 같은 정보도 역시 분산표에 포함되어야 한다. 이러한 요소들은 유용한 정보이며, 그 결과는 다음 주에 어떠한 것이 판매될지에 대한 예측을 가능하게 한다.

3) 음식 생산 전표(Food production sheet)

음식 생산 전표는 식당의 운영 종료 시간까지 주방에서 생산되어 식당으로 나간 음식의 종류와 양을 기록한 전표이다. 음식 생산 전표의 특징은 다음과 같다.

❶ 생산 주문 전표라고도 하며, 지배인 또는 주방장이 준비해야 할 분량을 기록하면, 주방의 조리사들에게 생산해야 할 음식의 양을 알려준다.

❷ 조리사는 주문량과 생산 가능 분량의 차이가 있을 때는 미리 그 차이에 관한 내용을 자세히 기록해 두어야 한다. 예를 들어, 300명분의 음식을 주문 받았으나 주방에서 준비할 수 있는 식재료 양이 200인분밖에 없다면 전표에 300인분이 아닌 실제 생산량을 기록한다. 또한 품절된 음식 아이템과 품절 시간을 반드시 기록해야 한다. 품절을 기록할 때는 품절될 때까지 몇 명의 고객에게 음식이 제공되었는지 소진된 메뉴의 품절 시간을 기록한다.

❸ '사용량'은 표를 완성하는 데 있어 매우 중요하다. 실제로 사용된 식재료의 양은 실제 산출된 생산품의 양으로부터 남아있는 재료의 양을 빼는 것이다. 사실상 주방에 있는 식재료가 모두 고객에게 판매될 음식을 만드는 데 사용되는 것은 아니다. 다음과 같은 세 가지 형태로 주방에서 나가는데,

가. **판매:** 주방에서 생산되어 판매되는 모든 음식

나. **종업원의 식사:** 종업원에게 식사용으로 제공된 음식

다. **쓰레기:** 계획되지 않고 부엌에서 폐기되는 것으로 1인 분량이 많을 경우, 다량 조리 시, 엎지른 경우, 도난(생산전표상에 표기된 자료 이전에도 다양한 형태의 도난이 발생하기 때문에 저장고로부터 일어난 것은 아니며, 종업원이 친구에게 음식을 주는 것처럼 최종 제품의 도난일 수도 있다.) 등에 의해 발생하는 형태이다.

❹ 이 양식은 기후, 고객 총수, 사용법에 관련되는 다른 정보를 제공한다.

표 5-2 음식 생산 전표(Food Production Sheet)

Day: Date: / /

고객수(Customer Count):

메뉴명 (Menu Item)	분량 (Protion Size)	준비량 (Amount to Prepare)	실제 준비한 량 (Amount Actually Prepared)	남은 양 (Amount Left Over)	사용량 (Amount Used)

Comments:

4. 구매요구서와 명세서의 작성 및 승인

(1) 구매요구서의 작성업무

구매요구서는 구매청구서, 구매요청서, 구매의뢰서라고 하며, 구매물품을 사용하는 부서에서 작성하여 구매부서에 송부한다. 식품업체의 경우 생산공장이나 사용부서에서, 외식업체의 경우 물품 사용 현장인 점포(직영점, 가맹점), 센트럴키친에서, 급식업체의 경우 각 단위 급식소나 센트럴키친에서, 호텔 식음료의 경우 각 주방에서 구매부서에 의뢰하게 된다. 특히 구매요구서에는 ① 청구번호, ② 단위, ③ 가격, ④ 품목에 관한 설명, ⑤ 필요량, ⑥ 예산회계번호, ⑦ 규격, ⑧ 공급날짜, ⑨ 기타 결재라인 등과 같은 기본항목들이 기재된다. 구매요구서는 물품구매 담당 관리자에 의해 승인을 받아야 하며 승인된 내용은 책임자의 허가 없이 변경될 수 없다. 구매요구서의 양식을 **[표 5-3]**에 예시하고 있다.

표 5-3 구매요구서 양식의 예

구 매 요 구 서

작성일: 20 . . .

최종구입				현재고	신청 수량	규격	품명	납품 요구일	사용목적 및 수량 산출근거
날짜	수량	단가	업체						

예산금액: 첨부서류: 디자인 및 도안 명세서 및 견본

결재								
팀원	팀장	본부장	임원	사장	팀명:	업장명(파트)	담당	인
					비고/의견		구매	

(2) 구매명세서의 작성업무

구매명세서(purchase specification), 물품명세서 혹은 시방서라고 하며, 구매하고자 하는 물품의 품질과 특성에 대하여 기술한 양식이다. 주로 구매부서에서 작성하여 내부승인을 받은 후 거래처에 발주서와 함께 송부하며, 거래처로부터 물품을 공급받을 때 검수 업무부서에서는 구매명세서를 기준으로 물품을 검사한다. 또한 구매부서, 검수 부서, 창고관리부서, 사용부서에서 보관·유지하면서 구매 업무관리에 활용한다.

1) 구매명세서 작성의 필요성

구매명세서는 구매업체와 거래처가 서로 이해하기 쉬운 양식을 활용해야 하고, 효율적이며 원활한 업무 수행을 위해서 구체적이며 세부적인 내용을 기록하여야 하며 다음과 같이 활용될 수 있다.

❶ 물품의 품질·특성 및 원가관리의 통제기준이 된다.
❷ 공급업자, 구매자, 사용자, 다른 회사 직원 간의 이해를 돕는다.
❸ 구매업체와 거래처 간의 신뢰성 유지를 위한 기초자료가 된다.
❹ 구매 관련 업무의 효율성 증진과 구매 관련 교육 훈련도구로 활용될 수 있다.
❺ 경쟁 입찰 시 거래처 선정을 위한 필수적인 기준이 된다.

2) 구매명세서 작성자

구매업체와 거래처 간의 상호합의에 의해서 작성되는 구매명세서는 사용부서의 의견을 조율하여 주로 구매부서의 담당자에 의해 업무가 수행되지만, 물품 구매량이나 금액에 따라 의사결정의 단계는 달라질 수 있으며, 조직 내부의 운영방침에 따라 구매자와 물품 사용자가 합의하여 작성한다.

3) 구매명세서의 세부내용

구매명세서는 업체별·업종별로 차이가 있으나 일반적으로 구매물품에 대한 상세한 내용이 포함되어야 한다. 주로 품명·규격·등급·상표명 등에 대해서 구매 업체와 공급처 간의 의사전달을 도울 수 있는 정보가 단순, 간략하게 기록된다.

구매명세서의 세부 내용을 살펴보면 다음과 같다.

① 상품의 용도 및 요구사항

가장 중요한 내용으로 어디에 어느 용도로 쓰일지에 대하여 명시해야 한다.

② 상품과 서비스의 정확한 명칭

정확한 물품명뿐만 아니라 원하는 정확한 형태를 명시해야 한다. 예를 들어 올리브를 구매하고자 한다면 블랙 올리브인지 그린 올리브인지를 분명하게 명시한다. 명칭은 거래처에서 이해 가능한 명칭으로 표시해 주어야 다른 상품의 배달로 인한 반품처리, 재구매에 따른 시간과 노력을 줄일 수 있다.

③ 가능한 브랜드명(품질 및 등급명)

때때로 물품의 브랜드명은 그 상품의 품질을 보증하기도 한다. 예를 들어 두부를 주문할 경우 특정 브랜드명을 정해주거나 그 상품이 없는 경우 비슷한 품질 또는 더 우수한 품질이라고 덧붙여 설명한다면 납품업체의 구매 과정에 따른 혼란을 줄여 구매업자가 원하는 정확한 상품을 납품할 수 있다. 특히 육류는 품질 등급을 반드시 명시해야 한다.

④ 분량 정보

구매자는 특정 물품에 대하여 원하는 사이즈를 반드시 명시한다. 예를 들어, 1인 분량씩 손질된 스테이크 고기를 구매할 경우 반드시 정확한 무게와 중량을 표시해야 하지만(200g 안심스테이크), 손질이 되지 않은 닭이나 육류의 경우에는 가능한 무게 범위를 표시하며, 과일이나 채소의 경우 박스당 개수 또는 무게당(5kg, 10kg) 가능한 개수를 표기한다.

⑤ 손질 정도 및 폐기량

신선한 채소류는 손질 후 손실되는 최대 폐기량 또는 가용 부분량을 명시한다. 유통경로에 따라 채소의 신선도가 차이가 있으며 신선도가 떨어질수록 가용량은 적어진다. 또한 손질한 채소를 구매하는 경우 정확한 손질 정도를 명시해 주어야 한다.

⑥ 포장 규격

구매 물품의 원하는 포장 규격을 명시한다(무게, 박스, 병 등).

⑦ 포장 형태

포장 형태에 따라서 제품의 보관 및 유통과정 중의 품질 유지에 영향을 미치므로 원하는 포장 형태를 명시해준다(병, 캔, 비닐포장, 냉동포장 등).

⑧ 저장 또는 가공방법

저장 또는 가공방법에 따라 물품의 특성도 달라지게 된다. 예를 들어, 냉장육 또는 냉동육을 주문할 수 있으며, 통조림 콩 또는 냉동콩을 구매할 수 있고, 훈제 생선 또는 염장 생선을 주문할 수 있으므로 반드시 명시를 해 주어야 한다.

⑨ 원산지 및 품질표시

생산지역, 국가 명을 반드시 명시한다. 동일한 물품이라도 원산지에 따라 품질, 맛, 신선도, 가격 등이 다르며(국산, 수입품) 또한 품질 표시 등급(GAP, 친환경농산물 표시 등)에 따라서도 가격 및 품질의 차이가 많이 나기 때문이다.

⑩ 숙성 정도

과일, 채소의 경우 숙성 정도가 매우 중요하며, 김치 구매 시에도 반드시 숙성 정도를 표시해 주어야 한다. 와인 주문 시에도 생산연도(vintage)를 명시한다.

⑪ 형태

치즈를 주문할 경우 용도에 따른 형태, 즉 슬라이스인지 채 썬 형태인지 또는 직육면체인지 원형 모양인지를 표기해주어야 한다.

⑫ 색깔

파프리카, 고추, 양배추, 양파의 경우 원하는 색을 표시한다.

⑬ 가능한 대체품

명세서의 요구 조건에 맞는 상품이 없을 때 공급자가 대체해서 공급할 수 있는 상품 및 범위를 표시함으로써 공급시간을 절약할 수 있다.

⑭ 기타

운반방법 및 절차, 가능한 운송절차, 신용기한도 명시하여야 하며, 경쟁입찰의 경우에는 입찰절차, 공급자 선정 기준, 구매자가 공급자에게 기대하는 자격과 능력 등을 명시한다.

4) 구매명세서 작성 시 영향을 주는 요인

구매명세서는 간단명료하고 현실적이며 거래처와의 명확한 의사소통이 될 수 있도록 작성되어야 한다. 구매명세서 작성 시에는 구매활동에 미칠 수 있는 다음과 같은 영향 요인들이 사전에 검토되어야 한다.

❶ **업체의 목표와 정책**

❷ **업체의 음식 생산 시스템의 효율성:** 생산 시스템(직화구이 또는 그릴구이 등)에 따라 주문하는 물품의 명세가 달라져야 한다.

❸ **종업원 숙련도 및 기술수준:** 숙련도가 낮을수록 잘 손질된 상태로 주문되어야 하며 이로 인한 구매 비용 증가와 인건비의 경제적 효율성을 고려해야 한다.

❹ **메뉴에서의 요구 조건:** 활어, 자연산, 냉장 등을 메뉴에서 표시하는 경우

❺ **판매가격과 예산의 제약성**

❻ **저장시설의 효용성:** 냉동 공간이 제한적이라면 신선한 상태로 주문해야 한다.

5) 구매명세서 작성 시의 유의점

❶ 구매부서, 납품업자, 검수부서의 세 부문에서 사용하는 구매명세서는 동일해야 한다.

❷ 구매명세서는 상세하게 그리고 납품업체에서 이해가 될 수 있는 현실적인 내용이어야 한다. 가능하면 견본 사진 등을 참고로 부착하면 좋다.

❸ 구매명세서는 간단하고 정확하며 융통성 있게 작성되어야 한다.

❹ 구매명세서에서 지정하는 물품은 현 시장에서 유통되고 있는 상표를 지정하는 것이 좋다.

❺ 구매명세서는 다수의 납품업자가 응할 수 있도록 작성되어야 한다.

6) 구매명세서 작성 시의 장·단점

① 장점

가. 많은 납품업자가 입찰에 응할 수 있으므로 이로 인해 유리한 가격으로 구매할 수 있다.

나. 납품되는 물품의 정확한 품질 검사를 할 수 있으며 품질의 균일성을 유지할 수 있다.

다. 납품업자는 품질관리를 철저하게 하게 되므로 구매자 측의 검수 관리에 따른 시간과 비용이 절약된다.

② 단점

가. 구매 물량이 적을 때는 오히려 번거롭고 비경제적이다.

나. 구매 물품에 대하여 너무 구체적으로 지정하여 때로는 비싼 가격에 구매하게 되는 경우가 있다.

다. 구매명세서가 한 번 지정되면 그 물품에 대한 특성이 정해진 것으로 판단될 수가 있어 새로운 상품에 대한 정보에 뒤처질 수가 있다.

라. 특허 또는 생산업자의 기술적 제약으로 구매명세서가 오히려 부적당한 경우가 있다.

표 5-4 구매명세서의 예

구 매 명 세 서

20 년 월 일

품명	단위	규격	수량	단가	금액	비고	품명	단위	규격	수량	단가	금액	비고

5. 재고량 조사 및 발주량의 결정

(1) 적정 발주량의 결정

1) 발주업무의 의의

물품 사용 부서에서 품목과 소요량이 기록된 구매요구서가 구매부서에 송부되어 오면, 구매부서에서는 이를 토대로 구매명세서와 구매발주서를 작성하게 된다. 이때 구매부서는 사용 부서에서 의뢰한 구매물품 전부를 공급처에 발주하는 것이 아니라, 현재의 재고량을 고려하여 발주량을 결정하게 된다. 구매에 필요한 최적 발주량을 결정할 때는 구매업자 입장에서는 경제적 발주량이 되어야 하며, 공급처 입장에서는 경제적 수주량이 되어야 한다.

일반적으로 구매발주서(purchase order)는 주문서·구매표·발주전표라고 하며, 구매부서에서 발행하여 공급처로 송부하면 수의 계약인 경우 법률적으로 계약 성립이 이루어진다. 구매발주서는 3부로 작성되어 원본은 공급처, 사본은 구매부서와 대금지급을 위해 회계부서나 원가 관리부서에 각각 보관하여 활용하게 된다.

표 5-5 구매발주서의 예

구 매 발 주 서										
								20 년	월	일
연번	물품번호	품명	규격	단위	수량			예상가격		비고
					소요량	재고량	구매량	단가	금액	

2) 적정 발주량의 결정

급식 생산부서의 물품 구매 요청을 받으면 구매 담당자는 식재료의 산출량을 고려하여 발주량을 결정한다. 비저장품인 경우 구매 요청 분량이 구매량이 되고, 저장품인 경우 먼저 창고의 재고량을 확인한 후 적정 재고 수준을 유지할 만큼의 부족분만 발주량으로 산출하게 된다. 적정 재고 수준이란 현금이 불필요하게 물건으로 묶여 창고 공간을 차지하지 않으면서 고객이 원하는 음식을 언제든 제공할 수 있는 정도의 최소한의 재고 수준을 말한다. 그러므로 적정한 발주량과 발주 시기의 결정은 생산과 경제적인 면에서 매우 중요하다.

그러나 적정 발주량을 확인할 때는 가격의 변화, 계절성, 수량할인율, 품질적인 특성, 재고량과 저장관리에 따른 유지비용 등을 고려하여 경제적인 발주량을 결정해야 한다.

(2) 식품의 발주량 산출방법

식품의 발주량은 폐기량을 고려하여 예정 메뉴의 1인당 순사용량에 예정 식수를 곱한 값이 되며 폐기량이 있을 때는 그 양만큼 가산해준다.

$$\text{발주량} = \frac{\text{1인당 순 사용량}}{\text{가식부율}} \times 100 \times \text{식수}$$

※ 가식부율 = 100 − 폐기율

1) 식품 다듬는 과정

식품은 처음 구매 시 전혀 손질되지 않은 상태에서부터 음식으로 만들어져 최종 소비자인 고객에게 제공될 때까지 계속적으로 다듬어진다. 따라서 구매 담당자는 발주량을 결정할 때 다듬기에 따른 폐기되는 부분에 대한 제품 각각의 특성과 상태를 이해하는 것이 매우 중요하다. 일반적으로 음식을 조리하기 위해 구매하는 식품의 처음 상태를 '구매단계(AP: as purchased)'라 하며 조리 후 고객에게 제공될 때를 '제공단계(AS: as served)'라 정의한다. 식품의 구매단계와 제공단계 사이에 손질과 조리 과정에 따른 손실 부분이 발생할 수도 있으므로 만약 구매 담당자가 이 개념을 고려하지 않고 구매업무를 담당한다면 음식의 양에 따른 정확한 구매를 할 수 없을 것이다.

2) 다듬기의 정의

구매할 식품의 분량을 결정할 때는 구매하는 식품의 손질 정도를 명확하게 해야 한다. 즉 식품 신선도, 청결도, 전처리 정도 등에 따라 구매량은 달라진다. 따라서 구매 시 다음과 같은 약어의 내용을 기억해야 한다.

① AP(as purchased): 구매단계

AP는 음식 조리를 위해 구매된 가공되지 않은 상태 또는 일부 손질된 상태

② AS(as served): 제공단계

AS는 고객에게 제공하기 위해 조리 가공된 후의 분량을 말한다. 세척, 전처리, 조리, 분배로 인한 AP 단계로부터의 손실이 있기 때문에 AP 양보다는 적어진다.

③ EP(edible portion): 가식부위

EP는 고객이 먹을 수 있을 것이라 예상되는 음식의 양을 말한다. 이것은 식용이 불가능한 씨, 뼈, 지방 부분을 제외한 부분으로 AS보다는 적다.

④ W(waste): 쓰레기

AP에서 AS 또는 EP를 뺀 나머지 양으로 폐기되는 쓰레기는 항상 AP의 일부분이며 AS와 EP는 쓰레기 부분(W)이 제거된 상태이다.

⑤ W%(waste percentage): 폐기율

W%는 식품의 폐기율로 나타낸 쓰레기의 양이다.

$$W\% = \frac{W}{AP} \times 100$$

이 개념을 이해하기 위해서 여러 가지 식품을 이용해서 살펴보아야 한다. 만약 사과 1개가 후식으로 제공되었다면 AP와 AS는 같을 것이다. 만약 과일 칵테일이 제공되었다면 AS와 EP는 같을 것이다. 바에서 설탕이 제공되었다면 AP, AS, EP는 모두 동일할 것이다.

> 티본 스테이크를 가공 정도에 따라 AS, AP, EP를 사용하여 설명해 보면,
> AP: 400g – 가공되지 않은 것을 구매했을 때
> AS: 300g – 전처리, 조리 후 고객에게 제공될 때
> EP: 225g – 고객이 먹은 음식 양으로 접시에 남겨진 지방과 뼈의 양을 뺀 나머지

따라서 식재료를 주문할 때나 구매할 때는 이 개념을 꼭 고려하여야 한다. 예를 들어, 치킨 샐러드 레시피에 조리된 닭고기 1kg이 필요하다면 가공되지 않은 닭고기 1kg을 구매해서는 안 된다. 조류의 경우 털을 제거한 후 조리된 고기(EP)를 얻기 위해서는 뼈, 껍질, 전처리, 조리과정으로 손실되는 부분이 거의 50% 정도 되기 때문이다. 따라서 샐러드를 위해 준비해야 하는 조리된 고기 1kg을 위해서 가공되지 않은 닭고기 2kg을 구매해야 한다. AP와 AS, W와의 관계를 그림으로 나타내면 다음과 같다.

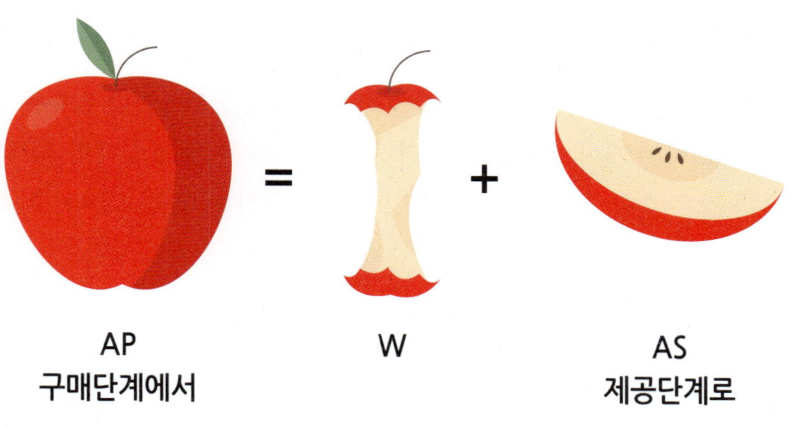

그림 5-3 AP와 AS의 관계

3) 생산량 계산 공식(Yield Formula)

제공단계(AS)에서 구매단계(AP)로의 전환 공식으로, 예상되는 고객에게 제공될 수 있는 음식을 만들기 위해 필요한 식재료의 양을 계산하여 예측할 수 있다.

① AS에서 AP로의 전환 방법

연회를 위해 구입해야 하는 총 식재료의 양은 제공단계(AS) 양으로 구할 수 있다. 즉 연회에 700명을 예상해서 1인당 100g씩의 고기를 제공한다면 총 AS 양은 70kg이다.

$$700\ \text{조각} = \frac{100\text{g}}{\text{조각}} \times \frac{1\text{kg}}{1{,}000\text{g}} = 70\text{kg AS}$$

AS 양이 결정되면 전처리, 조리, 분배과정에서 손실되는 양을 고려한 충분한 AP 양을 계산해야 한다. AS에서 AP로 계산하는데 필요한 정보는 AS로부터 손실될 것 같은 AP의 비율, 즉 폐기율(W%)이다. 많은 생재료의 폐기율은 여러 자료에서 정보를 찾을 수 있으나 가장 좋은 것은 조리사 개인의 경험에 의해 결정된 것이다.

재료의 폐기율을 정하기 위해서는 다음과 같은 실험을 한다.

가. 먼저 AP를 알고자 하는 제품의 무게를 측정한다.

나. 다음 AS의 무게를 측정하기 위해 정해진 분량의 음식으로 조리하기 위하여 다듬는다. 조리된 최종 생산물 AS의 무게와 AP 무게와의 차이가 쓰레기(W)의 무게가 될 것이다.

다. AP 무게로 W를 나누고 100을 곱한 답이 제품의 진짜 폐기율(쓰레기 비율)이 된다.

정확한 폐기율(W%)을 유지하기 위하여 매번 이러한 과정을 되풀이할 필요는 없으며 주기적으로 결과를 체크하는 것이 바람직하다. 만약 AS와 W%를 알고 있다면 AP의 양을 구할 수 있다. 다음과 같은 수학 공식은 AS와 W%로 AP를 구하는 데 필요하다. 이 계산식은 양변의 분모를 '무게'로 같이 나눠줌으로써 단순화할 수 있다.

$$\text{AP} = \frac{\text{AS} \times 100}{100 - \text{W\%}} \qquad W\% = \frac{W}{AP} \times 100$$

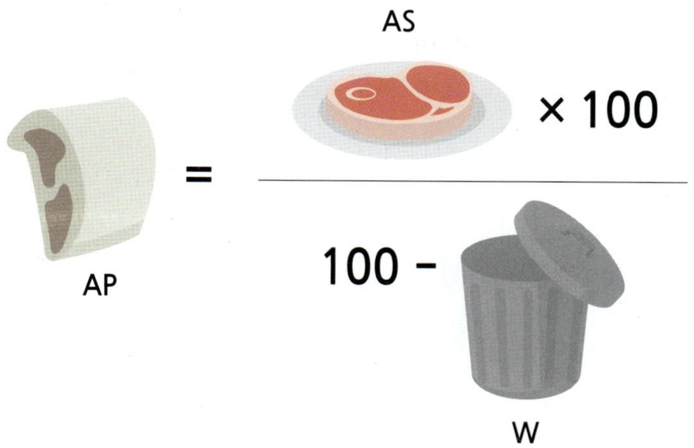

그림 5-4 AS/AP 공식

문제

1인당 150g의 익힌 안심 스테이크를 200명에게 제공하려고 한다. 안심 고기는 전처리, 조리, 분배과정에서 30%가 줄어든다면 고기를 얼마나 구매해야 할까?

풀이

문제를 풀려면 첫 번째로 AS의 양을 계산해야 한다.

AS = 200명 × 150g/1인 = 30,000g = 30kg

다음, AS 값과 폐기율을 AS/AP 공식에 대입하면

$$AP = \frac{30kg \times 100}{100 - 30} = 42.85kg \doteqdot 43kg$$

그리고 폐기율은 AP의 비율이지 AS의 비율은 아니기 때문에 AS의 양에 W%를 적용 함으로써 AS에서 AP로 전환되지 않는다. 산출 공식을 이용하여 AP의 조건 안에서 얼마만큼의 양을 구매해야 하는지 AS로부터 필요한 견적서를 구하는 것이 최상의 방법이다.

AS/AP 공식은 주방에서 구입비용을 줄이기 위한 방법이며, 구입량을 초과하면 음식의 가격에 영향을 주므로 고기나 해산물 또는 값비싼 아이템을 구입할 때 줄어드는 양을 다루는 이러한 폐기율 개념을 사용하는 것은 바람직하다.

문제

500명에게 160g 정도의 자른 사과 조각을 후식으로 제공한다면 한 상자에 20kg인 사과 몇 상자가 필요한가? 사과의 폐기율은 26%이다.

풀이

① AS를 구하는 계산: 500명 × 160g/1인 = 80,000g = 80kg

② 산출 공식 내의 폐기율 26%을 고려하면

$$AP = \frac{80kg \times 100}{100 - 26} = \frac{8{,}000kg}{74} = 108.1kg$$

③ 구입 단위로 상자로 전환하면

$$108.1kg \times \frac{1\text{상자}}{20kg} = 5.4,\ \text{즉 약 6상자}$$

(3) 경제적 발주량의 결정

구매부서의 발주업무는 원가관리나 경영관리에 커다란 영향을 미친다. 만일 과다 발주로 재고량이 증가하면 물품의 과다 보유로 자금 운용이 비효율적이 되며, 창고의 유지·관리 비용이 증가되어 원가부담이 커지게 된다. 적정 발주량보다 적게 발주하면 재료 부족으로 인한 생산에 지장을 줄 수도 있으며, 잦은 발주로 인한 발주비용 증가, 구매 수량이 적을 경우 구매가격 상승으로 인하여 재료 원가비용 상승의 요인이 될 수 있다. 따라서 적정 발주량을 결정하기 위해서는 저장비용(storage cost)과 주문 비용(order cost)을 고려한 경제적인 발주량(EOQ: economic order quantity) 결정이 필요하다.

1) 저장비용

저장비용은 재고를 유지하기 위해서 소요되는 총비용으로 물품 구매 비용, 창고 임대료 및 보험료, 창고보수 및 설치비, 재고투자비, 재고 손실비 등이 포함된다. 특히 구매된 물품이 재고로 남아있을 때는 자산으로 평가되므로 저장 물품이 증가하며 조직 내 현금 유용의 기회가 적어져 조직의 자금 운용상의 손실을 초래할 수도 있다.

2) 주문비용

주문비용은 발주업무와 관련된 인건비, 업무처리비용, 교통 통신비, 소모용품 및 검수에 소요되는 비용이 포함된다.

3) 경제적 발주량의 결정

저장비용과 주문비용이 최소가 되는 발주량을 경제적 발주량(EOQ: Economic Order Quantity)이라고 한다. 적정 발주량은 공급처와 구매자 양측에 있어 가장 경제적인 수량이 될 수 있는 주문량을 고려하여 저장비용과 주문비용을 토대로 결정하게 되며, 이를 경제적 주문량이라고도 한다.

[그림 5-5]에서처럼 발주량에 따라서 그 저장비용과 주문비용은 변화한다. 즉 1회당 발주량이 커지면 연간 주문비용은 감소하지만, 연간 저장비용은 증가하며, 1회 발주량이 적으면 연간 주문비용은 증가하지만, 연간 저장비용은 감소하게 된다. 여기에서 적정 발주량은 저장비용과 주문비용이 최소점에 있는 서로의 교차점에서의 주문량이 되며, 이를 경제적 발주량이라고 한다.

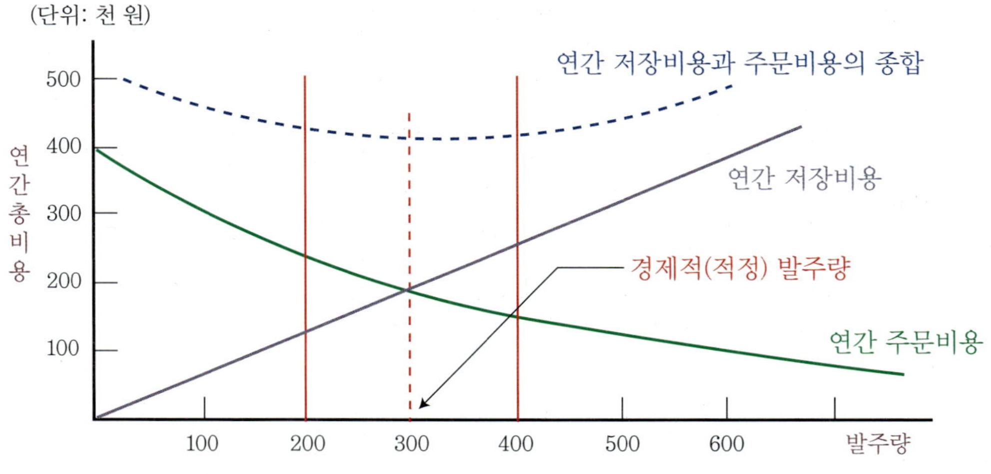

그림 5-5 발주량에 따른 연간 저장비용과 주문비용의 변화

① 경제적 발주량의 계산

물품 구매를 위해 소요되는 비용을 최소화하여 1회에 필요한 경제적 발주량을 산출하는 공식은 다음과 같다.

알아두기 경제적 발주량 계산식

경제적 발주량(EOQ) = $\sqrt{\frac{2AB}{PI}}$

A: 연간 수요량
B: 1회 주문당 주문 비용
I: 재고 유지 · 관리 비용(재고 총액 대비 백분율)
P: 단위당 구매 단가(구매가격)

알아두기 경제적 발주량 계산사례 1

Q1 레스토랑에서 종이 냅킨의 소요량이 1년 동안 150box이고 유지 · 관리비용은 재고원가의 10%이다. 그리고 box당 구매단가가 100,000원이며 주문에 소요되는 고정비가 100,000원일 때 1회 발주에 필요한 경제적 발주량을 계산하면?

$$EOQ\sqrt{\frac{2 \times 100{,}000 \times 150}{100{,}000 \times 0.1}} = \sqrt{3{,}000} = 54.77\text{box} = 55\text{box}$$

즉, 경제적 발주량은 55box가 된다.

알아두기 경제적 발주량 계산사례 2

Q1 식품업체에서 A품목의 사용량이 연간 1,000㎏이고 이것을 유지 · 관리하는데 소요되는 비용은 재고가치의 10%이며, 단위당 구매가격은 150원이다. 이때 1회 발주에 소요되는 고정비가 5원이라고 하면, 1회 발주에 필요한 경제적 발주량을 계산하면?

$$EOQ\sqrt{\frac{2AB}{PI}} = \sqrt{\frac{2 \times 1{,}000 \times 5}{150 \times 0.1}} = \sqrt{\frac{10{,}000}{15}} = \sqrt{667} = 25.8\text{kg}$$

Q2 만약 1년간 발주횟수를 계산한다면?
1,000kg ÷ 25.8kg = 39회
즉 1년간 발주횟수는 39회가 된다.

Q3 또 1년간 발주횟수 간격을 계산하면?
365일 ÷ 39회 = 9.36일 ≒ 10일
즉 1년간 발주횟수 간격은 10일이 된다.

② 발주량 결정 시 고려할 사항

가. 가격의 변화

장래의 가격 변동에 관한 예측은 고려되지 않았으므로, 미래의 가격변동 변화에 따라 주문량은 감소하거나 증가할 수 있다.

나. 수량 할인율

주문량 증가에 따라 가격 할인정도가 재고 유지비용보다 크다면 주문량을 늘리는 편이 이익이 된다.

다. 재료 특성

재고기간이 길어짐에 따라 제품의 품질이 떨어지거나 저장 기간에 제한이 있는 식품이나 기타 다른 물품의 경우는 경제적 발주량보다는 품질 유지를 위한 주문을 고려해야 한다.

라. 계절요인

특정 계절에만 생산되는 농수산물은 그때 주문하지 않으면 값이 높아지거나 구입하기가 불가능하므로 주문 수량을 늘려야 한다.

(4) 발주방법

1) 정기 발주방식

정기 발주방식(fixed-order period system)은 발주 시기를 일정하게 하고, 사용실적과 소비 예정량의 변화에 따라 발주량을 결정하는 방식이다. 이 방식은 고가여서 재고부담이 크거나 공급기간(lead time)이 길고, 수요예측이 가능한 물품의 경우에 적합하다. 또 발주시기는 주 1회, 월 1회, 월 2회, 분기별 1회 등 시간적 단위로 설정하고, 그 시점에서의 소요량(혹은 수요량, 소비량)을 예측하여 실제 창고에 보유 중인 재고량을 조사한 후 주문량을 산출한다. 이와 같은 방식으로 발주량을 계산하면 다음과 같다.

발주량 = 최대재고량(발주주기 중의 소요량 + 공급기간 중의 소요량 + 안전재고량) − 현재재고량 − 현재 주문을 마친 미납품량

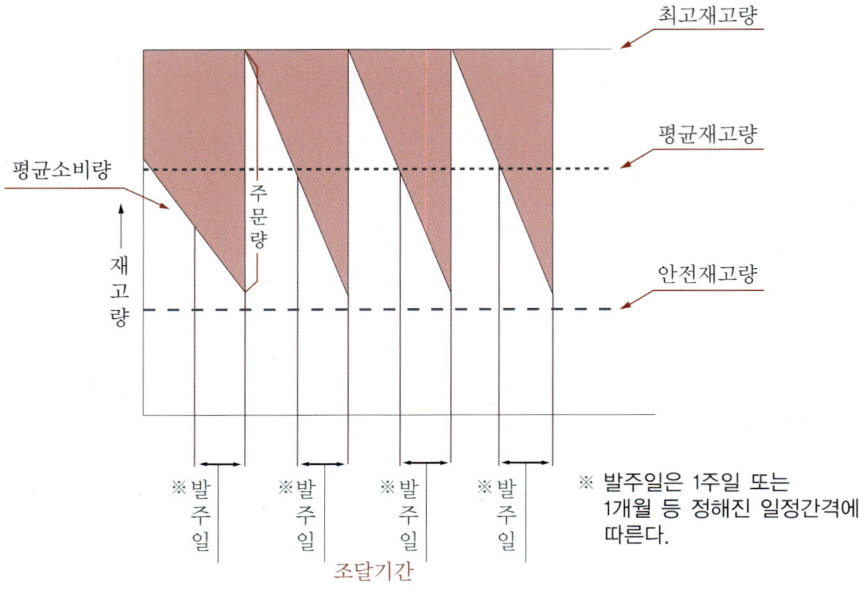

그림 5-6 정기 발주방법에 의한 재고량의 추이

2) 정량 발주방식

정량 발주방식(fixed-order quantity system)은 재고량이 일정수준(발주점)까지 내려오면 자동적으로 일정량만을 보충 주문하여 항상 일정한 경제적 재고량을 유지하게 하는 방법이다. 이 방식은 저가 품목이어서 재고부담이 적고, 항상 수요가 있기 때문에 일정한 재고량을 보유해야 하는 품목이나 수요예측이 어려운 것이라도 사장품이 될 우려가 적은 물품의 구매에 유리하다.

정량 발주방식에 의한 발주는 발주량과 발주점에 의해 결정하게 되는데, 발주점은 발주에서 입고되기까지의 기간인 공급기간(lead time: 조달기간) 동안 평균소비량과 이 기간에 대비한 안전재고량과의 합만큼의 재고량이 있는 시점이 된다. 따라서 발주량과 발주점이 정해지면 재고량이 발주점에 도달했을 때 미리 정해 놓은 경제적 발주량을 발주하게 되며 발주일은 부정기적이 된다. 정기 발주방식과 정량 발주방식의 특성을 비교·요약하면 다음과 같다.

표 5-6 발주방식의 특성 비교

	정량 발주방식	정기 발주방식
발주방법	재고량이 발주점에 도달하면 정량을 발주	일정기간마다 정기적으로 부정량(不定量)을 발주
발주시기	발주점에 도달 시 발주하기 때문에 부정기 적인 발주 형태	정기적(주기적)인 상태에서의 발주량 형태
발주량	경제적 발주량(EOQ) 형태를 지향	부정량 발주(최대재고량–현재재고량)
재고조사방법	영구 재고 시스템	실사 재고 시스템
안전재고	공급기간 중 수요변화에 대비가 필요	공급기간 및 발주주기 중의 수요변화에 대비가 필요

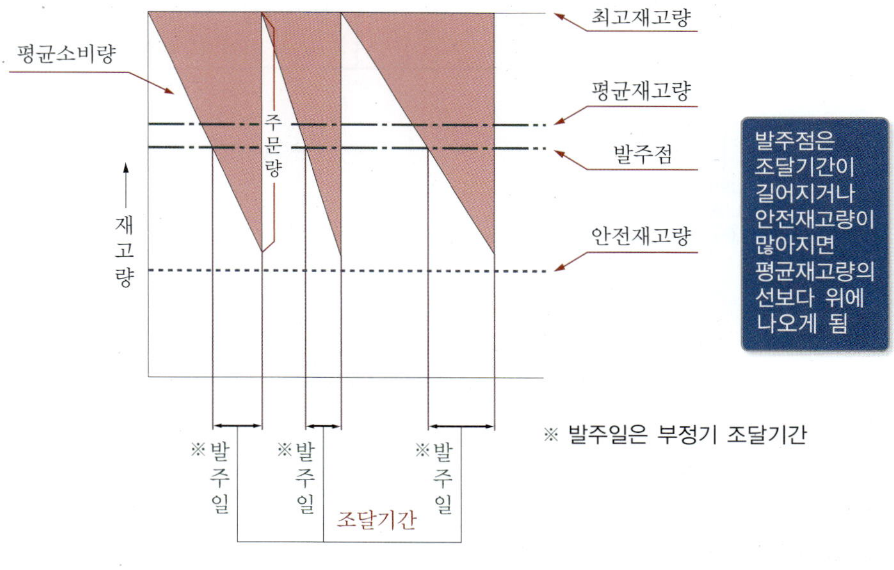

그림 5-7 정량 발주방법에 의한 재고량의 추이

3) 발주시점과 재고량과의 관계

발주시점과 재고량과의 관계를 나타내보면 **[그림 5-8]**과 같이 최대재고수준과 안전재고수준 사이에서 발주 라인을 결정해야 하며, 과잉재고의 경우 비용의 증가, 재고부족의 경우 물품의 품절로 기회손실을 초래하기 때문에 전사적원에서 적정재고 유지 시스템을 구축하는 것이 중요하다고 볼 수 있다.

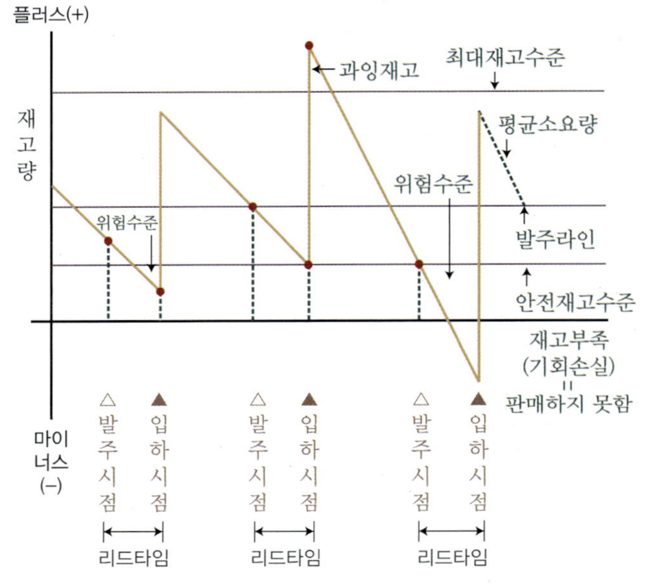

그림 5-8 발주시점과 재고량

(5) 발주절차

1) 구매발주서의 작성업무

구매발주서(purchase order)란 물품사용부서에서 발행한 구매요구서를 바탕으로 적정가격의 양질의 제품을 구매부서에서 신속하게 구매하여 사용부서에 필요한 만큼의 물량을 공급하기 위해 작성하는 문서 양식으로 구매주문서, 발주전표라고 하며, 대부분 물품의 품목 · 수량 · 단위 · 단가 등으로 간단하게 구성되어 있다**[표 5-7]**. 수의 계약인 경우 구매부서에서 공급자에게 발행하면 그 즉시 계약이 성립되어 법률상의 구속을 받게 된다. 발주서는 3부가 작성되어 원본은 공급업자에게, 사본 1부는 구매부서에서, 나머지 사본 1부는 물품 납입 후 대금 지불 근거로 회계부서에서 보관하게 된다.

표 5-7 발주서 양식의 예

발 주 서			
____________귀하 아래와 같이 납품하여 주시기 바랍니다.		20 년 월 일	
사용월일	**품명**	**수량**	**비고**

2) 발주순서

구매부서에서의 발주순서는 구매요구서를 참고하여 발주품목이 결정되면 발주방법을 결정하고 수량 및 품질규격을 결정한다. 그리고 내부 구매결의에 대한 의사결정이 끝나면 발주서와 명세서를 공급처에 보내게 되는데, 자금력 등의 재무상태 및 기업체의 질을 고려하여 물품에 대한 가격결정을 바탕으로 발주하게 되는 것이다.

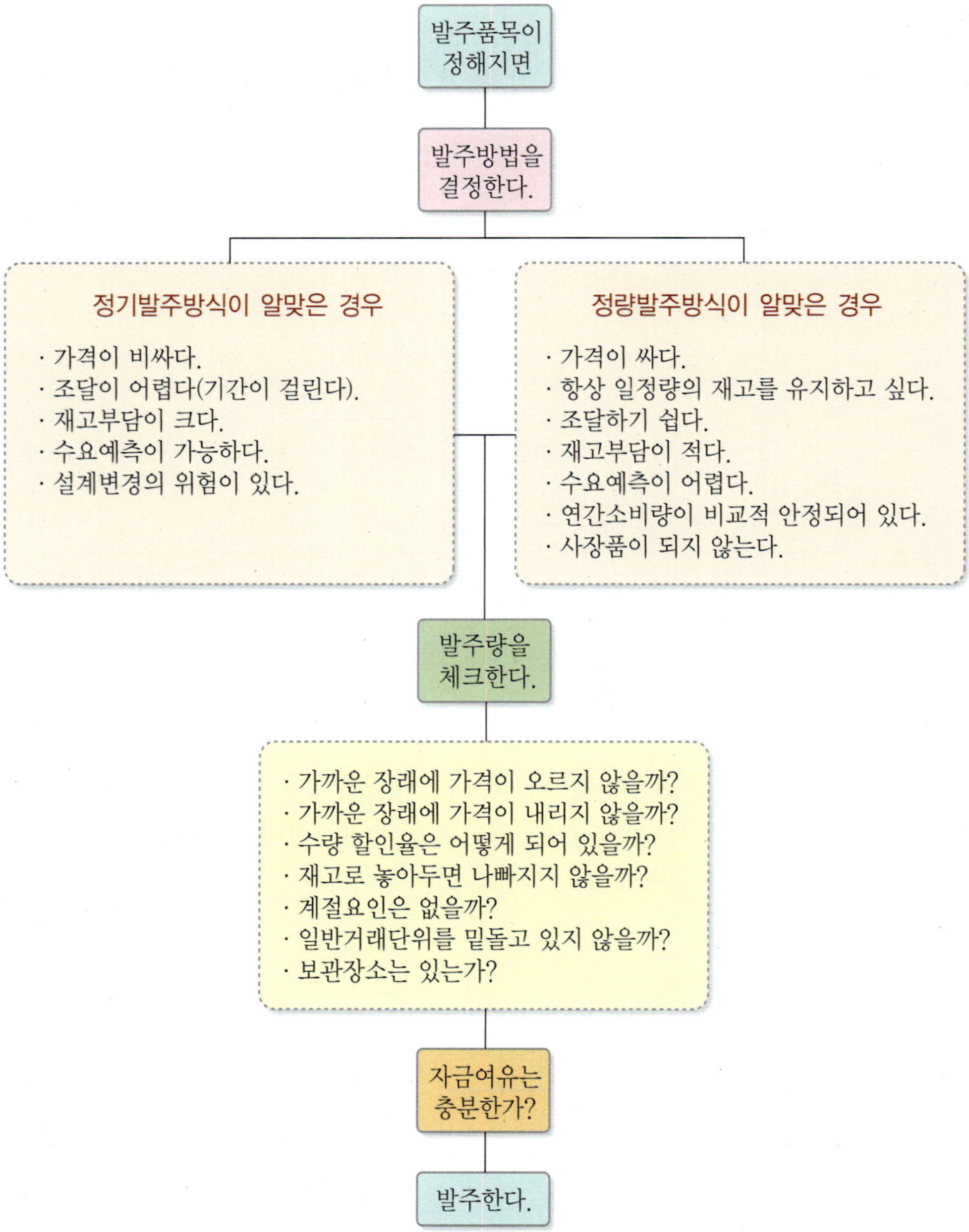

그림 5-9 **발주품목이 결정되고 나서 발주할 때까지 업무 흐름도**

Chapter **06**

검수관리

1. 검수관리의 개념
2. 검수방법과 절차

1. 검수관리의 개념

검수관리는 발주한 물품이 도착하면 주문내용과 일치하는지를 확인하고 검사하여 받아들이는 일체의 관리과정으로 주문한 내용, 즉 가격, 품질, 수량 등이 구매발주서와 구매명세서에 제시한 대로 납품되는지를 확인하는 과정이다. 검수과정은 검수원이 주문한 물품을 인수한 후 확인한 다음 서명의 순서로 진행되고 검수가 끝난 물품은 저장고 또는 생산부서로 이동한다.

(1) 검수업무의 목적

검수의 목적은 구매업무의 마지막 성과를 확인하고 달성하려는데 있다. 검수과정이 생략되거나 검수 담당자가 업무 수행을 다하지 못할 때는 구매활동에 투여한 노력, 시간, 비용이 제 기능을 못 하여 경영 관리에 나쁜 영향을 미칠 수도 있다. 또한 납품업체 관리를 위해서 납품실적과 반품 현황 등을 파악하여 각 업체별 의존도와 성실성을 파악할 수 있다. 구매명세서와 공급처의 거래명세서(송장, 납품서)를 대조하여 다음과 같은 사항을 확인한다.

❶ 물품의 품목 및 수량 검사
❷ 물품의 품질특성 검사(크기, 중량, 선도, 위생상태, 유통기한 등)
❸ 납품가격의 적부성 및 대금지급방법의 확인
❹ 반품 여부의 색출 및 결정
❺ 발주서, 구매명세서와 거래명세서(송장)의 대조 확인
❻ 공급처의 성실도와 신뢰도 파악

(2) 검수업무의 수행요건

검수업무가 효율적으로 수행되기 위해서는 다음과 같은 수행요건을 구비하여야 한다.

❶ 물품에 대한 전문지식과 경험을 갖춘 유능한 검수원의 확보
❷ 검수업무에 필요한 시설·설비·기기 등의 구비
❸ 검수계획 스케줄 작성 및 검수와 관련된 매뉴얼 시스템의 구축
❹ 명확하고 구체적인 구매명세서 또는 발주서 사본

(3) 검수원의 자격요건

효과적인 검수업무를 위해서는 정직하고 의욕적이며, 검수할 물품에 대한 전문지식과 검수절차에 능통한 유능한 검수 전담요원이 필요하다. 검수원이 갖추어야 하는 기본 자질을 4I로 나타내는데, 지식(intelligence), 성실(integrity), 관심(interest), 그리고 식품에 관한 정보(information about food)이다.

검수원이 갖추어야 하는 자격요건은 다음과 같다.

❶ 품목 특성 요인에 관한 전문지식을 소유할 것
❷ 물품의 품질평가를 할 수 있는 능력을 구비할 것
❸ 검수뿐만 아니라 구매 및 생산에 대한 업무도 파악하고 있을 것
❹ 검수절차와 클레임 처리 등에 대한 업무를 숙지할 것
❺ 발주서, 명세서, 견적서 등의 서류 작성방법을 숙지하고 있을 것
❻ 시장동향, 신제품 출하, 가격정보 등에 대한 조사방법 및 지식을 습득하고 있을 것
❼ 거래처의 평판 · 신용도 · 성실도 등 업체 정보 분석 역량을 구비할 것
❽ 물품의 저장관리 방법에 관한 지식을 숙지하고 있을 것

(4) 검수원의 업무 내용

효과적인 검수업무를 위해서는 구매와 검수가 분리되는 것이 이상적이며 검수원의 업무 내용을 정리하면 다음과 같다.

❶ 주문 관련 서류(주문서, 계약서 또는 견적서)에 근거하여 검수하여야 하며, 필요에 따라 구매 업무와 관련이 있는 감독 직원의 입회하에 검수한다.
❷ 주문 물품의 내용(품질, 규격, 성능 등)과 수량을 확인한다(구매명세서 참고).
❸ 필요에 따라 시식 또는 시험을 하기도 한다.
❹ 검수원은 검수를 거쳐 인수한 모든 물품에 대한 일일 검수보고서를 작성하여야 한다.
❺ 구매 관련 자료와 정보를 구매자에게 제공하여 협조자로서의 역할도 수행한다.
❻ 검수 결과는 기록, 사인한 후 기록으로 보관하여야 한다.
❼ 미납품, 반품 현황을 해당 부서로 전달한다.
❽ 납품업체의 거래명세서(송장)에 검수 확인하여 대금 청구에 이상이 없도록 한다.

(5) 검수 장소의 구비조건

1) 위치

납품검사를 위한 물품 배달 장소는 위치상 배달원이나 검수원 모두에게 편리한 장소로 저장창고 및 냉동고, 냉장고 등과 가까운 곳이어야 한다. 검수 장소는 다음과 같은 위치가 적당하다.

❶ 납품 장소로서 배달원의 접근이 쉽고 편리한 곳
❷ 창고 입고를 위한 운반 동선 공간의 확보가 가능한 곳
❸ 사무실의 경우 외부에서 검수 작업의 확인이 육안으로 가능한 곳
❹ 사무실 외부의 서비스 공간 확보가 가능한 곳
❺ 납품위치 → 검수장소 → 창고입고 → 생산시설로의 이동거리가 가장 짧은 곳

2) 설비 및 기기류

검수업무의 원활하고 정확한 수행을 위해서는 납품된 물품의 하역 작업을 위한 적정 높이의 하역대(로딩독)가 설치되어야 하고, 물품 검사를 위한 적절한 밝기의 조명 시설과 물품과 사람이 이동하기에 충분한 공간 및 동선구축이 가능한 장소에 검수에 필요한 설비 및 기기류가 배치되어야 한다. 또한 안전하고 청소가 쉬우며 위생적으로 관리가 가능하여야 하고, 기타 보관을 위한 창고, 냉동·냉장시설이 배치되어야 한다.

3) 장비 및 집기류

모든 납품 물품의 특성 및 중량을 측정하기 위해서는 다양한 장비와 집기류가 필요하다. 납품물품 중량 측정에는 무게에 따른 다양한 저울이 필요한데 그 중 가장 많이 활용되는 것은 플랫폼형 저울이며, 소량의 중량 체크에는 전자계산 저울과 1인분용 저울이 적당하다. 또 검수된 물품의 운반을 위한 손수레형 작은 운반구와 카트가 필요하고, 물품의 포장이나 상자를 뜯기 위한 통조림 따개, 장도리, 칼, 망치 등이 필요하다.

(6) 검수 스케줄 계획

검수는 미리 계획하여 예정된 시간에 납품업자(공급자) 입회하에서 실시하는 것이 바람직하다. 또 물품 특성에 따라 당일 사용 물품과 장기 사용 물품으로 또는 오전 사용 물품과 오후 사용 물품 등으로 구분함으로써 납품시기를 조정하여 한꺼번에 물건이 배달되어 섞이거나 검사가 허술해지는 것을 막을 수 있다. 일반적으로 상하기 쉬운 식품은 오전에, 그 밖의 식품은 오후에 배달되도록 스케줄을 잡는다.

(7) 일일보고서 및 배달 리스트 작성

납품되는 물품의 품목, 배달 일자, 거래처명(납품업자명), 물품의 수량과 중량 그리고 가격 등은 보고서에 그 내용을 매일 정확하게 기록하여야 한다. 검수부서에서는 납품 물품에 대한 사전 준비로 구매자로부터 하루 전에 구매 리스트를 전달 받아서 일일 배달 리스트를 준비해두는데, 배달 리스트에는 대체로 수량 · 상표 · 중량 · 가격 등이 포함된다.

(8) 위생

검수 장소는 정리정돈과 청소가 쉽도록 설계되어야 하며, 급배수시설, 환기시설, 그리고 구충(곤충류 박멸), 구서(쥐 제거) 등의 시설이 구비되어야 위생적인 검수 업무가 원활하게 진행될 수 있다.

2. 검수방법과 절차

(1) 검수방법

물품의 검수는 업체별 · 품목에 따라 검사에 소요되는 비용이나 시간의 낭비가 최소화되도록 다양한 방법이 활용되어야 하며, 구매자와 공급자 간의 상호 신뢰를 바탕으로 이루어져야 한다. 이러한 검수방법에는 주로 전수검사와 발췌검사가 주로 활용된다. 모 호텔의 각 식품품목별 검수기준 예를 **[부록 4]**에 제시하였다.

1) 전수검수법

모든 물품을 하나하나 모두 검수하는 방법으로 입고하는 물품이 소량이거나 고가품, 선도를 요구하는 물품 및 특이한 경우에 실시하는 방법이다. 그러나 물품 전체를 대상으로 검사하기 때문에 시간과 비용이 많이 드는 단점이 있다.

2) 발췌검사법

대량으로 납품되는 물품 중에서 몇 개의 물품만 무작위로 선택하여 사전에 설정된 품목의 표시 기준과 비교하는 방법으로 시간과 비용이 적게 든다.

박스 단위 품목, 냉동수산물과 같이 얼음과 실량의 차이에 따른 수율 계산이 필요한 품목, 일부 불량품이 혼입되어도 무방한 경우, 검수 항목이 많은 경우, 파괴 검사인 경우 그리고 생산자의 의욕을 자극하고 신뢰감을 높이고자 할 때 주로 사용하는 방법이다. 맛, 냄새, 선도, 색상, 건조도, 포장조건, 식품의 표시기준 등을 검수한다.

알아두기 식품의 표시기준

① 식품, 축산물, 식품첨가물, 기구 또는 용기·포장의 표시기준에 관한 사항, 소비자 안전을 위한 주의사항 및 영양성분 표시대상 식품의 영양표시에 관하여 필요한 사항을 규정함으로써 위생적인 취급을 도모하고 소비자에게 정확한 정보를 제공하며 공정한 거래의 확보를 목적으로 한다.

② 표시사항이란 제품명, 식품유형, 영업소(장)의 명칭(상호) 및 소재지, 제조연월일, 소비기한 또는 품질유지기한, 내용량 및 내용량에 해당하는 열량, 원재료명, 성분명 및 함량, 영양성분 등 개별 표시사항 및 표시기준에서 식품 등에 표시하도록 규정한 사항을 말한다.

- 주표시면: 제품명, 내용량 및 내용량에 해당하는 열량 표시
- 정보표시면: 식품유형, 영업소(장)의 명칭(상호) 및 소재지, 소비기한(제조연월일 또는 품질유지기한), 원재료명, 주의사항 등을 표시사항 별로 표 또는 단락 등으로 나누어 표시

※ 자세한 사항은 [식품등의 표시기준(식품의약품안전처고시 제2022-66호)]을 참고한다.

알아두기 물품 검수 시 주의하여 검사해야 하는 사항

① 물품을 과대 포장하여 납품하는 경우
② 실제 물품에 비해 포장재 무게가 클 때
③ 양질의 상품만을 맨 위에 올려놓는 경우
④ 물품의 등급표시를 하지 않고 특정 등급만 납품할 때
⑤ 뼈나 지방 등 불가식부(폐기율)가 많을 경우
⑥ 검수부서를 거치지 않고 직접 생산부서로 납품될 때
⑦ Box 포장이 대량일 경우 단위 포장별로 분해하여 상황에 따라서는 시식(시음)

(2) 검수절차

검수업무에 있어서 절차의 단계별 과정은 기업규모나 산업특성에 따라 다르지만, 대체로 **[그림 6-1]**과 같은 흐름 속에서 검수가 진행된다.

1) 배달된 물품과 구매명세서의 대조

발주한 구매물품이 납품되면 검수원은 구매요구서와 구매명세서 사본을 사전에 준비하여 납품된 물품의 품목 · 수량 · 품질을 확인하고 중량을 체크하며, 냉동 · 냉장식품은 온도 상태를 반드시 점검한다.

2) 납품된 물품과 거래명세서(납품서)의 대조

거래명세서, 즉 납품서는 납품업자가 물품에 대한 품목 · 수량 · 가격 등을 기재한 서류로서 배달한 물품의 물품대금 지불청구서로 사용되므로 배달 물품과 항목이 일치하는지 정확히 확인하여야 한다. 물품을 납품할 때는 거래명세서를 첨부해야 하는데, 이것을 송장(invoice) 또는 물품송장, 납품서, 거래명세서라고도 한다.

① 납품서 기재사항

가. 세법상 요구되는 구매자와 납품업자의 상호 · 주소 · 거래번호
나. 품목명, 수량, 단가, 금액, 부가세대상 여부, 세금액
다. 구매발주서의 일련번호 및 납품일자

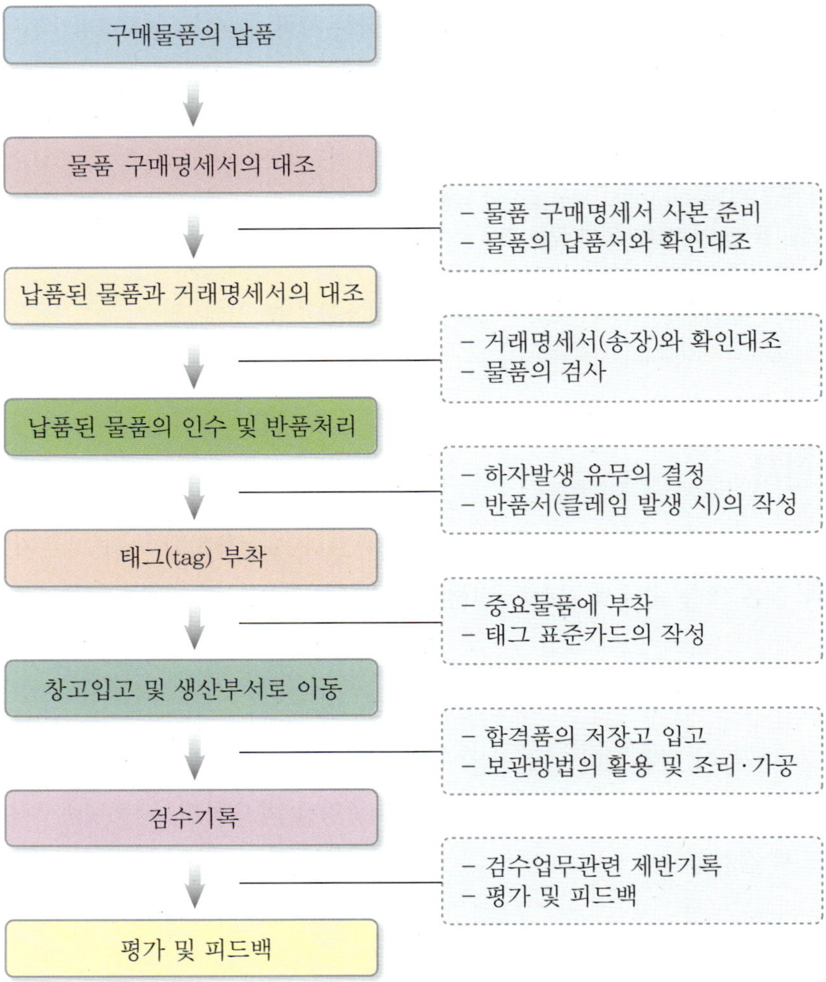

그림 6-1 **검수절차의 단계별 흐름**

② 수령확인 스탬프

검수단계에서 합격판정을 받게 된 물품은 수령확인, 즉 스탬프에 날인을 함으로써 납품이 완료되는데, 다음과 같은 내용이 기재되어 있다.

가. 수령일자
나. 금액검사일
다. 검사번호
라. 수령인
마. 대금지급승인
바. 가격검사인
사. 대금지불인

납품정리전표(송장)

공급받는자			
사업자 등록번호	- -		
상호 (법인명)		성명	
사업장 주소			
업태		종목	

일자 : 20 년 월 일

입고부서 :

공급자			
사업자 등록번호	- -		
상호 (법인명)		성명	
사업장 주소			
업태		종목	

품명	규격	단위	수량	단가	금액	비고
				계		
				새액		
				합계		

수령자 :

검수자 :

구매보관용

③ 납품서의 용도

일반적으로 납품서는 기업에 따라 차이가 있으나 대부분 5부로 구성되며, 물품 수령 후 원가계산의 자료로 활용된다.

가. **원본:** 검수보고서의 작성자료가 되며, 원가관리부서로 송부되어 재검산과 원가계산을 마친 후 회계부서로 보내어 대금지급을 의뢰한다.

나. **사본(1):** 검수부서에서 보관하고 업무일지의 자료가 된다.

다. **사본(2):** 저장품인 경우 재고 담당자의 재고관리 자료로 사용되며, 주방으로 직접 보내지는 물품의 사본은 주방 내 담당자가 관리자료로 사용한다.

라. **사본(3):** 검수원이 구매부서로 송부하여 구매 사항을 확인할 수 있도록 하며, 당일 구매액 산정자료로 사용한다.

마. **사본(4):** 납품업자가 납품확인용 자료로 사용하며 차후 대금지급 청구용 자료로 활용한다.

④ 납품서를 대조하는 방법

송장수령(invoice receiving)과 블라인드 수령(blind receiving) 방법이 있다.

가. **송장수령:** 검수원이 구매발주서와 송장을 비교하여 다른 점을 찾아내는 방법으로, 신속하고 경제적인 반면 오류 발생률이 높은 특징을 가지고 있다.

나. **블라인드 수령:** 구매발주서나 송장에 수량을 기재하지 않고 검수 시 직접 수량을 기재하는 방법으로 정확하지만 시간이 많이 걸린다.

3) 납품된 물품의 인수 및 반품처리

검수원은 납품된 물품에 하자가 없는 경우는 물품을 수령하지만, 중량부족, 품질저하, 가격의 불일치, 납품시기의 변경, 온도 및 위생상태의 불량 등에 문제가 있는 경우 전 품목의 물품을 거절하거나 하자 발생품에 대해서만 반환하게 된다. 하자가 발생하면 신속한 원인규명이 필요하며, 긴급을 요하는 물품에 대해서는 계약을 파기하거나 가격을 낮추어 재협상을 해야 한다.

물품 검수 시 불합격품의 처리방안은 다음과 같다.

❶ 불량품 리스트와 반품사유 그리고 반품서의 작성
❷ 물품의 반환과 계도조치
❸ 대금지급중지 및 납품중지
❹ 생산부서나 각 영업장 주방에 식단이나 메뉴 구성의 변경 요청

4) 꼬리표 부착

검수가 끝난 물품은 저장고로 운반하기 전, 효율적인 저장관리와 원활한 통제관리를 위해 물품에 꼬리표(tag)를 부착하면 물품통제에 편리하다. 꼬리표는 물품의 포장이나 겉표면에 부착하며, 검수일자, 납품업자, 간단한 명세, 무게나 수량, 저장방법 및 장소, 그리고 가격 등을 기재한다. 꼬리표는 내구성이 있는 두꺼운 카드에 인쇄하고 2부분으로 쉽게 절단할 수 있게 되어, 한 부분은 물건에 부착하고 다른 한 부분은 재고량 통제의 목적으로 이용된다.

특히 육류 품목을 창고에 저장할 경우에는 반드시 꼬리표를 부착해야 한다. 당일 즉시 사용 물품인 경우는 꼬리표 부착을 생략하기도 하며, 1일 이상 저장고에 입고되는 물품에 대해서는 반드시 부착해야 한다. 꼬리표의 번호는 일련번호 순으로 사용되며, 실제 출고 시의

출고일자를 제외한 모든 기재내용을 기입하게 되어 있다. 육류 꼬리표 부착의 목적과 장점 및 육류 꼬리표를 이용하는 방법과 절차를 살펴보면 다음과 같다.

No. 000

수령날짜 ______________________

품목 ______________________

등급 ______________________

중량 ______________________

공급업체 ______________________

발행일자 ______________________

사용날짜 ______________________

- - - - - - - - - - - - - - - - - - - -

No. 000

수령날짜 ______________________

품목 ______________________

등급 ______________________

중량 ______________________

공급업체 ______________________

발행일자 ______________________

사용날짜 ______________________

그림 6-2 **육류 꼬리표의 예**

① 육류 꼬리표 부착의 목적

가. 납품업자의 기재로 인해 차후 발생 가능한 품질이나 수량상의 문제파악이 가능

나. 출고 시 계량업무의 시간 단축

다. 검수업무에 대한 검수원의 정확도 파악

라. 육류에 대한 재고순환자료의 토대

마. 재고조사의 정확성과 신속성의 제공

바. 육류의 출고원가 산출의 자료 제공

사. 육류 발주량 산출의 자료 제공

② 육류 꼬리표 부착의 장점

가. 검수원은 개별육류에 대해 꼬리표에 기재하고 중량을 체크하므로 출고 시 반복해서 무게를 달지 않아도 됨
나. 특정일의 육류원가의 결정이 용이
다. 육류 부족분의 확인이 용이
라. 재고관리가 용이
마. 반품의 경우 꼬리표에 기재된 반품이 용이
바. 꼬리표에 기재된 일자는 선입선출을 용이하게 함

③ 육류 꼬리표의 이용방법 및 절차

가. 꼬리표의 양면은 각각의 Piece, Box 또는 육류 · 생선 · 조류의 패키지에 대해 기재
나. 꼬리표의 한쪽 윗부분을 물품에 부착
다. 사본의 하단 절반은 원가관리나 회계부서에 송부
라. 원가 관리자는 주방에서 송부한 꼬리표를 복사본과 비교

5) 창고입고 및 생산부서로 이동

검수 결과 합격품은 물품 특성에 따른 보관 방법에 따라 즉시 저장고에 입고하거나 생산부서로 운반하여 손실 · 파손 · 도난 · 부정유출 및 저장조건의 부적절 등으로 인한 손실을 방지할 수 있도록 이동시킨다.

6) 검수기록 및 평가

검수업무에서 최종적으로 수행해야 할 업무는 검수 결과에 대한 기록과 평가이다. 이것은 주로 검수일지, 납품서(거래명세서), 검수날인, 검수표, 반품서 등의 양식을 토대로 하고 있다. 이러한 양식들의 확인과 기록은 물품에 대한 정보의 제공뿐만 아니라 물품의 흐름과 원가관리 · 생산관리 · 경영관리에 이르기까지 중요한 역할을 수행한다. 이러한 검수기록 결과를 바탕으로 납품업자, 구매관련부서, 그리고 물품에 대한 평가가 이루어지며, 검수 관리 시스템에 있어서 피드백을 통한 수정, 보완을 통해 경쟁력과 경제성을 향상시킬 수 있다.

① 검수일지(수량일지)

물품에 대한 내용이나 정보를 파악하는 일지로서 날짜, 납품업자, 품목, 수량, 가격, 사용

부서 등이 기재되어 있으며, 검수원이 작성하여 책임자의 결제를 받도록 되어 있다.

② 납품서

납품업자가 제공하는 물품에 대하여 상세한 내용이 기재되어 있으며 관련부서에 송부하고, 나아가 대금 지급에 대한 청구서 역할을 한다.

③ 검수표

검수표는 납품서 없이 물품을 인수할 경우에 작성되는 것으로 회계부서로 보내져 구매요구서나 납품서와 대조하기 위한 목적으로 사용된다.

④ 반품서 및 반품관리대장

검수 결과 물품을 반환할 경우에 검수원이 작성하는 서류이다. 반품서는 대금환불의 요구나 적절한 물품의 재공급을 지시하게 되며, 일반적으로 3부가 작성되어 원본은 납품서 사본과 함께 납품업자에게, 1부는 검수부서에서 보관하며, 나머지 1부는 회계부서에서 보관한다. 또 반품관리대장을 활용하여 납품업자의 성실성과 신용도를 조사 · 분석하는 자료로 사용한다.

⑤ 검수도장(검인)

납품된 물품에 대한 검수가 완료되었다는 확인의 의미로써 사용되는 것으로 주로 검수 결과에 대한 증명의 표시, 계산의 정확성, 대금 지급의 승인을 뜻하고 있다. 한편 **[그림 6-3]**에서 예시하고 있는 검사의뢰인은 기업 내부의 관련부서에서 물품검사에 대해 의뢰하는 경우이며, 합격인은 검사결과 합격품의 경우이고, 검인은 물품 확인에 대한 경우이지만, 합격인과 검인은 동일한 의미로 사용하기도 한다.

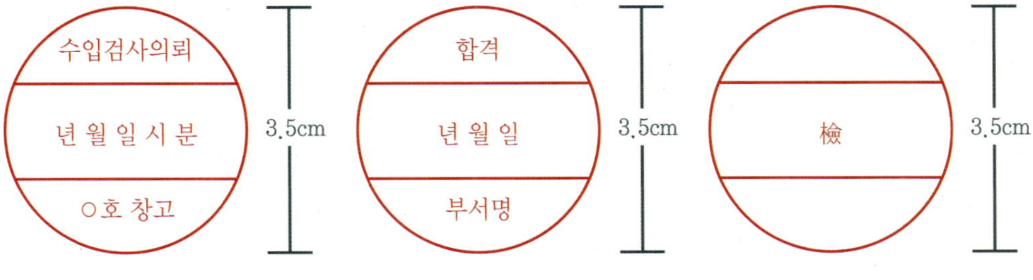

그림 6-3 검사의뢰인·합격인·검인

표 6-1 검수보고서

검 수 보 고 서

211-86-87163
(주) ○○○○

DATE: / /
DELIVERY PLACE / CODE:

TRADECODE:
RECORD NO:
TEL:
FAX:

CODE	DESCRIPTION	STANDARD	UNIT	REQUESTQ'TY	STOREDQ'TY	U/PRICE	AMOUNT	VAT
INSPECTOR			RECEIVER			S/T		
						G/T		

Chapter 07

저장관리

1. 저장관리의 개념
2. 저장시설의 관리
3. 창고의 종류
4. 입 · 출고 관리
5. 재고회전율

1. 저장관리의 개념

(1) 저장관리의 의의

구매한 물품을 수요자에게 공급할 때까지 일정기간 동안 적절한 방법으로 납품검사에 합격한 상태 그대로 변질되지 않도록 보존 관리하는 것을 저장관리라고 하며 입고관리, 출고관리, 재고관리의 업무가 해당한다. 외식업체의 물품 저장업무는 검수와 조리업무를 연결하며, 저장체계는 음식 재료의 질에 직접 영향을 미친다. 따라서 식품을 구입해서 조리에 사용할 때까지 변질되지 않도록 저장할 때는 물품의 품목 및 특성에 따라 저장방법을 다르게 해야 하며, 쉽게 물품을 출고할 수 있도록 입고 시 체계적으로 관리되어야 한다. 또한 저장관리의 효율성과 유용성 그리고 위생성과 안전성을 높이기 위해서 최적의 저장시설이 구비되어야 한다.

1) 저장관리의 목적

저장관리의 목적은 적절한 저장시설을 활용하여 납품된 물품을 품목별, 규격별, 품질 특성별로 체계적으로 분류하여 위생적인 상태로 보관하는 것이며 다음과 같이 요약할 수 있다.

❶ 체계적이고 위생적인 물품의 분류 및 보존
❷ 물품의 구입 시 원상태 유지와 낭비, 손실, 폐기율의 최소화
❸ 도난 및 부패방지
❹ 적정재고량의 유지
❺ 원활한 입 · 출고업무의 수행
❻ 자산의 보존

2) 저장관리의 원칙

저장관리를 하는 데 있어 많은 비용이 발생하는 주원인은 부적절한 저장으로 인한 물품의 손상, 부정 유출, 부적당한 관리로 인한 노동력의 낭비 등을 들 수 있다. 특히 관리자는 부적절한 관리로 인한 물품의 손상으로 재료비 원가가 상승되지 않도록 항상 조심하고 관리를 철저히 해야 한다. 부패성이 강한 물품은 매일 점검하여 관리하고, 재고 회전 속도가 느린 품목은 실사용자에게 수시로 보고하여 주의를 환기해준다. 다음과 같은 원칙을 고려하여 효율적인 저장관리를 하도록 한다.

① 저장위치 표식화의 원칙

저장된 물품의 위치를 명확하게 표시하면 불출명령서를 받았을 때 해당 물품을 쉽게 찾을 수 있으며, 재고조사 시에는 혼란과 복잡성을 줄여 업무수행에 매우 효율적이다. 저장물품은 품목별, 규격별, 품질 특성별로 분류하여 저장고 내의 일정한 위치에 표시하여 저장하며, 특히 입·출고가 빈번한 품목은 출구에서 가까운 곳이나 운반을 위한 이동 동선이 짧고 눈에 잘 띄는 장소에 저장해야 한다.

② 분류저장 체계화의 원칙

저장고 물품을 적재할 때는 주로 품목별로 분류한 후 입출고의 빈도수, ABC 알파벳순, 가나다순, ①, ②, ③, ④ 등의 순서와 기호를 사용하여 정리·정돈을 하는 것이 이상적이다. 또 대분류, 중분류, 소분류, 세분류, 세세분류 등의 분류법을 사용하여 체계적으로 하기도 한다. 이와 같이 분류하여 저장하지 않으면 물품의 식별이 곤란하고 착오불출이 되기 쉽다.

③ 품질보존의 원칙

저장관리의 주된 목적 중의 하나는 납품된 상태로 품질이 변화되지 않도록 관리하는 것이다. 따라서 적절한 저장시설을 활용하여 물품을 납품 당시의 원상태 그대로 품질의 변화 없이 신선한 상태로 관리하도록 주의한다.

④ 선입선출의 원칙

물품 출고 시 먼저 입고된 물품이 먼저 출고되야 한다는 원칙이다. 즉 물품 적재 시에는 나중에 입고된 물품은 현재 보관 중인 물품의 뒤쪽에 두어야 하며, 유효일자나 입고일을 꼭 기록하고, 선입·선출에 입각하여 출고관리가 이루어져야 한다. 선입·선출원 칙을 따르게 되면 물품 낭비의 가능성을 최소화하면서 재료의 선도를 최대한 유지할 수 있다.

⑤ 공간활용 극대화의 원칙

물품을 저장하기 위해서는 충분한 저장공간이 확보되어야 한다. 그러나 과도한 공간 확보는 관리비용의 증가를 초래하므로 확보된 공간을 최대한 경제적으로 활용해야 한다. 저장고는 물품 운반 장비의 기동 공간뿐 아니라 이동 동선의 효율성과 물품적재의 원활한 기능도 고려되어야 한다.

3) 저장고 관리자의 직무 수행 시 고려사항

저장고(창고)를 관리하는 사람의 일반적인 직무 수행 시 고려할 주요 내용은 다음과 같다.

❶ 물품수량을 어느 정도 발주할 것인가?(발주량)
❷ 언제, 어느 시기에 발주해야 하는가?(발주시기)
❸ 불확실성에 대비해서 얼마나 재고량을 유지할 것인가?(적정재고량 유지)
❹ 재고보존은 어떻게 할 것인가?(재고보존방법)
❺ 메뉴 및 제품계획의 적합성은 어떠한가?(미래의 적합성 여부 판단)

2. 저장시설의 관리

저장시설은 식품이나 물품의 보관·적재에 필요한 여러 시설을 의미하며, 저장고는 물품에 따라 상온저장시설(건조물품 저장), 냉동저장시설, 냉장저장시설로 나눌 수 있다. 또한 물품의 품질을 최적상태로 보존하고, 부패·변질·손실 등을 방지하며, 절도나 도난 등 비경제적이고 비효율적인 낭비요소와 비용을 최소화하도록 저장시설을 관리해야 한다.

(1) 저장고의 수행기능

물품의 품질을 최상으로 보존하며 부패와 절도로 인한 식재료의 손실을 최소화하기 위한 것으로 식품 창고로서 저장고는 다음과 같은 일반적인 기능을 수행하고 있다.

① 물품의 수령과 보관
② 운반과 이동의 적절한 매개역할
③ 필요 요구의 충족 및 소비에의 대응
④ 최소 면적에 의한 관리에 따른 구매 및 입·출고 업무의 효율적인 수행

(2) 저장고의 구비조건

1) 특성 및 지리적 위치

저장고는 시설규모에 적합한 저장 기능을 구비해야 한다. 또한 재고관리가 용이해야 하고, 품질 유지를 위한 온도·습도·통풍·채광이 적절하면서 청결과 위생관리, 그리고 출납업무가 쉬워야 한다. 위치는 입·출고 관리가 용이한 장소인 검수구역과 조리구역 사이에

인접하는 것이 이상적이다. 납품장소와 저장고는 운반 동선을 고려하여 가능한 단거리에 배치하고 건물 내의 같은 층에 검수지역, 생산지역, 저장고가 있는 것이 바람직하다. 검수구역과 창고 간의 거리가 짧을수록 운반에 소요되는 노동력과 물품 도난의 기회를 감소시킬 수 있으며 신속하게 저장할 수 있다.

2) 안전 및 위생관리

저장고는 안전사고에 대비한 인원의 배치, 물품의 적재 방법, 선반, 설비, 사다리 등의 적재적소 비치와 냉동 및 냉장시설 내부에 설치된 개폐장치, 소화기의 배치 등 안전관리에 세심한 주의를 기울여야 한다. 청결과 정리·정돈 상태가 기본적으로 유지되어야 하고, 구서·구충시설과 미생물 오염방지 등 위생관리에 만전을 기해야 한다. 특히 적절한 온도 및 습도관리, 원활한 통풍, 채광 등을 위한 시설을 갖추고 관리가 잘 이루어져야 한다.

창고 안전 및 위생 관리에 관한 업무 내역을 살펴보면 다음과 같다.

표 7-1 창고관리 업무내역

구분	업무내역
출입제한	• 도난, 안전사고, 동종사 정보 유출 방지를 위해 관계자 외 출입을 제한 • 인화물질 출입을 제한(화재 예방, 금연)
저장	• 안전을 고려한 저장구역(lay-out)의 설치(시건장치, 천장, 유리창을 통한 진입불가)
적정온도 유지	• 제품에 맞는 환경을 유지(적절한 온도, 습도, 환기 관리) – 건조제품: 10~21℃ 이하 / 냉장제품: 6℃ 이하 / 냉동제품: –18℃ 이하
위생	• 정기적 저장 구역 청소 • 원래 포장 상태로 보관 • 해충, 쥐 등의 피해 방지를 위하여 최소한 벽으로부터 5㎝ 이상 떨어지게 보관 • 다른 물품에 의한 교차오염이 쉬운 제품은 별도로 저장(예: 밀가루)
점검	• 용기의 훼손 여부를 점검하여 해충의 피해를 방지 • 유효기간 점검 – 육류: 포장일로부터 최고 24개월 – 냉동 수산물: 포장일로부터 최고 24개월 – 냉동채소: 포장일로부터 18개월 – 가공품(캔류): 포장일로부터 24~36개월 – 적정한 온도와 습도 유지를 위하여 수시 점검(냉동, 냉장고, 일반 창고)
안전관리	• 식자재 배송원에 대한 위생 및 안전관리 교육 실시 • 주 1회 각종 운반구 상태 점검 • 철저한 창고 Key 관리

(3) 보안

열쇠 관리, 창고 출입자의 제한, 비상용 열쇠의 관리 절차 확립 등 저장고 내의 자산관리 보호를 위한 방안이 고려되어야 한다. 또 저장고 내의 도난방지를 위해서 다음과 같은 보안관리를 철저하게 준수한다.

❶ 저장고 잠금장치 설치
❷ 철저한 열쇠 관리
❸ 저장고의 출입은 일부 담당 및 책임자로 제한
❹ 입·출고 시간의 지정 및 절차의 규정화
❺ 저장고 책임자의 권한과 책임의 명시화

(4) 품질관리

저장고 내의 물품은 조직의 자산이므로 최적 저장 조건에서 유지되어 손실이 없도록 관리한다. 저장계획과 저장시설을 기본으로 항상 물품의 품질이 오랫동안 유지될 수 있도록 저장고 내의 품질관리를 위한 노력, 지식 확보, 교육이 필요하다.

표 7-2 식품별 보관관리 요령

종류	품목	보관 및 관리요령
주식류	쌀, 보리쌀, 밀가루, 식빵 등	• 건조하면서 서늘하고 통풍이 잘되는 용기에 보관 • 곰팡이가 피어 있거나 색깔이 변한 곡류는 식용으로 사용 불가
유지류	참기름, 들기름, 미강유, 콩기름, 옥수수기름 등	• 직사광선을 받지 않는 서늘한 곳에 위생적인 용기에 보관 • 생선 등과 같이 냄새가 많이 나는 식품과 분리, 보관
육류	쇠고기, 돼지고기, 달걀, 두부	• 육류는 도살된 후부터 식용되기까지 모든 단계에서 냉장 또는 냉동상태로 보관 • 3~4일 정도 저장하고자 할 때는 4℃ 이하, 장기간 저장할 시에는 냉동보관 • 달걀은 세척하지 않은 상태로 냉장보관 • 두부는 반드시 찬물에 담근 후 냉장보관하고 조리 전에 반드시 흐르는 물에 씻는다.

종류	품목	보관 및 관리요령
생선류	생선, 패류, 어묵, 건어물	• 생선은 유해 미생물(비브리오균 등)이 부착되어 있을 수 있으므로 내장을 제거한 후 흐르는 물에 씻고 소금물로 다시 한 번 깨끗이 씻어 물기를 없앤 다음 다른 식품과 분리하여 냉장 또는 냉동보관 • 생선 횟감은 깨끗이 씻어 물기를 제거한 후 24시간 이내로 냉장보관 • 패류는 껍질을 제거한 후 소금물로 세척 후 냉장 또는 냉동보관 • 어묵은 냉장보관 • 건어물은 건조하고 서늘한 곳에 보관 • 우유는 4℃ 이하로 냉장보관
채소류	배추, 양배추 무, 양파, 오이, 시금치, 상추, 파, 콩나물 등	• 채소는 반드시 물기를 제거한 후 포장지로 싸서 냉장보관 • 씻은 채소와 씻지 않은 채소가 섞이지 않도록 분리, 보관 • -3℃ 이하의 냉동보관은 냉해를 가져올 수 있으므로 주의 • 양파 및 감자를 장기간 보관할 경우 껍질이 있는 상태로 서늘한 곳에 보관 • 채소류는 먹을 수 없는 부분을 제거한 후 흐르는 물에 3회 이상 깨끗이 씻음 • 감자의 녹색 및 발아 부위는 제거한 후 사용
조미 식품	간장, 된장, 고추장, 고춧가루, 식초 등	• 고춧가루는 위생적인 용기에 넣어 건조하고 서늘한 곳에 보관 • 식초는 신맛 성분이 손실되지 않도록 사용 후 마개를 꼭 닫음 • 젓갈은 서늘하고 그늘진 곳에 뚜껑을 잘 닫아 보관 • 물과 기타 이물질이 삽입되지 않도록 주의

표 7-3 식품별 관리 적온

품목		저장방법	적정저장온도	유효기간	해당식품
냉동육		냉동	-18℃ 이하	최대 24개월	쇠고기, 돼지고기, 양고기, 가금류 등
냉장육		냉장	0~5℃	최대 60일	국내산 육류 및 수입육 일부
냉동 수산물		냉동	-18℃ 이하	최대 24개월	어류, 패류, 연체류 등
야채 및 과일류		냉장	3~6℃		오렌지, 아스파라거스 등
		냉동	-15℃ 이하	최대 24개월	냉동송이, 죽순, 냉동감, 냉동리치, 냉동망고스틴
유제품 및 난류		냉장	0~5℃	15일~1년	생크림, 버터, 치즈, 마요네즈
가공식품류		실온	15~20℃	12~36개월	캔류, 향신료, 곡류
주류	레드와인	실온	15~18℃		와인류
	화이트와인	냉장	2~6℃		와인류
	증류주, 혼성주, 기타	실온	15~20℃		위스키, 증류주, 리큐어
음료		실온		6~24개월	탄산음료 및 주스 등

3. 창고의 종류

저장고(식품창고)는 업무의 효율상 크게 건조물품저장고, 냉장저장고, 냉동저장고 등으로 분류되지만, 업체 특성에 따라 일반창고, 식재료창고, 음료창고 등으로도 구분한다.

(1) 건조 물품 저장고

일명 상온저장고라고 하며 해충의 침입을 막을 수 있고, 적정 습도가 유지될 수 있는 위생적인 환경조건을 갖추어야 한다.

1) 시설의 특징

❶ 건조물품을 위한 저장 온도는 10℃ 정도가 적당하며, 습도는 50~60%이지만 곡류는 이보다 더 낮아야 한다. 채광과 통풍상태를 잘 유지해야 하므로 온도계와 습도계를 설치하며, 저장고의 공기순환이 잘 이루어지게 하기 위해서 환풍시설을 설치한다.

❷ 선반은 환풍이 잘 되는 조립식의 금속 재질로서 높이, 폭 조정이 가능해야 한다. 습기와 환풍 조절을 위해 벽면에서 약 5㎝, 바닥에서 약 25㎝ 떨어진 곳에 간격을 두고 설치한다.

❸ 건조물품인 곡류는 해충이나 미생물의 침입이 쉽기 때문에 벽 · 천장 · 마루 등의 틈새를 통제하고 살충제 · 방충망 등을 사용하여 사전예방에 힘써야 한다.

❹ 창문은 외부로부터의 침입을 방지하기 위한 잠금장치를 설치하고 직사광선을 차단할 수 있도록 설계한다.

❺ 청소가 쉽고, 해충이 끼지 않는 벽처리를 하며, 바닥은 미끄러지지 않고 청소가 쉬운 재질로 한다.

2) 관리 시 유의사항

건조 물품을 저장할 때 다음과 같은 사항에 유의해야 한다.

❶ 온도계 및 습도계 비치

❷ 저장고 책임자 외에는 저장고 출입통제

❸ 물품 수령일자 표시와 선입 · 선출의 준수

❹ 물품은 바닥에서 25㎝ 이상, 벽면에서 5㎝ 이상의 간격을 두고 적재

❺ 입구의 안전한 잠금장치 및 비상열쇠의 별도 보관
❻ 정기적인 청소, 정리·정돈, 살충제 살포 및 통풍
❼ 창문 유리는 직사광선 투과를 최소화

(2) 냉장저장고

냉장저장고는 0~7℃(습도 75~95%)의 온도를 유지하는 저장고로 주로 냉장 육류, 낙농제품류, 채소 및 과일류의 보관 및 냉동식품을 해동할 때 사용된다. 냉장상태는 미생물의 성장을 억제할 뿐 방지할 수는 없으므로 저장 물품의 품질 유지를 위해 냉장저장 품목은 검수 즉시 냉장저장하고 사용 직전에 출고되도록 한다. 냉장저장고의 규모와 종류는 급식소의 유형, 제공메뉴, 구매방침에 따라 달라진다.

1) 냉장저장고의 종류

① 워크-인 냉장고(walk-in refrigerator)

물품창고식 대형 냉장고로 대량으로 배달된 식품을 이동형 선반이나 왜건 등으로 직접 운반·보관하며, 냉장고에 직접 들어가서 물품을 꺼낼 수 있는 형태의 저장고이다. 안전을 위해 안에서 문을 열 수 있는 장치나 경보장치를 설치하여야 한다.

② 편의형 소형 냉장고(reach-in refrigerator)

조리실 내 설치하여 전처리 식품과 당일 배달된 물품의 보관에 사용되는 소규모 냉장고이다.

③ 패스-스루 냉장고(pass-through unit)

완전 조리된 음식을 보관하는 곳으로 뒷면 조리실에서 음식을 넣어 주면 앞면에서 꺼내는 스타일로 주로 배식 지역에서 사용된다.

④ 기타 다른 형태

맥주냉각기(beer cooler), 샐러드 냉장고, 주스 디스펜스, 와인 쿨러 등이 있다.

2) 시설

냉장저장고 내부에는 온도계를 설치하고 하루에 2회 이상 정기적으로 온도를 기록할 수 있는 점검표를 부착한다. 워크인 냉장고의 문은 안에서도 오픈이 가능해야 하고, 조명이나 신호장치에 의해 냉장고 내부에 사람이 있음을 알릴 수 있어야 한다. 냉장고 내부 벽은 내구성과 위생성이 좋은 재질을 사용하며 배수구와 환기시설을 한다. 선반은 위 생성과 이동성, 견고성을 고려한 조립식 트레이 선반을 사용하면 편리하다.

3) 냉장저장고의 관리

냉장저장고는 과일 · 채소 · 생선 · 육류 등의 일시적인 보관을 위해 사용하며, 식품의 품질을 최대로 유지하여 영양가 손실을 최소화하기 위해 사용된다. 품질유지와 미생물의 성장 억제를 위해서는 **[표 7-4]**와 같은 온도와 습도 상태에서 저장 관리해야만 한다.

표 7-4 주요 식품의 냉장온도와 습도

식품	온도(℃)	상대습도(%)	식품	온도(℃)	상대습도(%)
육류	0~3	75~85	유제품류	6~9	75~85
과일, 채소류	2~5	85~95	일반식품류	2~6	75~85

냉장고 내부 온도 변화를 줄이기 위해서는 필요한 물품은 가능한 일시에 꺼내도록 하여 문의 개폐 횟수를 줄이고 정전 시에는 가능한 냉장고의 문을 열지 않도록 한다. 냉장저장고는 다음과 같은 사항에 유의해서 관리한다.

❶ 냉장실 내부에 온도계 및 습도계를 비치
❷ 온도유지 및 내부공기 순환을 위해 증발기(evaporator)의 막힘이나 코일(coil)의 성에 제거
❸ 성에 제거 시 인건비 절감을 위해 자동 서리 제거장치(self-defrosting unit) 설치
❹ 온도 및 공기의 순환이 원활히 이루어지도록 환기팬 설치
❺ 세균의 번식 억제 및 살균을 위해 살균등 및 자외선램프(UV ray lamp) 설치
❻ 선입 · 선출 원칙의 준수
❼ 위생적인 청결 유지 및 물품의 질서 정연한 배치

(3) 냉동저장고

냉동저장고는 주로 육류 및 생선류를 장기보관할 때 사용하며 온도는 -23~-18℃를 유지해야 한다. 냉동실에서 식품을 장기보관할 시에는 냉해, 탈수, 오염 및 부패 등으로 인한 품질 저하 현상이 나타날 수 있으므로 냉동식품의 냉해 방지와 수분 증발 억제를 위해서는 밀봉하여 보관하고 냉동상태에서 이동과 저장이 이루어져야 한다.

알아두기

- 해빙고(thawers of tempering boxes): 냉동식품의 해빙을 위해서 4.5℃를 유지하도록 만든 해빙용 식품 보관고
- 냉동가공기(processing freezers): 보관용 식품을 냉동시키기 위해 사용

냉동식품을 조리할 때는 냉장실이나 해빙고에서 해동하고, 일단 해동이 끝난 식품은 다시 재냉동하지 않도록 한다. 냉동저장 시 유의사항과 저장고 관리방법은 냉장저장법과 동일하다.

4. 입·출고 관리

(1) 입·출고 관리의 개념

1) 입고의 의의

검수 과정을 거친 물품을 저장고에 수납하는 것을 입고라 하며, 보관기간에 따라 2~3일, 단기간, 장기간 또는 즉시 사용하는 것 등으로 다양하다. 또 물품의 입고유형은 업체별 · 규모별 · 판매량별 · 물품특성별 등에 따라 다양하지만, 일반적으로 **[그림 7-1]**과 같은 유형으로 입고되고 있다.

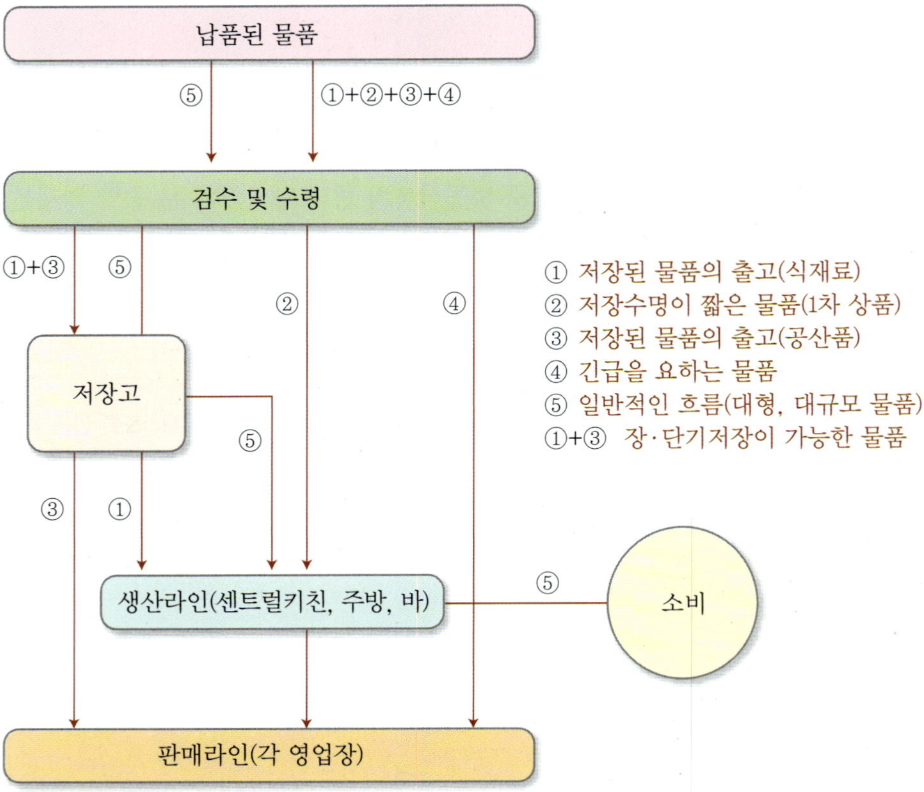

그림 7-1 구매물품의 배송 및 운반 과정

물품의 입고유형 중 식품업체는 유형 ⑤, 급식업체는 유형 ②와 ⑤, 외식업체는 대규모인 경우 유형 ①과 ③, 소규모(개인음식점)인 경우는 유형 ④, 호텔업체(식음료)는 유형 ①, ②, ③, ④로 입고 흐름이 수행된다. 이러한 입고유형을 정리하면 대략 3가지 유형으로 저장고로의 흐름, 생산라인으로의 흐름, 판매라인으로의 흐름이 있다. 여기서 생산라인은 식품생산공장, 센트럴키친, 주방, 바 등이고, 판매라인은 호텔 식음료 부문의 각 영업장(한식, 양식, 중식, 일식 등)을 의미하고 있다.

2) 입고의 중요성

납품된 물품을 검수과정을 거쳐 저장고에 입고한 후, 사용부서에서 물품을 요구하면 재고가 있는 한 출고해야 한다. 입고관리는 효율적인 물품의 저장과 원가관리를 위한 물품과 양식에 대한 정보자료를 제공한다. 특히 검수단계를 거친 후 직접 생산이나 영업장으로 배달되는 물품들은 송장과 일일시장 리스트에 의해서 통제되고, 저장고에 입고하는 물품들은 구매부서에서 저장고 관리자에게 전달한 구매발주서 사본, 물품 수령 시 제출한 송장 그리고 검수보고서(혹은 검수완료보고서)에 의해 통제된다. 이와 같이 입고관리는 물품의 효율적인 입고, 원가관리를 위한 정보제공 그리고 현물과 양식에 의한 통제 면에서 매우 중요하다.

(2) 출고관리

1) 출고의 의의

출고는 납품된 물품이 사용부서의 요구에 의해 저장고로부터 불출되는 것을 의미한다. 출고에는 검수 후 저장고를 거치지 않고 직접 생산부서로 출고하는 방법과 검수 후 저장고에 입고된 다음 생산부서의 요청에 의해 출고하는 방법이다.

2) 출고관리의 유형

① 직접출고(직접구매)

직접출고는 직접구매라고도 하며, 보존이 어려운 비저장품이나 구매 당일에 사용할 물품인 경우 저장고를 거치지 않고 물품 검수가 끝난 후 곧장 생산 부서나 각 영업장으로 이동하여 사용되는 유형으로, 당일 식품원가 계산에 포함된다.

업장에서의 식자재 출고 흐름을 살펴보면 **[그림 7-2]**와 같다. 이는 과채류, 유제품류, 빵류, 선도를 요구하는 어패류 등을 당일에 사용되는 양만큼 구매하는 방법으로 인수 후 검수가 끝나면 바로 조리장으로 이동되고, 검수원의 검수일지가 원가계산의 자료가 된다.

② 저장품의 출고

저장고에 1일 이상 보관되어 재고로 유지되는 품목을 사용부서의 요구에 의해서 출고하는 것으로 주로 캔 제품, 병 제품, 쌀, 밀가루, 부식류, 주류, 음료류, 육류, 생선류, 장류(된장, 간장, 고추장) 등이 대부분이다. 저장품의 대부분은 물품 특성에 따라 상온, 냉장, 냉동저장을 하며, 원활한 저장 관리와 식별, 일별 원가계산을 위해서 꼬리표가 부착되어 있는 경우가 대부분이다. 특히 육류 출고 시에는 꼬리표를 제거하거나 꼬리표에 표시된 금액은 출고전표에 기재하고, 이 서류에 꼬리표를 첨부하게 된다.

저장품들은 사용을 위해 출고되기 전까지는 재고로 간주되어 원가계산에 반영되지 않았지만, 일정 시점에서 결산을 할 때는 저장품에 대한 가치를 평가하여 원가계산에 반영한다.

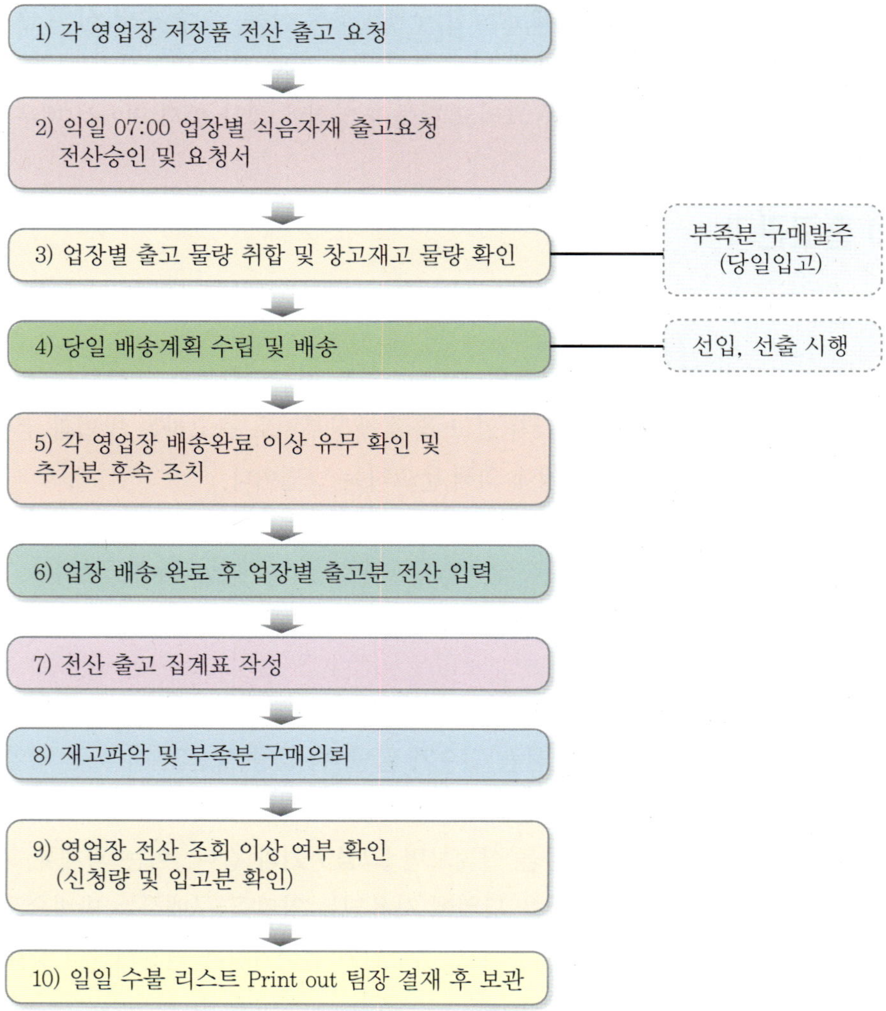

그림 7-2 물품 신청 접수 및 출고 절차

③ 비품출고

비품은 문구류 · 세제류 · 집기류 등 소모성 물품으로 식품원가계산에 반영되지 않고 비용으로 처리되어 일일 식품원가와는 별도로 계산하게 된다. 구매 시에는 일반 저장품과 동일한 방법으로 구매활동의 각 단계를 거쳐 출고된다.

3) 출고관리의 절차

저장고에 입고된 물품이 사용부서의 요청에 의해서 출고될 때에는 정해진 절차에 의해서 이루어지는데, 이때 사용되는 양식을 출고전표, 물품청구서 또는 물품요구서라고 한다. 출고

전표는 업체별로 다양하며, 한 가지 양식이나 주요 품목별 별도의 양식에 준하여 출고가 이루어지지만, 대체로 다음과 같이 세분되어 사용되기도 한다.

알아두기 출고전표의 종류

- 건조물품 출고전표
- 육류 및 육가공품 출고전표
- 식료 출고전표
- 음료 출고전표
- 냉동품 출고전표
- 주류 출고전표
- 장류 출고전표

① 출고전표의 작성

출고전표는 사용부서에서 필요한 물품명, 단위 필요량을 기재한 물품청구서로 작성한 후 결재하여 저장고 출고담당자에게 청구하면, 청구한 양만큼 날인 후 출고시킨다. 원본은 출고담당자에게, 사본은 회계부서 그리고 나머지 사본은 사용부서에서 보관한다. 출고담당자는 언제(출고일), 어디서(요구부서), 무엇을(물품), 얼마만큼(출고수량) 등의 정보가 기록된 입·출고대장, 물품카드(bin card)나 입출고·재고기록카드 등에 정리하여 현재의 실제 재고와 카드상의 재고가 항상 일치하게 작성해야 한다.

출 고 전 표

(식료·음료·비식료)
청구부서:

DATE : 20 . . .　　　　NO.______

연번	청 구 량		품 명 및 규 격	CODE	출 고 량		금액
	단위	수량			수량	단가	
1							
2							
3							
4							
5							
6							
합　계							

청 구 부 서			
팀원	부장	팀장	인수자

자재관리용

출 고 부 서		
팀원	부장	팀장

그림 7-3 ○○ 호텔 출고전표 예

② 출고보고서의 작성

출고전표에 의해서 물품 출고가 마감되면 1일 출고 보고서를 정리하여 회계 담당부서로 보내어 일일 식자재 총액을 계산하도록 한다. 한편 입·출고 기록과 관련된 양식의 경우 업체별로 차이가 있으나 품목·날짜·가격·수량·재고량 등이 기재된 품목카드(물품카드)라고 불리는 Bin Card가 있고, 현물을 확인하지 않고 기록하는 PI(Prepetual Inventory)카드가 있으며, 전산화시스템 활용법이 있다.

표 7-5 품목별 입·출고 대장의 예

품목 :	창고번호 :	구매단위 :	출고단위 :	단가 :	
월일	청구서 번호	입고 (입고단위)	출고 (출고단위)	총 재고	
				수량	금액

4) 입·출고의 전산화

저장관리의 전산화는 입·출고뿐만 아니라 재고관리에도 매우 유용하며, 점차 보편화되어가고 있다. 입·출고 관리의 전산화는 구매부서·생산부서·판매부서·창고부서 간에 Lan Net Working System(lan configurations)을 이용하여 중앙컴퓨터에 부서별로 연결된 단말기로 중앙 접속되어 상호 간의 정보를 교환하는 편리한 전산 시스템이다. 예를 들어, 생산부서에서 제공한 메뉴의 예정 수량을 입력하면 컴퓨터는 메모리에 저장된 표준레시피로부터 필요 재료량과 청구해야 하는 식재료의 양을 결정하여 준다. 컴퓨터에서 청구서를 출력할 수 있고, 원가 계산을 할 수 있으며, 동시에 재고로 있는 물품의 수량과 가격을 알 수 있다. 청구서는 또한 식사에 대한 식재료 원가와 일정 기간 동안의 식재료 원가를 계산하는 데 이용된다.

표 7-6 일별 입·출고대장

년 월 일

재료명	단위	전일재고량	입고량	출고량	재고량	비고
혼합곡						
정부미						
콩						
식용유						
고추분						
간장						
된장						
재료명	단위	전일재고량	입고량	출고량	재고량	비고
고추장						
조미료						
식초						
설탕						
멸치						
소금						
식탁염						
다시다						
미역						
후춧가루						
라면						

식단에 따른 조미료 등을 1일분씩 출고한다.(중식부터 그 다음일 조식까지) ○○○급식소

(3) 재고관리

1) 재고관리의 개념

① 재고의 의의

재고란 물품(재고자산)의 흐름이 어떤 지점에 정체되어 있는 상태로, 불확실한 미래의 수요와 공급을 만족시키기 위한 물품의 적절한 보관기능을 의미한다. 재고관리란 이러한 재고를 유지·관리하는 것으로 발주시기, 발주량, 적정재고수준을 결정하고 시행하는 전체과정을 의미한다. 재고관리와 관련된 비용으로는 구매단가, 주문비용, 보관 및 유지비용, 재고 품절에 따른 손실비용 등이 포함되며, 이러한 비용의 합계가 총재고비용이다.

이와 같이 재고비용을 지출하면서도 재고자산을 보유하는 것은 필요한 시기에, 필요한 수량을, 필요한 곳에 조달하기 위해서이다. 즉 재고관리란 물품의 수요가 발생하였을 때 신속하고 경제적으로 대응하기 위하여 재고를 최적 수준의 상태로 관리하는 절차를 말한다.

② 재고관리의 목적

재고관리는 물품 부족으로 인한 생산계획의 차질을 방지하여 소비자에 대한 판매 손실을 미리 방지하는 데 그 목적이 있다. 그러나 재고는 재고의 유지관리를 위한 창고관리·인건비·이자·보험 등의 비용이 소요되며, 과잉재고와 재고부족으로 인한 문제가 발생할 수 있으므로 비용을 최소화하고 적정재고를 유지·관리하는 경제적인 구매활동을 해야 한다.

③ 재고관리의 중요성

업체에서 재고관리가 중요한 이유는

가. 물품 부족으로 인한 생산 및 판매계획의 차질을 방지하고

나. 최소의 가격으로 최상의 물품을 구매하며

다. 생산부서에서의 요구량과 일치하는 수준에서의 경제적인 재고관리로 투자 및 비용을 최소화하고

라. 도난·낭비·부패·변질·해충피해 등으로 인한 손실을 최소화하여 원가 절감 및 관리의 효율성을 제고하기 위해서이다.

2) 재고관리의 유형

재고관리는 조사 및 기록방법에 따라 영구재고시스템과 실사재고시스템으로 분류한다. 일반적으로 재고조사는 물품관리자와 저장고 책임자가 실시하거나 필요시 관련부서의 입회하에 실시한다. 재고조사의 결과는 원가관리 및 경영관리를 위한 회계상의 정보자료이므로 임의로 처분해서는 안 된다. 식자재 재고 조사 시에는 다음 사항에 대하여 주의해야 한다.

첫째, 재고조사는 식자재 관리자 또는 회계담당자가 지명한 자가 실시해야 하며, 수량, 중량, 재고금액 합계, 총금액 등을 계산해야 한다.

둘째, 재고조사는 당일의 수납저장 및 당일 불출을 완료한 후 실시하여야 한다.

셋째, 매월 말에는 영업 종료 후 각 주방 등의 식자재 물품 재고조사도 실시해야 한다.

넷째, 재고조사 결과는 재고조사 카드에 기록해야 한다.

다섯째, 재고조사 중 판매를 위한 불출, 수납이 필요한 경우는 합계를 끝낸 후 수정한다.

① 영구재고시스템(perpetual inventory system)

영구재고시스템은 재고계속 기록법이라고도 하며, 구매하여 입고되는 물품의 수량과 출고되는 수량을 계속적으로 기록하여 합리적인 적정재고량을 유지하는 방법이다. 이 방법은 재고자산의 가치평가뿐만 아니라 손익계산상의 매출원가도 계속 알 수 있어 통제와 중간 재무제표의 작성을 쉽게 한다.

영구재고시스템은 일반적으로 재고량이 많은 규모가 큰 급식업체의 건조 및 냉동 저장 창고의 물품 관리에 이용되며, 소량 사용 물품이나 저가품을 제외하고 고가의 품목과 수시로 사용하는 품목에만 제한시켜 관리하는 경우가 많다. 이들의 기록을 위해서는 품목별 카드를 작성하여 각 선반에 부착하고 고유재고번호 · 날짜 · 품목명 · 상품명 · 중량 및 용량 · 수량 등을 기록하여 물품의 선별을 쉽게 한다. 즉 품목카드는 언제, 무엇이, 어디로, 얼마만큼 출고되어 있으며 얼마나 남아있는지의 내력이 기록되어 있어 입출고 · 재고기록카드라고도 한다.

영구재고시스템은 어느 때든지 그 당시의 재고량과 재고금액에 관한 정보를 제공하므로 언제나 적정 재고량을 유지하는 데 필요한 정보를 제공하며 통제에 편리하다. 그러나 수작업으로 진행될 경우 경비가 많이 들고, 많은 노동력이 필요하며, 기록에 오차가 발생할 수 있다는 단점이 있다.

표 7-7 품목별 영구재고 기록카드

영구재고 기록카드 품목 :

입고						출고						
날짜	제공자	양	단위	가격	액수	날짜	수령자	청구 번호	양	액수	차이	
											양	액수

따라서 재고관리에 과학적인 전산화 시스템을 활용하면 입·출고 및 재고관리에 관한 정보 제공과 기록을 보다 효율적으로 정확하게 할 수 있으므로 최근에는 전산 운영이 일반화되고 있다.

② 실사재고시스템(physical inventory system)

실사재고시스템은 주기적으로 창고에 보관되어 있는 물품의 수량과 목록을 실제 조사하며 확인하고 기록하는 방법이다. 이 방법은 일반적으로 대형업체에서는 한 달에 두세 번 정도, 소형업체에서는 한 달에 한 번 실시하여 재고를 조사하는데, 실제재고량과 재고기록대장을 비교하여 영구재고의 단점인 부정확성을 보완하며, 특히 물품의 도난이나 입·출고 기록상의 문제점을 파악할 수 있다. 효율적인 재고조사를 위해서는 업체에서 정한 자체규격 조사기준에 따라 실시되어야만 한다. 그러므로 실사재고 이전에 대상 품목의 기준 범위(저장고, 조리실 내의 식품, 개봉된 식품, 쓰다 남은 물품 등)가 결정되어야 한다. 실사재고기록지는 물품의 품목·보유량·단위·형태·단가·재고금액 등이 기재되며, 각 물품재고의 자산적인 화폐가치를 결정하기 위해 단위당 단가와 보유량을 계산하여 재고금액을 평가한다.

이 방법은 재고자산의 총 가치를 평가하여 사용한 물품의 비용 산출에 필요한 정보를 제공하지만 재고조사에 많은 시간과 노력이 소요되고, 신속하지 못하며 부정확할 수 있다는 단점도 있다. 따라서 실사재고조사는 다음과 같은 사항을 유의하여 조사에 임해야 한다.

첫째, 실사를 위한 재고조사 때 물품 확인과 기록 업무 등을 위해 최소한 두 사람이 요구되고
둘째, 조사의 기록은 물품이 저장되어 있는 순서대로 하여 기록과 물품을 찾는데 소요되는 시간을 최소화해야 하며
셋째, 실사 전 미리 기록지에 각 품목의 가격을 기록하여 준비하고
넷째, 저장고의 모든 물품은 사전에 꼬리표를 부착하여 저장하면 조사과정이 간편해진다.

표 7-8 실사재고조사표의 예

___년 ___월 주·부식 재고표

조사일 : 년 월 일 시 조사자 : 인 확인자 : 인

품명	단위	수량	단가	금액	비고	품명	단위	수량	단가	금액	비고

주식재고액 : ₩
부식재고액 : ₩
TOTAL : ₩

표 7-9 부식창고 재고현황 조사표

구분	식품명	단위	/	/	/	/	/	/
주식류	쌀							
	찹쌀							
	밀가루							
어패류								
가공품류								
조미료류								

주식회사 ○○○ 백화점

3) 재고관리의 기법

업체에서 구매하는 물품은 산업별 · 업체별 · 용도에 따라 종류 및 구매가격이 다양하며, 업체 규모에 따른 사용규모도 매우 다르다. 그러므로 다양한 물품을 구매하여 관리를 할 때는 각각의 물품은 자산이므로 유지관리 시에는 비용과 노력이 소요되며, 원가관리와 관련되어 있음을 고려해야 한다.

합리적이며 효율적인 재고관리를 위해서는 물품의 특성에 맞는 관리 방법을 선택해야 한다. 좀 더 간편하고 효과적인 관리를 위해서는 과학적 · 통계적인 방법을 적용하고 물품의 중요도에 따른 차별적인 저장 및 재고관리 방법을 활용해야 한다. 또한 최근 많은 업체에서는 재고관리 전산화를 도입하여 효율적이고 신속한 관리를 함으로써 시간과 노력을 절약하고 있다. 효율적인 자재관리 방법에는 다음과 같은 방법이 있다.

① 80/20 관리기법(80/20 inventory control method)

80/20 관리기법은 원가관리의 측면에서 접근하는 방법으로서, 만약 구매 물품의 20%가 전체 구매액의 80% 정도를 차지하며, 이 20%의 물품이 매출원가의 80% 정도를 차지하고 있다면, 20%를 차지하고 있는 구매물품은 나머지 80%를 차지하고 있는 타 구매물품에 비해 구매활동의 전체과정에 있어서 집중적으로 관리해야 한다는 기법이다.

② 중요도에 의한 ABC 관리기법(ABC inventory control method)

가. ABC 관리기법의 의의

특정 자재의 일정 기간 동안의 취급가격을 기준으로 자재를 구분하여 분류하는 선택적 관리기법이다. ABC 관리기법은 구매물품의 연간 사용액을 산출해서 사용액별로 A등급, B등급, C등급으로 분류하고, 구매 및 재고물품의 중요도나 가치에 따라 차등적으로 관리하는 방법이다. 즉 고가품목은 전체 취급 품목 중에서 적은 비율을 차지하지만 취급 금액상으로는 많은 비율을 차지하고, 저가 품목은 취급 품목상으로는 많은 비중을 차지하나 취급 금액 상으로는 적은 비율을 차지하는 것이 일반적이다.

이와 같이 재고물품을 취급 금액과 취급 품목 수 또는 취급량과의 관계를 기준으로 중요도에 따라 다수의 물품보다는 소수의 중요물품을 중점 관리한다. 중요도의 구분은 파레토 분석(Pareto analysis) 곡선을 활용한다.

나. ABC 관리기법의 분석절차 및 특성

ABC 관리기법의 분석 도표는 **[그림 7-4]**와 같은 파레토 곡선에 나타난 바와 같이 다양한 물품의 품목들을 A, B, C의 3가지로 나누어 다음과 같은 절차로 분류한다.

일정기간 동안의 품목별 사용금액(단가×사용량) 산출

↓

ABC 분석표의 작성 **[표 7-10]**

↓

파레토 곡선 그래프 작성 **[그림 7-4]**

↓

분류 기준에 따라 ABC 3등급으로 구분 **[표 7-11]**

표 7-10 ABC 분석표

(단위: 원, %)

등급	품목		품목 번호	단가(a)	연간 사용률(b)	연간사용금액		
	순번호	누계품목 백분비				금액 (a×b)	누계금액	누계금액 백분비
A	1	10.0	22	250	280	96,000	95,000	40.7
A	2	20.0	68	120	625	75,000	170,000	72.8
B	3	30.0	27	50	500	25,000	195,000	83.5
B	4	40.0	63	50	300	15,000	210,000	90.0
B	5	50.0	82	20	650	13,000	223,000	95.6
C	6	60.0	54	50	150	7,500	230,500	98.7
C	7	70.0	36	10	150	1,500	232,000	99.4
C	8	80.0	19	4	200	800	232,800	99.7
C	9	90.0	23	5	85	425	233,225	99.9
C	10	100.0	41	5	45	225	233,450	100.0
합계						233,450		100.0

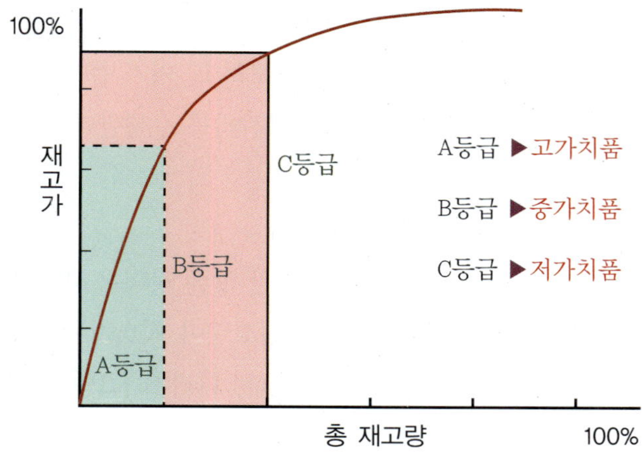

그림 7-4 ABC 관리기법의 파레토 곡선

표 7-11 ABC group 구분기준

구분	분류	총 재고량 중 점유비율	총 재고액 중 점유비율
A	고가치품	10~20%	70~80%
B	중가치품	20~40%	15~20%
C	저가치품	40~60%	5~10%

ABC 관리기법에서 사용 금액이 큰 품목 순으로 기입할 때 활용하는 ABC 분석표는 **[표 7-10]**에 예시하고 있다. 재고관리의 등급별 특성을 살펴보면 A등급 품목의 경우 고가치·고가품으로 육류·생선류·어패류·주류가 이에 해당한다. 이는 전체 재고량의 10~20%를 차지하며, 재고액의 70~80%를 차지하는 품목들이다. 이 품목은 가능한 재고 수준을 적게 유지해야 하고, 영구재고시스템으로 철저히 관리해야 하며, 발주 방법으로는 발주주기가 짧은 정기발주시스템을 적용하는 것이 일반적이다.

B 등급 품목의 경우 중가치·중가품으로 과일류 및 채소류가 이에 해당하며, 전체 재고량의 20~40%를 차지하고, 재고액의 15~20%를 차지하는 품목들이다. 이 품목들은 일반적인 재고관리 시스템을 적용한다.

C 등급 품목의 경우 저가치·저가품으로 밀가루·설탕·세제·유제품 등이 이에 해당하며, 전체 재고량의 40~60%를 차지하지만, 재고액의 5~10%를 차지하는 품목들이다. 이 품목들은 재고량이 많기 때문에 안전재고를 고려한 경제적 수준에서 유효기간을 검토한 후 수개월분을 대량으로 일괄 구입하는 것이 유리하다.

이와 같은 방법으로 재고물품을 A, B, C 등급으로 분류하여, 고가품목(A 등급)은 가능한 재고수준을 적게 책정하여 재고 자산의 감소를 도모하고, 저가 품목(C 등급)은 어느 정도 여유 있게 재고를 보유하는 품목에 따른 선택적 재고관리를 수행한다.

③ 최소-최대 관리기법

주로 급식업체에서 많이 활용하고 있으며, 예기치 않은 상황을 미리 대비하기 위해서 안전재고수준으로서 최소의 재고량을 유지하면서 재고량이 최소치에 이르면 적정량을 발주하여 최대 재고량을 확보하도록 관리하는 기법이다. 따라서 **[그림 7-5]**와 같이 최소-최대 관리기법에서 최대재고량은 안전재고량과 적정량의 합에 해당하게 된다.

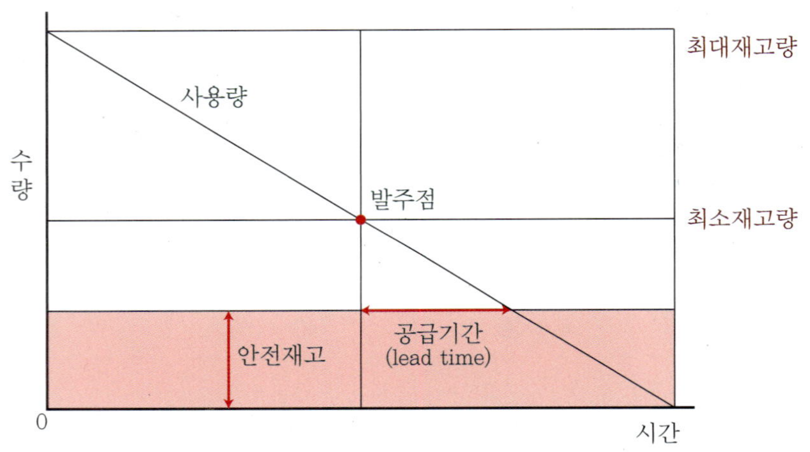

그림 7-5 최소-최대 관리기법

④ 바코드(Bar Code)에 의한 분류 방법

시중에서 판매되고 있는 대부분의 상품에는 바코드가 인쇄되어 있는 것을 볼 수 있다. 바코드란 문자나 숫자를 흑과 백의 막대모양 기호로 조합한 것으로, 컴퓨터가 판독하기 쉽고 제품의 가격, 종류, 제조회사 등과 같은 정보를 알 수 있을뿐 아니라 판매량과 재고량도 동시에 파악할 수 있어 제조업체와 유통업계를 중심으로 거의 모두 사용하고 있다. 바코드는 광학식 마크판독장치로 자동판독 되어지고, 세계상품코드(UPC: Universe Product Code)를 따르며, 상품의 종류를 나타내거나 슈퍼마켓 등에서 매출정보의 관리(POS: point of sales system) 등에 이용된다.

한국공통상품코드(KAN: Korean Artical Number)의 경우 1988년도부터 사용하기 시작하여 현재는 대부분의 품목에 사용되고 있다. 표준형 바코드는 모두 13자리로 구성되어 있는데 처음 880은 우리나라 고유 국가코드이며 그다음 4자리는 제조업체 코드, 그다음의 5자리 수는 제품의 가격, 종류 등을 나타내는 상품 품목코드이고, 마지막 한 자릿수는 검증 코드로 바코드의 이상 유무를 가리는 데 사용된다.

바코드에 기록된 내용을 판독하기 위해서 종전에는 핸드 스캐너가 사용되었으나, 최근에는 레이저식이 주로 사용되고 있으며 판독장치 위에 바코드가 인쇄된 상품을 통과시킴으로써 코드가 자동 판독되어 상품의 판매와 재고관리 자료로 쓰인다.

그림 7-6 세계상품코드(UPC)

그림 7-7 한국공통상품코드(KAN)

(4) 재고자산의 가치평가법

구매물품이 저장고에 재고품으로 있으면 그 가치는 현재의 자산으로 평가되고 월말·연말의 손익계산서상에 원가로 반영된다. 물품의 구입원가는 구입시기나 구입처에 따라 가격이 다르므로 재고물품의 자산적 가치평가를 위한 다양한 방법들이 활용되고 있다.

재고품에 대한 가치평가는 기업의 목적, 용도 및 상황에 따라 다양한 방법을 선택하지만, 재고자산의 가치는 어떤 산출방식을 사용하느냐에 따라서 차이가 생긴다. 일반적으로 사용되는 평가방법은 다음과 같다.

1) 취득원가법

① 개별법(specific indentification method)

개별법이란 동일한 물품이라도 구입 가격표를 붙여 두었다가 출고할 때에 가격표에 표시된 실제 구입단가를 재료의 출고단가로 계산하는 방법이다. 즉 재고조사 시에 남아 있는 품목들은 실제 구입했던 단가로 계산하는 방법으로 구매물량이 소규모일 때 적합하며 실제구매가법(actual purchase price method)이라고 한다**[표 7-12]**.

표 7-12 개별법

(단위: EA, 원)

월일	적요	입고			출고			재고		
		수량	단가	금액	수량	단가	금액	수량	단가	금액
1/1	입고	300	1,000	300,000	200	1,000	200,000	100	1,000	100,000
7	입고	200	1,100	220,000	200	1,100	220,000			
21	입고	500	1,200	600,000	300	1,200	360,000	200	1,200	240,000
합계		1,000		1,120,000	700		780,000	300		340,000

② **선입선출법**(FIFO: first-in first-out method)

재고품 중에서 먼저 구입한 것은 먼저 사용한다는 것을 전제로 기록하는 방법으로, 기말재고액에는 가장 최근의 구입단가가 기입된다. 선입 · 선출(FIFO)은 시간이 흐름에 따라 가격이 인상될 때, 재고액을 높게 책정하고 싶을 때 사용한다**[표 7-13]**.

표 7-13 선입선출법

월일	적요	입고			출고			재고		
		수량	단가	금액	수량	단가	금액	수량	단가	금액
1/1	입고	300	1,000	300,000						
7	입고	200	1,100	220,000						
14	출고				300	1,000	300,000	200	1,100	220,000
21	입고	500	1,200	600,000						
28	출고				200 200	1,100 1,200	220,000 240,000	300	1,200	360,000
합계		1,000		1,120,000	700		760 ,000	300		360,000

③ **후입선출법**(LIFO: last-in first-out method)

선입선출법과는 반대로 가장 최근에 구입한 것을 먼저 사용한다는 전제하에 계산하는 방법이다. 후입 · 선출(LIFO)은 초기재고가 실제 재고이므로 가장 먼저 구입된 품목이 재고로 남는다. 소득세를 줄이기 위해 원가를 최대화하고 재고가치를 최소화하고자 할 때 활용된다 **[표 7-14]**.

표 7-14 후입선출법

월일	적요	입고			출고			재고		
		수량	단가	금액	수량	단가	금액	수량	단가	금액
1/1	입고	300	1,000	300,000						
7	입고	200	1,100	220,000						
14	출고				200 100	1,100 1,000	220,000 100,000	200	1,000	200 ,000
21	입고	500	1,200	600,000						
28	출고				400	1,200	480,000	100 200	1,200 1,000	120,000 200,000
합계		1,000		1,120,000	700		800,000	300		320,000

④ 최종매입원가법(last purchase cost method)

최종구매가법이라고도 하며 재고금액을 가장 최근의 단가를 이용하여 재료의 소비액을 계산하는 방법으로 급식업체에서 가장 널리 이용된다**[표 7-15]**.

표 7-15 최종매입원가법

월일	적요	입고			출고			재고		
		수량	단가	금액	수량	단가	금액	수량	단가	금액
1/1	입고	300	1,000	300,000						
7	입고	200	1,100	220,000						
14	출고				300	1,000	300,000			
21	입고	500	1,200	600,000						
28	출고				200 200	1,100 1,200	220,000 240,000	300	1,200	360,000
합계		1,000		1,120,000	700		760,000		300	360,000

2) 평균원가법

① **총 평균법**(total average cost method)

일정기간 동안의 총 구입액과 이월액을 그 기간 동안의 총 입고수량과 이월 수량으로 나누어 평균단가를 계산한 후 이 단가로 재고액을 구하는 방법으로, 평소에는 출고 수량만을 기록해 두었다가 마감일에 평균단가를 계산하여 나중에 장부에 기입한다.

[표 7-15]의 내역을 이용하여 계산하면 다음과 같다.

$$\begin{aligned}\text{평균단가} &= \text{총 구입액} \div \text{총 구입량}\\ &= 1{,}120{,}000\text{원} \div 1{,}000\text{개}\\ &= 1{,}120\text{원}\end{aligned}$$

$$\begin{aligned}\text{재고금액} &= \text{평균단가} \times \text{재고수량}\\ &= 1{,}120\text{원} \times 300\text{개}\\ &= 336{,}000\text{원}\end{aligned}$$

② **단순평가법**(simple average cost method)

단순평가법이란 단순히 단가의 평균가격만을 가지고 산출하는 방법이다.

$$\begin{aligned}\text{평균단가} &= \frac{1{,}000\text{원} + 1{,}100\text{원} + 1{,}200\text{원}}{3}\\ &= 1{,}100\text{원}\\ \text{재고금액} &= 1{,}100\text{원} \times 300\text{개}\\ &= 330{,}000\text{원}\end{aligned}$$

③ **이동평균법**(moving weighted average cost method)

재료를 구입할 때마다 재고수량과 단가를 합계하여 평균단가를 계산하고, 출고할 때는 이 평균단가를 기입하는 방법이다.

$$\frac{300{,}000\text{원} + 220{,}000\text{원}}{300\text{개} + 200\text{개}} = \frac{520{,}000\text{원}}{500\text{개}} = 1{,}040\text{원}$$

표 7-16 이동평균법

월일	적요	입고			출고			재고		
		수량	단가	금액	수량	단가	금액	수량	단가	금액
1/1	입고	300	1,000	300,000				300	1,000	300,000
1/7	입고	200	1,100	220,000				500	1,040	520,000
1/14	출고				300	1,040	312,000	200	1,040	208,000
1/21	입고	500	1,200	600,000				700	1,150	808,000
1/28	출고				400	1,150	460,000	300	1,150	345,000
합계		1,000		1,120,000	700		772,000			2,181,000

④ 시가법

재료비 원가를 산정할 때 재료의 원래 구입 가격과는 관계없이 그 시점의 시가로써 재고액을 계산하는 방법이다.

5. 재고회전율

(1) 재고회전율(inventory turnover)의 의의

재고회전율이란 재고의 평균 회전속도라고 하며 일정기간 동안 저장고에 있는 물품의 평균사용횟수 또는 판매횟수를 의미한다. 즉 재고품의 저장기간으로 저장고에 있는 물품의 구매와 사용빈도를 계산하기 위해 실시한다. 물품을 사용하지 않고 보관하게 되면 재고가 되므로, 재고 회전 상태를 파악하여 조직의 자금 회전 상태를 파악할 수 있어 경영관리의 효율성을 증대할 수 있다.

(2) 적정재고수준의 의의

적정재고수준이란 수요를 가장 경제적으로 충족시킬 수 있는 재고량을 뜻하는 것으로 물품의 재고회전율은 적정재고수준을 유지하면서 원활하게 진행되어야 한다. 일반적으로 물품공급이 원활한 상태에서의 이상적인 재고보유량은 일정 기간 동안의 소비량 또는 소비액의 1.5배 수준이다. 저장고의 재고를 과다하게 보유하면 물품의 손실을 초래하고, 물품 구입에 따른 투자비가 재고에 묶여 자금 운용이 원활해지지 않으며, 재고의 유지·관리에 따른 비용과 저장 공간이 요구되는 등의 문제점이 발생한다.

반대로 재고가 부족하게 되면 생산 공급 부족으로 인한 판매 기회의 상실로 영업 손실 및 기업신뢰도와 이미지가 실추될 수 있다. 따라서 재고의 과다 보유와 과소 보유에 따른 문제점을 고려하여 물품의 적정재고를 확보하면서 재고비용을 최소화하여 효율적인 경영관리가 이루어지도록 노력해야 한다.

(3) 재고회전율과 재고량, 수요량과의 관계

① 재고량과 재고회전율

재고량과 재고회전율의 관계는 **[그림 7-8]**과 같이 반비례한다. 재고량이 많으면 재고량이 0이 될 때까지의 기간이 길어지므로 일정 기간 중의 재고회전율 횟수는 감소하고, 재고량이 적으면 그 기간이 짧아지므로 재고회전율 빈도는 증가한다. 따라서 재고회전율이 너무 높다는 것은 재고 고갈을 초래할 위험성이 있다는 의미이며, 회전율이 너무 낮으면 불필요하게 재고량을 과다하게 보유함으로써 보관비용의 증대를 초래하게 된다.

② 수요량과 재고회전율

수요량과 재고회전율은 **[그림 7-9]**와 같이 정비례관계에 놓여있다. 그림에서와 같이 수요량이 적으면 재고량이 0이 되는 기간이 길어지므로 일정 기간 중의 재고 회전율은 낮아지고, 수요량이 많으면 재고회전율은 높아진다. 따라서 수요량이 감소할 때는 재고 수준의 보충을 중단하여 적정재고 회전율에 도달할 수 있도록 노력해야 하며, 급격히 수요량이 증가될 때는 재고를 보충하여 적정재고 회전율이 유지되도록 인하 조정해야 한다.

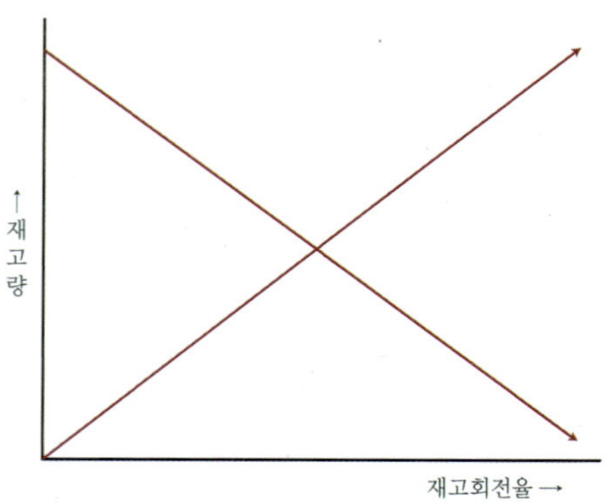

그림 7-8 재고량과 회전율과의 관계

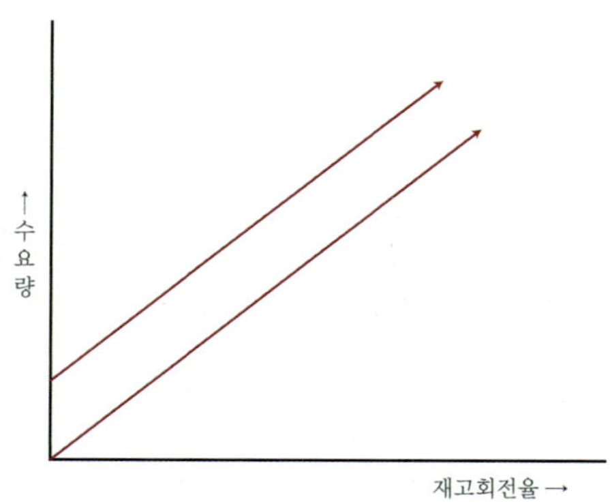

그림 7-9 수요량과 회전율과의 관계

(4) 재고회전율의 계산

재고회전율 계산과 관련된 기본용어로 전월재고는 이월재고 · 초기재고 · 기초재고 · 월초재고라고 하며, 당월구매는 금월입고 · 당월입고 · 당기구매라 하고, 월말재고는 기말재고 · 당월재고 · 마감재고라고 한다. 재고회전율 계산식은 다음과 같다.

알아두기 재고회전율 계산식

$$재고회전율 = \frac{총\ 매출원가(식품비)}{평균재고액}$$

총 매출원가 = 전월재고 + 당월구매 + 월말재고

$$평균재고액 = \frac{월초기재고액 + 월말재고액}{2}$$

재고회전기간: 수요검토기간(월, 일수)
(수요검토기간은 일반적으로 재고회전율로 1년간을 기준으로 한다)

대체로 회계기간은 기업에 따라 다르지만 1/1(7/1)~12/31(6/30)까지 1년간을 말하며, 매월 1일을 기초, 말일을 기말이라고 부르고, 일반적으로 손익 등 결산과 관련된 기간은 월 · 분기 · 반기 · 1년 단위로 활용하고 있지만, 대부분 월과 1년 단위가 중심이 된다.

(5) 재고회전율과 재고수준의 관계

각 업체에서는 업체의 상황에 맞는 표준재고 회전율을 정하고 실제의 재고회전율과 비교하여 그 차이를 분석한 후 표준치에 접근하려고 노력해야 한다. 재고회전율이 표준보다 낮다는 것은 재고가 많다는 것으로 종업원들은 심리적으로 재료를 부주의하게 사용하거나 물품의 부정 유출을 행할 가능성이 증가하게 돼서 낭비되는 양이 많아진다. 또한 저장기간이 길어짐에 따른 물품의 손실이 발생하거나 물품 구매자본이 동결되는 결과로 이익이 줄어들게 된다. 표준보다 높은 재고회전율은 재고 물품의 품절(고갈)을 초래할 수 있고, 생산지연을 초래할 수 있으며, 급한 상황 시 비싼 가격으로 물품을 구매하여 비용이 증가되고, 종업원의 사기 저하 및 고객의 만족도를 감소시킬 수 있다.

FOOD PURCHASING MANAGEMENT

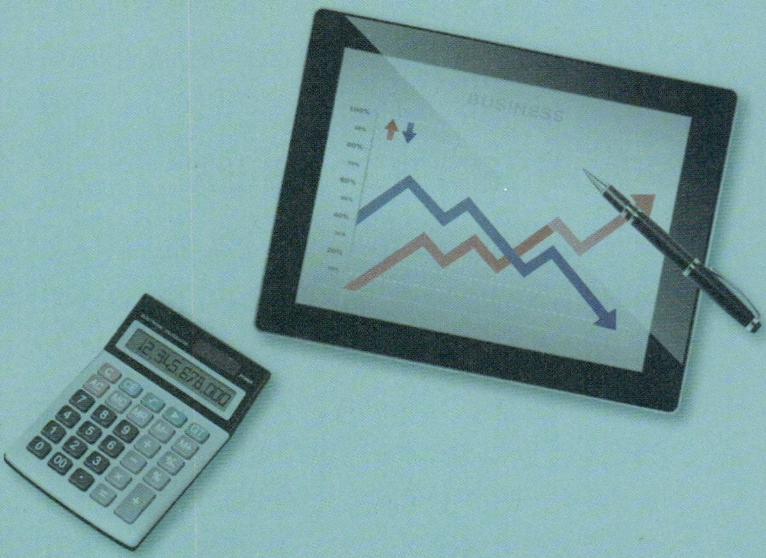

Chapter **08**

전산정보화 시스템

1. 전자상거래 시스템
2. 농수산물 전자상거래
3. 구매관리의 전산화 시스템
4. 소프트웨어 시스템과 하드웨어 시스템

1. 전자상거래 시스템

(1) 인터넷 전자상거래

1) 인터넷 전자상거래의 의의

전자상거래란 전자공간(cyberspace)상에서 이루어지는 거래행위로서, 넓은 의미로는 기업이나 소비자가 컴퓨터 통신망 상에서 행하는 광고, 발주, 상품과 서비스의 구매 등 모든 경제활동을 뜻하며, 좁은 의미로는 인터넷을 통해 소비자와 기업이 상품과 서비스를 판매·구입하는 거래 행위를 의미한다. 기업 및 가정에서 인터넷을 활용한 경제활동은 일상화되어 이제 전자상거래, 전자경매, 포스 시스템 등과 같은 다양한 전자적 형태로 나타나고 있다. 그리고 식품구매와 관련된 유용한 사이트들이 계속 증가하는 추세이며, 다양한 인터넷 이용(on-line application), 웹(world wide web)이 활용되고 있다.

2) 인터넷 전자상거래의 절차

인터넷 쇼핑몰이란 다른 사람과 상호 작용할 수 있는 상점이라는 의미로, 거리를 걸어 다니면서 상점의 상품을 보는 개념을 인터넷에 적용하고 있다. 일반적으로 인터넷상의 전자상거래는 상품검색부터 배달까지 다음 **[그림 8-1]**과 같은 8단계를 거쳐 이루어지고 있다.

3) 인터넷 전자상거래의 특징

인터넷 전자상거래는 여러 가지 상업적인 활동이 네트워크상에서 이루어지도록 하는 기능을 가지고 있으나 소비자는 전자상거래의 장·단점을 검토한 후 활용해야 한다. 특히 인터넷 전자상거래는 활용면·유통비용·실행·자유·상품 등과 같은 마케팅적인 측면에서 유리한 장점이 있으나, 인터넷의 운영과 규모, 그리고 공신력에 문제점이 발생할 수 있다는 단점도 있다.

소비자는 우선 컴퓨터로 컴퓨터 통신망이나 인터넷의 가상상점에 들어가 매장을 돌아다니며 그곳에 진열되어 있는 상품 가운데 원하는 것을 선택

↓

필요한 상품을 고른 소비자가 거래신청서를 통해 가상상점 운영자에게 팔 것을 요청하면, 운영자는 인증국에 거래요청서가 본인이고 믿을 만한 사람인지 가려줄 것을 요구함

↓

인증국은 가상상점 운영자와 소비자의 정당성과 신용을 법적으로 보증해 주는 곳으로, 국가의 권리를 받음

↓

인증국으로부터 소비자에 대한 신용인증이 확인 됨

↓

상점 운영자는 소비자의 거래요청을 승낙한 뒤 대금 지불할 것을 요구함

↓

물품대금지불은 대부분 신용카드를 통해 이뤄지고 있으며, 가상은행에서 발생하는 전자화폐도 이용 가능함

↓

소비자가 신용카드 번호를 입력하는 방법으로 대금지불이 완불됨

↓

상품이 소비자에게 배달됨

그림 8-1 전자상거래의 절차

알아두기 전자상거래의 장점

① 연중, 하루 24시간 시간적·공간적인 제약이 없이 사용 가능
② 전 세계 네티즌을 구매대상으로 함
③ 유통비용과 건물임대료 등 운영비의 감축 가능
④ 소비자는 다양한 제품을 비교 검토 후 싼값에 구매할 수 있음
⑤ 시간 절약
⑥ 마케팅적 이익
- 비용: 웹을 이용한 광고는 TV나 대중매체를 이용한 것보다 저렴
- 실행: 교통 상황 및 기후 상황에 관계없이 고객들이 이용
- 자유: 고객은 정보가 어디에 있는지만 알면 얼마든지 많은 정보를 획득
- 상품: 인터넷을 통해 최근 가장 잘 팔린 물건의 파악 및 구입이 용이

2. 농수산물 전자상거래

(1) 농수산물 전자상거래 현황

IT 정보 기술이 발달과 전자 보증결제 시스템의 구축으로 오프라인보다 효율적인 사이버 거래를 활성화할 수 있는 여건이 갖춰지고 있다. 농축수산물 온라인쇼핑 거래액은 큰 폭으로 증가하고 있다. 2018년 PC와 모바일 상에서 거래된 농축수산물의 거래액은 10조 4944억원이었으며 2019년 13조 4467억원, 2020년 19조 6794억원으로 증가하였다.

한국농수산식품유통공사(aT)와 농림수산식품부는 2009년 10월 28일 농수산물 사이버거래소 기업 간 전자상거래(B2B)를 세계 최초로 개장하였다. 사이버거래소는 '표준전자 카탈로그'를 통해 실물로 볼 수 없는 농산물의 품질속성을 표준화하여 구매업체는 표준전자 카탈로그를 통해 상세한 상품정보와 인증, 재배, 물류, 기준가격, 거래가격 정보를 얻을 수 있다.

한국농수산식품유통공사에서 운영하는 농수산식품거래소는 생산자는 제값을 받고 소비자는 싼값으로 공공 농수산물을 구입할 수 있도록 설립되었으며, 농수축산물 기업간(B2B)전자상거래 온라인 경매, 공공급식 전자조달시스템(NeaT), 공공급식 지원센터시스템(SeaT), 에이티몰이 운영되고 있다.

(2) 농산물 전자상거래 활성화 방안

1) 상품의 품질규격화와 품질관리 시스템의 확립 및 농산물 표준 바코드제의 도입

가상공간에서 이루어지는 농산물 전자상거래를 통한 대량거래를 위해서는 생산자와 소비자가 공동으로 인정하는 농산물의 표준화와 규격화가 정착되어야 소비자의 신뢰를 얻을 수 있으며, 이와 함께 모든 농산물의 코드, 전표, 포장 등의 표준화가 병행되어야 한다.

2) 농산물 물류표준화와 물류시스템 구축

농산물의 신선도와 안전성을 제공할 수 있는 냉장유통시스템이 체계적으로 확립되어야 하고 또한 모든 농산물의 등급을 판별해주는 등급판정사 제도를 도입하여 소비자로부터 농산품에 대한 신뢰도를 높여야 한다.

3) 농산물 표준 바코드제의 도입

농산물 전자상거래 활성화를 위해서는 품질규격화와 물류표준화가 이루어져야 하며 이는 상품바코드의 표준화를 통해 이루어질 수 있다. 표준 바코드는 사용목적에 맞게 개발되어야 하며, 산지, 도매시장, 소비지까지 일괄 연계 사용될 수 있어야 한다.

4) 농산물 전자상거래를 지원하기 위한 통합정보체계의 구축

농산물에 대한 소비자의 기호가 생산자에게 그대로 전달될 수 있도록 농업인의 인터넷 이용 확산을 추진해야 하며, 이를 위한 농림수산정보망에서 제공하는 무료 인터넷서비스에 대한 홍보 및 이용방법에 대한 교육이 필요하다.

5) 농촌지역의 정보화 기반 확충과 정보화 교육 및 훈련강화

농업인에 대한 지속적인 교육으로 인터넷 이용을 활성화하고, 농산물 전자상거래의 저변 확대를 위해 친환경 농산물, 품질인증 농산물 생산농가 등 우수농업인의 홈페이지 구축을 지속적으로 지원해야 한다.

(3) 전자경매

1) 전자경매의 의의

수지형 경매 대신 기존의 경매 흐름을 유지하면서 무선 응찰기와 컴퓨터를 이용하여 응찰에서 낙찰 및 기록의 전체 경매과정 업무를 키 조작 한 번으로 일괄적으로 처리하는 시스템이다.

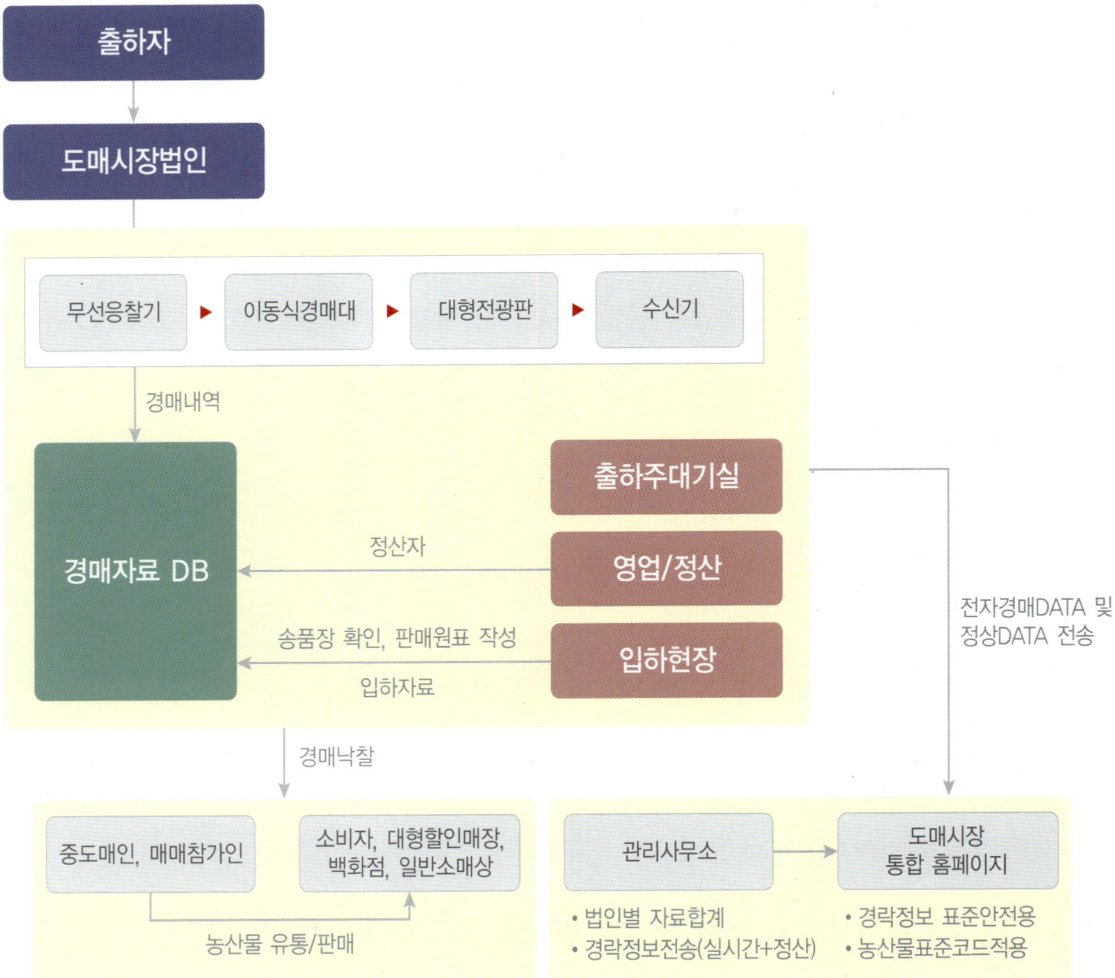

그림 8-2 **전자경매 소개**

2) 전자경매의 도입 배경

최근 농수산물시장이 대형 할인점, 대형 물류센터 등과 경쟁하며 유통 다변화 시대에 대비하고, 농산물 경매제도에 대한 일반인의 불신을 해소하기 위해서 전자경매 제도를 적극 도입하고 있다. 이는 급변하는 유통 여건 속에서 소비자들의 농산물 유통정보에 대한 욕구에 적극적으로 대응하기 위해서이다.

3) 전자경매 도입의 필요성

① 기존 수식경매제도에 대한 투명성, 공정성 확보

경매사와 특정 중도매인과의 유착을 방지하고, 불법 기록 상장이나 경매 후 가격 조정 등 경매부정을 방지하기 위해서이다.

② 정부의 농산물 유통개혁 대책에 부응

농산물 유통 효율 극대화를 위한 현행 농수산물 유통 및 가격안정에 관한 법률(농안법) 개정으로 유통구조 개선이 시급하다.

③ 완전 전산화시스템으로 비용 감소

전자 경매에서는 모든 것이 실시간으로 이루어지며 기존에 두 번 작업하던 일이 한 번에 이루어진다.

④ 수지식 경매의 각종 문제점 해결

각종 부조리의 원인이 되고 있는 도매시장 경매사들의 약식 또는 변형된 경매호 사용을 방지하기 위함이다.

4) 전자경매 도입의 효과

경매 관리비용을 절감하고, 현장인원을 감축할 수 있으며, 경매 준비시간 단축 및 업무처리를 간소화할 수 있다.

3. 구매관리의 전산화 시스템

(1) 구매 및 재고관리 시스템의 전산화

1) 구매관리의 전산화 시스템

구매관리 전산화 시스템이란 외부에서의 물품 조달과 신속한 입고가 가능하도록 구매 업무를 합리적이며 경제적으로 처리하기 위한 시스템을 의미한다. 또한 이러한 과정을 통해서 조달되는 물품의 흐름을 실시간(實時間) 관리 · 통제 및 조정하여 생산의 요구에 즉각 대응할 수 있고, 원가절감을 위한 신속한 의사결정을 할 수 있도록 지원하는 시스템이기도 하다.

구매관리에 대한 전산화 시스템의 주요 기능을 살펴보면 **[그림 8-3]**과 같이 요약·정리할 수 있다.

기본정보관리

- 물품 구매·보관·정보관리를 위해 물품 마스터 관리
- 업체(공급자)에 대한 제반 정보관리를 위해 업체 마스터 관리
- 물품별·업체별 구매정보를 관리하기 위한 구매정보 레코드 관리
- 필요량에 대한 업체별 등급관리에 의한 차등배분 및 발주

검수관리

- MRP(자재소요계획기법) 및 구매요청에 의한 물품 소요계획을 확인할 수 있도록 함
- 경영계획과 생산현장에 맞도록 적절히 수정하거나 추가하고, 거래업체를 확인하여 구매계획을 확정할 수 있도록 함
- 구매계획의 승인에 따라 업체별 발주서로 자동전환
- 발주가 확정된 자재의 주문서를 발행하고, 승인권자에게 승인절차를 수행한 후 주문서를 업체에 전송
- 기간별·거래처별·품목별 주문현황에 대한 실시간 관리가 가능

납입관리

- 발주된 품목을 재고관리 및 구매정보에 의거하여 계획된 납품일자의 준수 여부 확인
- 계획된 납품일자를 준수하기 어려운 경우와 계획변경 및 긴급자재 발생 등 특별한 경우 공급처에 긴급납입 지시서 발행
- 자재가 입고된 후 검수 및 검사진행에서 불합격된 경우를 확인하고, 협의를 거쳐 반품으로 결정될 경우 불량집계 및 ABC분석 자동출력
- 발주된 품목의 진행상태를 확인할 수 있도록 거래처별로 발주일·발주량·입고예정일 및 수량을 통합·관리할 수 있도록 함

업체평가

- 품질·자재관리 시스템과 연동하여 불량률의 관리, 납기준수도 등의 정보를 기록 유지
- 시스템에서 자동적으로 생성된 가격·품질·납기점수에 협력도 점수를 첨가함으로써 평가를 완료하고, 결과를 거래처 정보에 기술하여 관리

그림 8-3 구매관리의 전산화 시스템의 기능

2) 재고관리의 전산화 시스템

기업 내에 존재하는 각종 재고는 현금흐름 못지않게 중요하며, 효율적으로 재고를 관리하는 것은 기업의 재무구조를 안정적으로 유지하기 위한 중요한 요소이다. 재고관리의 전산화는 모든 품목에 대한 재고현황을 감시하고 유지하며, 재고실사를 통하여 항상 정확한 재고량을 유지시켜 주는 시스템이다. 이것은 물품구매에서 입고, 정산 및 출고, 소요계획, 재고관리 등 일련된 모든 과정을 온라인 처리함은 물론, 경영정보화를 위한 원가관리 시스템과도 자동적으로 연동되는 전사적인 경영관리 시스템이다.

재고관리 시스템은 **[그림 8-4]**과 같은 주요기능을 갖고 있다.

(2) 원가관리 전산화 시스템

원가관리를 통한 손실의 최소화와 판매증진을 통하여 경영목표를 효과적으로 달성하고자 하는 기업체에서 원가는 판매량과 수익 간의 차이이며, 원가절감의 여부는 수익에 큰 영향을 미친다. 예전의 회계분석에서는 과거 자료를 주로 다루었지만, 현대의 원가 시스템은 판매를 예측하고, 이들 판매원가를 계산하며, 전산화로 원가관리에 새로운 차원을 제공한다.

물품 및 식재료에 대한 원가계산은 현재 판매액과 원가 모두를 고려한 잠재수익에 초점을 두고 있다. 원가계산은 판매와 수익이 제품개발 및 메뉴의 가격결정을 위한 가장 큰 자료를 제공한다. 따라서 보다 낮은 원가항목의 메뉴를 판매하는 것이 더 나은지, 높은 원가항목 메뉴를 판매하는 것이 더 나은지를 결정할 수 있다.

구매에 관련된 원가계산은 원가관리 시스템을 통하여 고객의 선호도를 파악할 수 있고, 제품 및 메뉴항목의 인기도를 파악할 수 있다. 또 판매분석에 있어도 매출량·수요 그리고 제품 및 메뉴선정을 예측할 수 있다.

발주관리

· 구매·외주에 의해 입고되는 자재의 발주 및 미입고 관리
· 생산·외주에 의해 출고되는 자재의 출고지시서 및 미출고 관리

검수관리

· 구매·외주에 의해 입고되는 자재의 요구수량 및 품질을 검사

입고관리

· 검수 및 생산에 의해서 발생되는 자재의 입고처리
· 원자재입고 ▶원자재 입고와 동일하게 관리
· 외주입고 ▶자재검수, 전표(거래명세서)입력, 수입검사, 정확한 입고

출고관리

· 생산 및 외주에 의해서 요구되는 자재의 출고처리
· 원자재출고 ▶생산주문서의 출고요청, 재고가용성 체크(품절 시 긴급 Purchase Order 요청), 출고
· 외주출고 ▶하나의 생산라인처럼 인식하여 생산출고와 동일하게 관리 및 임가공정산 시스템 운영

자재실사

· 장부 상의 재고와 실제 창고의 재고수량을 비교·관리
· 정기재고조사
· 비정기재고조사 ▶자재선정, 입·출고중지, 장부내역 산출 및 확정, 재고조사표 발행, 현장재고조사, 입·출고중지, 해지 및 실사입력, 과부족산출, 실사기준의 재고수정, 과부족차이분석, 결과보고, 회계반영
· 품목별 Location 관리에 의한 재고실사 Lead Time 산출 및 가시화

정보 및 분석

· 수분에 관련되어진 자재의 현황정보
· 과다자재, 불용된 자재, 자재회전율, 추이분석과 같은 분석정보

그림 8-4 재고관리 전산화 시스템의 주요 기능

(3) 포스 시스템

포스(POS: point of sales)란 '판매시점 정보관리'를 의미하는 것으로 사업장별로 사용자가 원하는 시점에서의 원가 및 판매정보를 분석할 수 있다.

포스 시스템(POS System)의 하드웨어는 전산화된 고객 체크와 자동화된 음료 시스템 등이며, 구성요소로는 키보드, 디스플레이 스크린, 다양한 프린터 그리고 프린터 컨트롤러로 구성되어 있다. 소프트웨어로는 식품구매관리, 조리법관리, 메뉴품목관리 파일, 메뉴관리, 자동시스템 경영보고서 등을 관리한다. 포스 시스템은 기업체의 매뉴얼 관리 시스템으로 혁신적이며 중요한 데이터로서 최근 호텔식음료 · 식품 · 외식산업 · 단체급식 등에서도 계속적으로 활용하는 추세이다. 포스 시스템의 효과와 특징은 다음과 같다.

1) 포스 시스템의 효과

❶ 컴퓨터와 회계기로부터 과세영세 적용 확인 및 자동 저장
❷ 주종목별 재고파악업무 용이
❸ 종목별 매출상황 파악 업무 용이
❹ 메뉴별 매출 분석
❺ 레시피 관리 용이
❻ 식재료구매의 전단계(全段階) 처리 획일화

2) 포스 시스템의 특징

① 온라인 시스템

업장(점포)에서 각종 업무가 발생하는 즉시 컴퓨터에 연결되므로 수작업이 필요 없고 구매업무에 적용이 가능하다.

② 실시간 시스템

거래정보와 영업정보를 즉시 파악하여 시장정보의 변화에 즉시 대처할 수 있다.

③ 분산 · 집중관리 시스템 거래에 관한 모든 정보 파악가능

업장에서 필요로 하는 정보를 업장에서 관리하며, 회계과에서 다시 집중관리하여 누가, 언제, 어디서, 어떤 상품을(구입), 어떤 방법으로 판매하는지에 대한 정보파악이 가능하다.

④ 종합정보 시스템

식재료 구매뿐만 아니라 종합정보 시스템 구축이 가능하다. 포스 시스템의 흐름도는 **[그림 8-5]**에 나타나 있다.

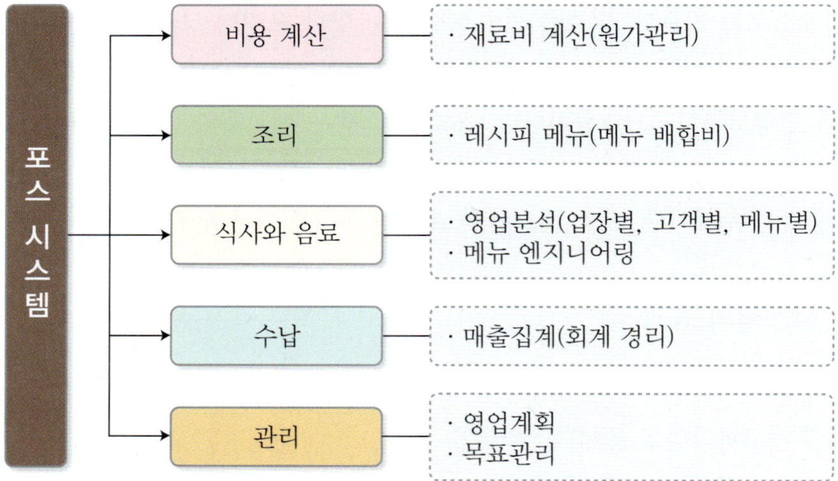

그림 8-5 **포스 시스템 흐름도**

4. 소프트웨어 시스템과 하드웨어 시스템

(1) 소프트웨어 시스템

1) 레시피 관리

레시피 관리는 주로 호텔식음료, 외식산업체 및 급식업체에서 원자재 관리, 표준조리법 관리, 메뉴품목 관리 등 3가지 기본파일을 중심으로 효과적인 기능을 수행하기 위하여 파일에 들어있는 데이터를 활용하게 되는데, 자동화된 업장 및 점포 관리 시스템으로서 가장 중요한 파일을 수행한다.

2) 품목별 메뉴관리 파일

매일 업장 운영에 관한 중요한 데이터가 포함되어 있는 POS 시스템은 파일들을 전송하거나 저장할 수 있다. 이때 POS 시스템은 업장관리 시스템에 있는 관리 응용 프로그램을 이용하여 조리법 관리 응용 프로그램에서 전송되어 온 데이터를 이용하여 POS 파일들에서 전송되는 데이터를 흡수하여 정보를 만들어 낸다.

3) 메뉴 엔지니어링

메뉴 엔지니어링은 현재와 미래의 메뉴가격 · 계획 · 목차에 관한 결정을 평가하는데 이용되는 메뉴 관리자료이다. 이런 자료는 관리자가 단순히 비용비율이 아니라 업체의 이익에 기여할 수 있는 메뉴에 초점을 맞추도록 한다. 메뉴 엔지니어링은 메뉴 혼용(MM)의 분석과 기여이윤(CM) 데이터의 상호작용으로 시작된다.

4) 자동시스템 경영보고서

자동화된 업장에서 작성된 보고서는 전형적 POS 시스템에 의해 작성된 것과 유사하다. 그 보고서는 판매 믹스, 재고목록 취급법, 없어진 물건, 직원의 생산성과 그 밖의 것들을 포함한다. 일지는 POS 시스템에 의해 사용되는 것보다 큰 형식으로 재무제표와 상세한 회계 보고서가 프로그램 되어 있다. 복잡한 자동화 시스템은 보고서를 나누어 제공할 수 있다.

(2) 하드웨어 시스템

1) 재고관리 파일

회계 시스템은 내부통제를 위해 기본 명세목록 자료를 사용할 수 있으며 주된 명세목록 파일은 다음과 같다.

주 명세목록 파일 작성 항목

- 항목 이름
- 명세목록 코드번호
- 항목 구입단가
- 판매자 검증번호
- 최소 · 최대 저장수준
- 항목설정
- 저장실 위치코드
- 생산품별 코드
- 주문 인도 시기
- 최근 구입일자

2) 구매관리 파일

구매관리에서의 비용절감은 기업의 경영 이익에 직결되므로 모든 구매관리는 효과적인 통제절차가 이루어져야 한다. 구매관리는 구매주문 파일과 통신에 의한 구매주문으로 나뉘는데, 구매주문 파일은 전형적인 방법으로 공급처와 구매자 간의 파일을 유지하고, 구매목록에 따라 구입시기 · 주문량 등을 파일화한다. 또한 통신에 의한 구매주문은 공급처와 판매자 간에 컴퓨터 전산망을 이용하여 직접 주문하고, 커뮤니케이션이 자유롭고 공급처의 위치와 현재 가격 등을 전산망으로 직접 확인하여 가격에 대한 구매의 용이성을 크게 할 수 있다.

Chapter **09**

축산식품류

1. 쇠고기
2. 돼지고기
3. 가금류
4. 기타 축산물 및 가공품

우리나라에서는 축산물의 대부분을 식육으로 사용하고 있으며 식육류는 수육류(meat)와 조육류(poultry meat)로 구분된다. 수육류 중에서는 쇠고기 · 돼지고기 · 양고기가 많이 이용되고, 조육류 중에서는 닭 · 칠면조 · 오리 · 거위 등이 많이 이용된다.

축산물을 식육으로 사용하기 위해서는 축산물가공처리법에 의해 반드시 도축장에서 검사 자격을 갖춘 사람이 도축검사를 실시하고 식용으로 안전하다는 검인 판정을 받아야 한다. 검인을 받은 후에는 수출하거나 백화점, 일반정육점, 대형 슈퍼마켓, 음식점 등에 공급한다.

1. 쇠고기

쇠고기는 우리나라 사람들이 가장 선호하는 식품 중의 하나로 쇠고기의 부위별 조리법은 120여 가지에 달한다. 그중 양념을 하여 굽는 불고기는 세계적인 요리로 각광을 받고 있다.

쇠고기는 소의 품종, 사육방법, 성숙기간, 부위별로 그 품질과 맛이 다르다. 품질이 좋은 쇠고기는 선명한 붉은색을 띤다. 수소보다는 암소고기가 맛이 좋으며 보통 3~5세 정도의 암소고기가 가장 맛이 좋다. 또한 지방교잡(마블링)이 좋은 고기가 연하고 부드러우며 풍미가 좋다.

(1) 쇠고기의 구분 및 부위

쇠고기는 크게 국내산 쇠고기와 수입 쇠고기로 구분되며 도축장에서 지육에 표시하는 도축검인 색깔이 종류별로 구별되어서 시중에 유통되고 있다. 한우지육은 적색도장으로, 젖소지육은 청색도장으로, 육우지육은 녹색도장을 찍어 구분한다**[그림 9-1]**.

도살된 도체는 10개 부위로 대분할하며, 판매 시에는 용도에 따라 39개 부위별로 세분화되어 유통된다**[그림 9-2, 9-3]**.

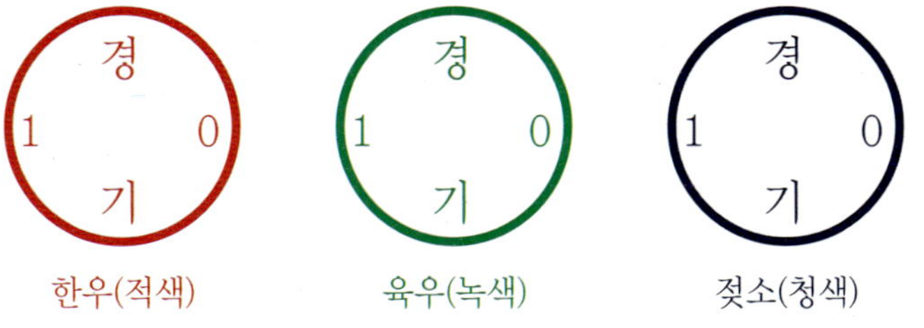

그림 9-1 도축검인 종류

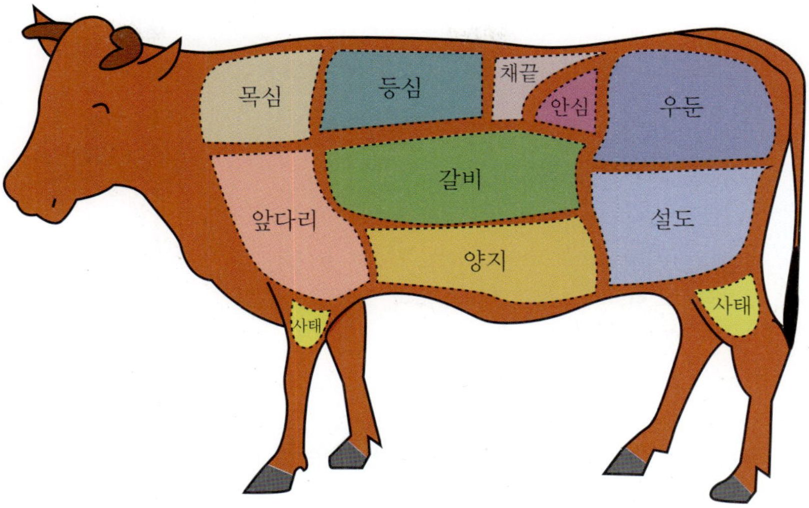

그림 9-2 쇠고기 부위별 위치 및 명칭

(2) 쇠고기의 부위별 특징 및 용도

쇠고기의 부분육 분할 체계에 따른 쇠고기의 부분별 특징과 용도는 다음과 같다[표 9-1].

표 9-1 쇠고기 부위별 특징 및 용도

대분할 부위명	특징	용도	소분할 부위명
안심 (tender loin)	안심은 채끝 안쪽 밑에 붙어 있는 가늘고 긴 부위로 운동량은 거의 없어 가장 연하며 한 마리의 소에서 2% 정도 밖에 얻을 수 없는 최고급 부위이다.	스테이크, 로스구이	안심살
등심 (chuck)	형태도 둥글고 육결도 촘촘한 부드러운 부위로 절단면이 크고 지방교잡이 되기 쉬우며 풍미도 좋다. 등심은 단면이 커서 같은 부위라 하더라도 육결, 육질, 풍미가 다르다. 또한 지방교잡이 잘 되어 있어 외관상 보기도 좋다.	스테이크, 불고기, 구이, 전골, 로스트비프, 샤브샤브 등	윗등심살, 꽃등심살, 아래등심살, 살치살
채끝 (short loin)	등심에서 이어지는 허리부분의 고기로 선홍색의 윤기 있는 살집에 유백색 지방이 골고루 퍼져 있는 부위이다. 채끝은 변색이나 감량이 많아서 뼈가 붙은 상태에서 보관해야 한다.	스테이크, 로스구이	채끝살

대분할 부위명	특징	용도	소분할 부위명
목심 (neck)	질긴 부위로 얇게 썰어야 한다. 질기지만 지방이 적당히 함유되어 있어 풍미가 좋다.	스튜, 카레, 다짐육재료, 국거리	목심살
앞다리 (cold)	지방교잡이 되기 쉬운 부위로 외관상 보기가 좋으며 전체적으로 육색이 진하고 풍미가 있다. 고기결은 좋으나 막이 있어 약간 질기다.	육회, 구이, 불고기, 샤브샤브	꾸리살, 부채살, 앞다리살, 갈비 덧살, 부채덮개살
설도 (rump)	고기의 질은 우둔과 유사하며 보섭살은 연하고 맛도 좋으며 육의 절단면도 커서 스테이크용으로 사용할 수 있다.	구이, 불고기, 샤브샤브, 전골, 육회	설깃살, 도가니살, 설깃머리살, 삼각살, 보섭살
우둔 (round)	둥근 모양의 살덩이로 가운데 부분은 연하고 부드러우며 비육이 잘된 우둔은 구이 또는 육회 등으로 이용할 수 있다.	산적, 장조림, 육포, 불고기	우둔살, 홍두깨살
사태 (shank)	다리의 정강이 부위로 근육이 많고 질기나 진액이 듬뿍 들어 있어 진한 맛을 낸다. 또 지방이 적고 육색이 좋다. 사태 중 가장 큰 근육은 뒷사태에 있는 아롱사태인데 육회용으로 많이 쓰인다.	육회, 탕, 스튜, 찜	아롱사태, 뭉치사태, 앞사태, 뒷사태, 상박살
양지 (brisket)	앞가슴부터 복부 아랫부분까지이며, 육질은 질긴 편이나 풍미가 있다.	육수, 국거리, 스튜, 카레, 샤브샤브, 전골, 구이	양지머리, 차돌박이, 업진살, 업진안살, 치마양지, 치마살, 앞치마살
갈비 (rib eye roll)	옆구리 늑골을 감싸고 있는 부위로 늑골은 13대이고 육질은 근육조직과 지방조직이 3중으로 형성되어 있어 특이한 풍미가 있다.	찜, 구이, 탕	본갈비, 꽃갈비, 참갈비, 갈비살, 마구리, 토시살, 안창살, 제비추리

(3) 쇠고기의 등급

축산물등급제도란 우리 식생활에 이용되는 축산물(쇠고기 · 돼지고기 · 닭고기 · 오리고기 · 달걀)의 품질을 정부가 정한 일정 기준에 따라 구분하여 품질을 차별화함으로써 소비자에게는 구매지표를 제공하고, 생산자에게는 보다 좋은 품질의 축산물을 생산하게 하여 축산물 유통을 원활하게 하는 생산자 · 유통업자 · 소비자 모두를 위한 제도이다.

축산물의 등급화 거래는 축산물의 품질 향상과 유통의 원활 및 가축 개량 촉진을 위하여 축산물의 품질에 따라서 거래하는 것으로 지역, 축산물의 종류, 형태 및 시행시기 등을 농림축산식품부 장관이 정하여 고시한다. 국민소득의 증가로 축산물 소비 경향이 양에서 질 위주로 고급육의 선호도가 높아졌으며, 외국산 축산물의 수입 개방에 대응하기 위하여 품질이 우수한 국내산 축산물 생산이 절실히 요구되고 있다. 육류 유통이 생축에서 지육 및 부분육으로 거래됨에 따라 객관적이고 과학적인 거래지표인 등급제 필요성이 더욱 강조된다.

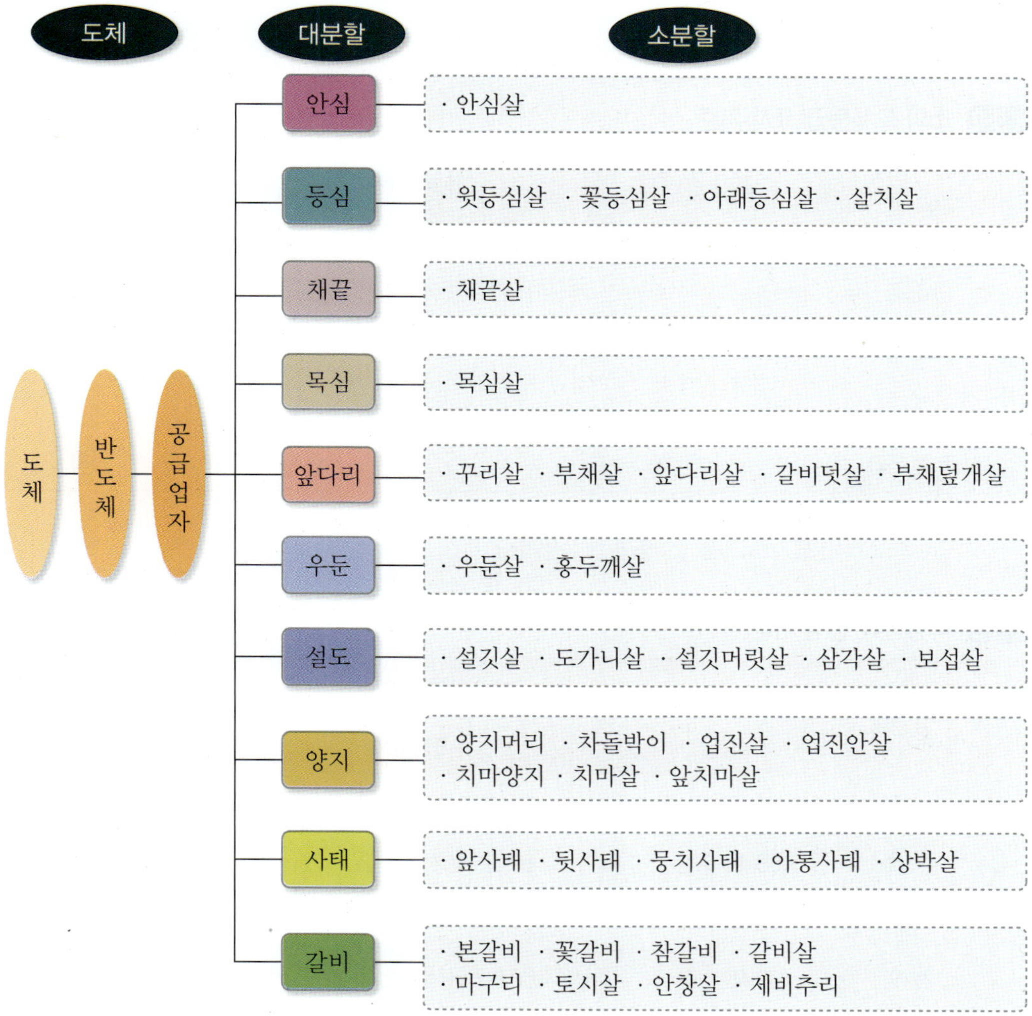

그림 9-3 쇠고기 부분육 분할체계

1) 소의 도체등급 기준

소의 도체등급은 **[표 9-2]**와 같이 총 15개 등급으로 육질등급과 육량등급으로 구분하여 판정한다. 육질등급은 고기의 질을 근내지방도, 육색, 지방색, 조직감, 성숙도에 따라 1++, 1+, 1, 2, 3등급으로 판정하는 것으로 소비자가 고기를 선택하는 기준이 되고, 육량등급은 도체에서 얻을 수 있는 고기양을 도체중량, 등지방 두께, 등심 단면적을 종합하여 A, B, C 등급으로 판정한다. 이 외에도 노폐우, 절박도살우, 절제과다우 등 등외 등급으로 구분하여 표시하고 있다.

표 9-2 소의 도체등급 표시 기준

구분		육질 등급					
		1++등급	1+등급	1등급	2등급	3등급	등외 등급
육량등급	A등급	1++A	1+A	1A	2A	3A	
	B등급	1++B	1+B	1B	2B	3B	
	C등급	1++C	1+C	1C	2C	3C	
	등외 등급						등외

※ 등급표시를 읽는 방법(예)
1++A: 일투플러스에이등급, 1+B: 일플러스비등급, 3C: 삼씨등급

표 9-3 육량등급 판정 기준

품종	성별	육량지수		
		A등급	B등급	C등급
한우	암	61.83 이상	59.70 이상~61.83 미만	59.70 미만
	수	68.45 이상	66.32 이상~68.45 미만	66.32 미만
	거세	62.52 이상	60.40 이상~62.52 미만	60.40 미만
육우	암	62.46 이상	60.60 이상~62.46 미만	60.60 미만
	수	65.45 이상	63.92 이상~65.45 미만	63.92 미만
	거세	62.05 이상	60.23 이상~62.05 미만	60.23 미만

※ 단, 젖소는 육우 암소 기준을 적용한다.

① 육량등급 판정기준

육량등급은 육량기준지수에 따르는데, 이것은 도체에서 얻어지는 고기양(일정 기준에 의하여 해체 · 정형된 부분육량)에 의해 결정된다. 등지방 두께, 배최장근단면적, 도체의 중량을 측정하여 산정된 육량지수에 따라 **[표 9-3]**과 같이 A, B, C의 3개 등급으로 구분한다.

가. 육량지수 산정(소수점 셋째자리 이하 절사)

한우와 육우로 나누어 각각 암, 수, 거세 성별에 따라 등지방 두께, 배최장근단면적, 도체 중량을 산식에 따라 계산하여 구한다. 단, 젖소는 육우 암소의 산식을 적용한다.

표 9-4 육량지수 산정 기준

품종	성별	육량지수산식
한우	암	[6.90137−0.9446×등지방두께(㎜)+0.31805×배최장근단면적(㎠)+0.54952×도체중량(㎏)]÷도체중량(㎏)×100
	수	[0.20103−2.18525×등지방두께(㎜)+0.29275×배최장근단면적(㎠)+0.64099×도체중량(㎏)]÷도체중량(㎏)×100
	거세	[11.06398−1.25149×등지방두께(㎜)+0.28293×배최장근단면적(㎠)+0.56781×도체중량(㎏)]÷도체중량(㎏)×100
육우	암	[10.58435−1.16957×등지방두께(㎜)+0.30800×배최장근단면적(㎠)+0.54768×도체중량(㎏)]÷도체중량(㎏)×100
	수	[−19.2806−2.25416×등지방두께(㎜)+0.14721×배최장근단면적(㎠)+0.68065×도체중량(㎏)]÷도체중량(㎏)×100
	거세	[7.21379−1.12857×등지방두께(㎜)+0.48798×배최장근단면적(㎠)+0.52725×도체중량(㎏)]÷도체중량(㎏)×100

※ 단, 젖소는 육우 암소 산식을 적용한다.

나. 등지방 두께

등급판정부위에서 배최장근 단면의 오른쪽 면을 따라 복부 쪽으로 3분의 2 들어간 지점의 등지방을 mm 단위로 측정(등지방 두께가 1mm 이하인 경우에는 1mm로 판정)

다. 배최장근 단면적

등급판정부위에서 가로, 세로가 1cm 단위로 표시된 면적자를 이용하여 배최장근의 단면적을 cm^2 단위로 측정(배최장근 주위의 배다열근, 두반극근, 배반극근 제외)

라. 도체중량

도축장경영자가 측정하여 제출한 도체 한 마리 분의 중량을 kg 단위로 적용한다.

② 육질등급 판정기준

육질등급의 판정은 근육 내 지방도(지방교잡 정도, 마블링) · 육색 · 지방색 · 조직감 · 성숙도에 따라 1++, 1+, 1, 2, 3의 5개 등급으로 구분한다.

가. 근내지방도 기준: 배최장근 단면에 나타난 지방분포 정도

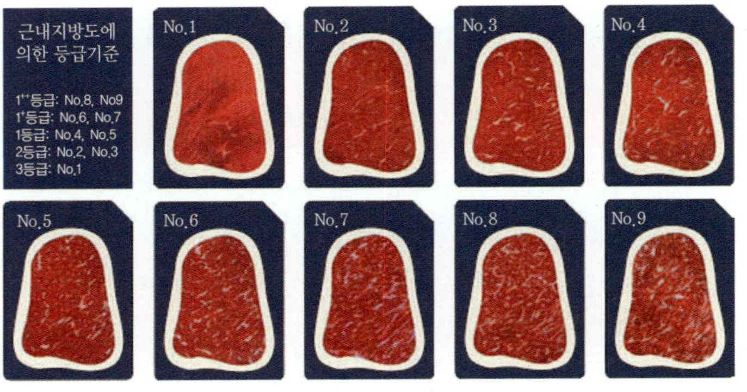

나. 지방색: 배최장근 단면의 근내지방, 주위의 근간지방과 등지방의 색깔

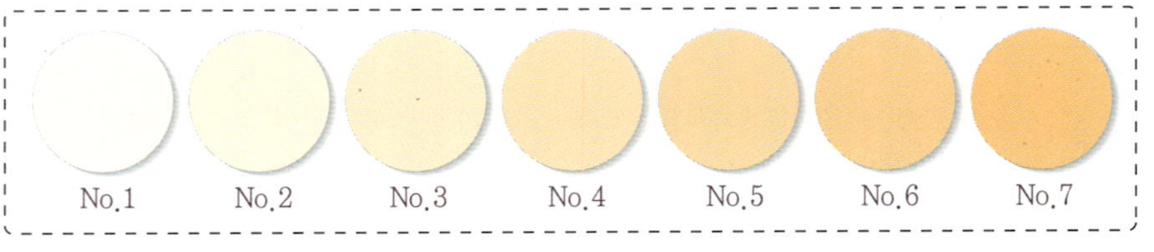

* 정상: No. 1 ~ No. 6

다. 육색: 배최장근 단면의 고기 색깔

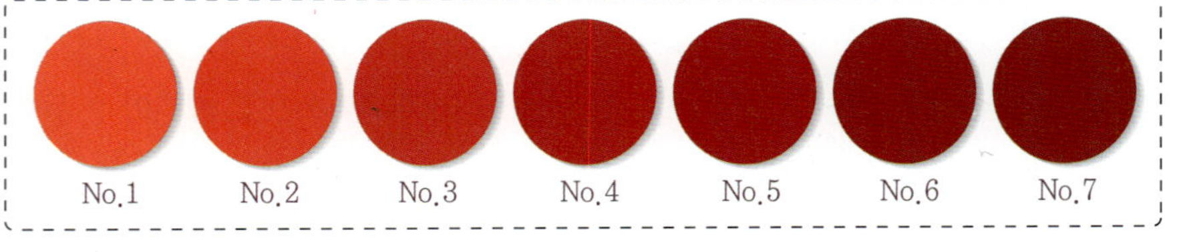

* 정상: No. 2~No. 6

라. 조직감: 등급판정부위에서 배최장근 단면의 보수력과 탄력성

마. 성숙도: 왼쪽 반도체 척추 가시돌기에서 연골의 골화 정도

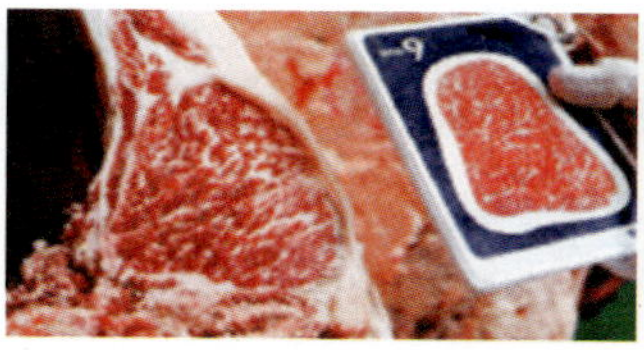

육질등급판정

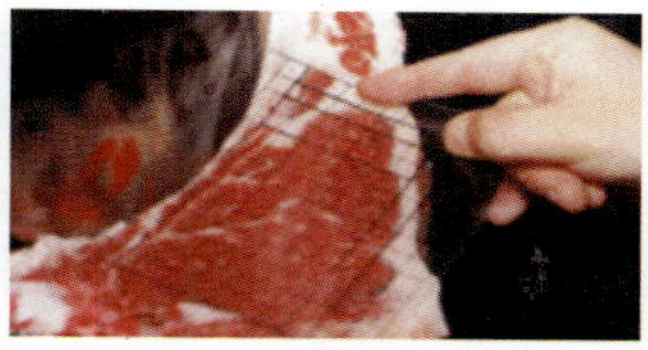

육량등급판정

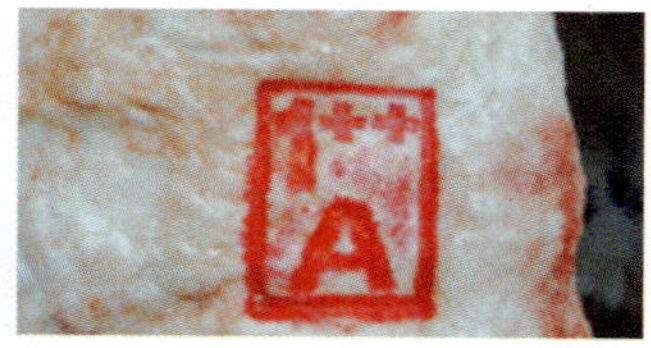

등급인 날인

그림 9-4 등급판정 방법

③ 등외판정

다음에 해당하는 경우에는 육량등급과 육질등급에 관계없이 등외로 판정한다.

가. 성숙도 구분기준 번호 8, 9에 해당하는 경우로서 비육상태가 매우 불량한 노폐우 도체이거나, 성숙도 구분기준 번호 8, 9에 해당되지 않으나 비육상태가 불량하여 육질이 극히 떨어진다고 인정되는 도체

나. 방혈이 불량하거나 외부가 오염되어 육질이 극히 떨어진다고 인정되는 도체

다. 상처 또는 화농 등으로 도려내는 정도가 심하다고 인정되는 도체

라. 도체중량이 150kg 미만인 왜소한 도체로서 비육상태가 불량한 경우

마. 재해, 화재, 정전 등으로 인하여 특별시장·광역시장 또는 도지사가 냉도체 등급판정 방법을 적용할 수 없다고 인정하는 도체

2019년 12월 1일부터 쇠고기의 등급 판정 기준이 다음과 같이 변경되었다.

구분		현행	개정
육질등급	근내지방도	1++등급(No. 8, 9)	1++등급(No. 7+, 7++, 8, 9)
		1+등급(No. 6, 7)	1++등급(No. 5++, 6, 7^{0})
	평가방식	근내지방도 우선 평가 근내지방도를 우선 평가하여 예비등급을 결정하고 육색, 지방색, 조직감 등 결격사유에 따라 등급 하향	타 항목 평가기준 강화 근내지방도, 육색, 지방색, 조직감 등을 개별 평가하고 최하위 결과를 최종 등급으로 결정
육량등급	육량산식	성별, 품종에 관계없이 단일육량산식 적용(1종)	성별, 품종별로 달리하여 육량산식 적용(6종) 한우(암, 수, 거세)/육우(암, 수 ,거세)
1++등급 표기		1++	1++(근내지방도 7, 8, 9) 병행

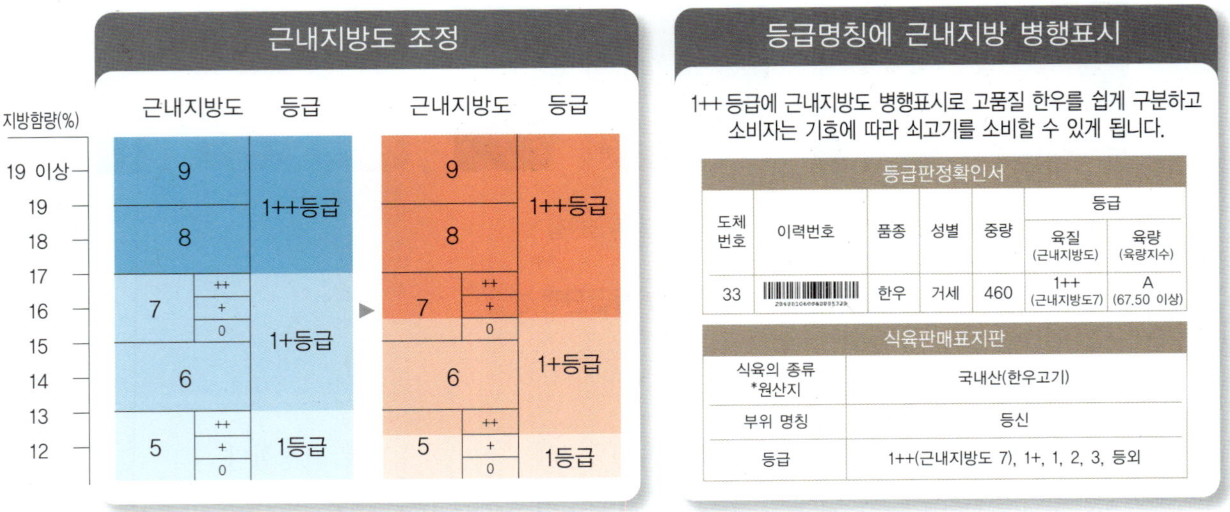

그림 9-5 쇠고기 등급 기준

④ 쇠고기 등급표시 대상 부위

표 9-5 쇠고기 등급표시 대상 부위

대분할 부위명칭	소분할 부위명칭
안심	안심살
등심	윗등급살, 꽃등심살, 아래등심살, 살치살
채끝	채끝살
양지	차돌박이, 업진안살, 치마양지, 치마살
갈비	꽃갈비, 참갈비, 갈비살, 안창살, 토시살, 제비추리
설도	보섭살, 삼각살
앞다리	부채살

⑤ 도축 후 부분육 생산량

[표 9-6]은 소 한 마리를 도축했을 때 생산되는 부분육의 양을 나타낸 것으로, 지육이 249.4 kg일 때 로스구이용이 42.9kg(17.2%), 불고기용이 82.6kg(33.2%) 그리고 조금은 질긴 국거리용이 78.3kg(31.4%) 정도가 생산되며, 소비자들의 수요가 가장 많은 등심이나 채끝 생산량은 실제로 15%에 불과하다. 따라서 부위별에 따른 가격차등화가 계속 커질 수밖에 없다.

표 9-6 우지육 부분육 생산량

구분		정육 (kg)	정육 (%)
로스구이용	안심	5.7	2.3
	등심	24.5	9.8
	채끝	12.7	5.2
	계	42.9	17.0
불고기용	우둔	19.2	7.7
	설도	29.1	11.7
	목심	13.1	5.3
	앞다리	21.2	8.5
	계	82.6	33.0
국거리용	양지	28.8	11.6
	사태	14.1	5.7
	갈비	35.4	14.2
	계	78.3	31.0
기타	제비추리	1.6	0.6
	토시	0.7	0.2
	계	2.3	0.9
소계		206.1	82.7
뼈		33.5	13.4
신장과 신지방		9.6	3.9
합계		249.2	100

(4) 쇠고기의 감별

쇠고기는 근내지방이 섬세하고 고르게 분포되어 있는 것이 육질이 부드럽고 연하다. 일반적으로 운동을 많이 한 부위인 사태 등은 고깃결이 거칠고 질기나 등심, 안심 등은 고깃결이 연하고 부드러우며 지방이 발달되어 있다.

쇠고기의 색깔은 선홍색을 띠며 윤기가 나는 것이 좋은데, 고기의 색이 지나치게 짙은 것은 늙은 소이거나 건강 상태가 나쁜 소의 고기일 경우가 흔하므로 피하는 것이 좋다. 고기의 풍미와 식욕을 돋우는 역할을 하는 지방은 유백색을 띠며 적당히 부드럽고 탄력과 광택이 있는 것이 좋다. 근육 속에 지방이 박혀 있는 것을 지방교잡(마블링)이라 하는데, 지방교잡이 좋은 고기는 비육이 잘된 소로 연하고 맛이 있으며 풍미가 좋고 육안으로 식별이 용이하므로 육질을 평가하는 좋은 지표가 된다. 지방색이 희고 노란 빛깔을 띠는 고기는 주로 목초로 사육된

소로서 조리 도중 불쾌한 냄새가 나며 맛이 없다.

그러므로 좋은 쇠고기는 썰어진 절단면을 보아 결이 곱고 윤기가 있으며 선홍색을 띤 것이 신선하고 연하며 맛이 좋은 고기이다. 그러나 어느 경우든지 고기의 부위에 따라 질이 전혀 다르므로 조리법에 적합한 부위의 고기를 선택하는 것이 가장 중요하다.

한우고기, 육우고기, 젖소고기 구별법

① 한우고기

한우고기는 말 그대로 한우를 잡아서 나온 고기이다.

② 육우고기

육우고기는 육용종, 교잡종, 수젖소 및 송아지를 낳은 경험이 없는 암젖소에서 생산된 고기를 말한다. 육용종이란 한우고기 외에 살을 찌워서 팔 목적으로 외국에서 종자를 들여온 소들로서 애버딘 앵거스 등이 있다. 교잡종이란 육용종과 한우를 교배시킨 것이며, 송아지를 낳은 경험이 없는 암젖소란 축산용어로는 '미경산우'라고 한다. 수컷의 경우에는 키워서 육우고기로 시장에 나오게 되는데 이런 고기는 대부분 먹을 것도 잘 안 주고 적당히 크면 내보내지며, 우유를 짜는 목장은 대부분 우유 생산에 신경을 쓰기 때문에 수컷들은 대를 잇기 위한 종모우(암컷들에게 씨를 뿌리는 소) 역할만 하므로 고기의 질이 떨어진다.

③ 젖소고기

젖소가 일단 새끼를 한 번이라도 낳게 되면 '경산우'(새끼를 낳은 경험이 있는 젖소)라고 부르며 잡아서 생산되는 고기를 '젖소고기'라 한다. 일반적으로 우리나라의 경우 여섯 번에서 일곱 번까지 새끼를 낳으므로 새끼를 여러 번 낳아서 노쇠한 젖소고기는 정육상태에서 보면 암적색을 띠게 된다.

④ 고기 구별법

정육점에서 고기를 판매할 때는 식육 판매대에 표시판을 세워놓게 되어 있고 표시판에는 등급, 부위명, 용도, 100g당 가격과 원산지를 반드시 표시하게 되어 있다. 대형 할인점이나 슈퍼마켓에서 사는 포장육의 경우에도 마찬가지이다. 그 원산지란을 보면 국내산 쇠고기의 경우 쇠고기의 종류에 따라 국내산(한우), 국내산(젖소), 국내산(육우)으로 각기 구분하여 표시하고 수입육의 경우 ( )내에 수입국을 표시하여야 한다["예" 수입육(미국)].
쇠고기를 대량으로 구입하는 식당이나 급식업소에서는 도축검인으로 원산지를 확인하는데, 한우는 빨간색, 육우는 녹색, 젖소는 파란색으로 찍는다.

2. 돼지고기

돼지고기는 식용으로 키운 어린 돼지의 도살된 도체로, 늙은 돼지의 질긴 고기는 가정용으로 쓰이지 않으며 우리나라 국민 1인당 돼지고기 연간 소비량은 1997년 15.3kg에서 2019년 26.8kg으로 증가하였다.

(1) 돼지고기의 구분 및 부위

돼지의 도체는 분할하여 용도에 따라 부위별로 세분화되는데 돼지고기는 [그림 9-6]과 같이 7개 부위로 구분되고 판매 시에는 25개 부위로 소분할하여 유통된다.

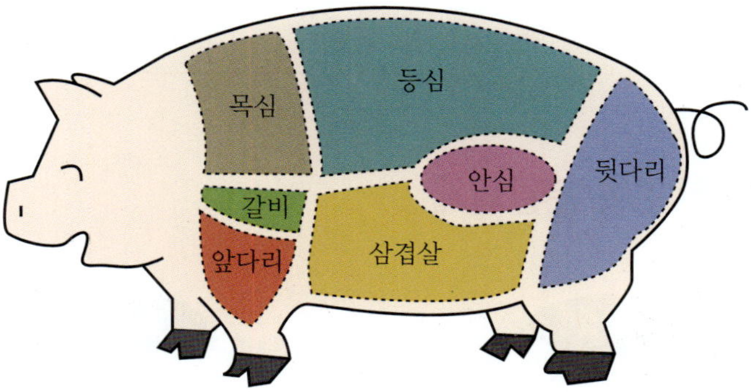

그림 9-6 돼지고기 부위별 위치 및 명칭

(2) 돼지고기의 부위별 특징 및 용도

표 9-7 돼지고기의 부위별 특징 및 용도

대분할 부위명칭	특징	용도	소분할 부위 명칭
안심	허리부분 안쪽에 위치하며 주변에 약간의 지방이, 밑변에 근막이 형성되어 있다. 육질은 부드럽고 연하다.	구이	안심살
등심	표피 쪽에 두꺼운 지방층이 덮인 긴 단일 근육으로서 고기의 결이 고운 편이다.	불고기, 찌개, 수육(보쌈)	등심살, 알등심살, 등심덧살
목심	등심에서 목 쪽으로 이어지는 부위로서 여러 개의 근육이 모여 있다. 근육막 사이에 지방이 적당히 박혀 있어 풍미가 좋다.	바비큐, 불갈비, 갈비찜	목심살
삼겹살	갈비를 떼어낸 부분에서 복부까지의 넓고 납작한 모양의 부위로 근육과 지방이 삼겹의 막을 형성하며 풍미가 좋다.	구이, 베이컨(가공용)	삼겹살, 갈매기살, 등갈비, 토시살, 오돌삼겹
앞다리	어깨부위의 고기로서 안쪽에 어깨뼈를 떼어낸 넓은 피막이 나타난다.	폭찹, 스테이크	앞다리살, 앞사태살, 항정살, 꾸리살, 부채살, 주걱살

대분할 부위명칭	특징	용도	소분할 부위 명칭
뒷다리	볼기부위의 고기로서 살집이 두꺼우며 지방이 적은 편이다.	탕수육, 구이, 로스, 스테이크	볼기살, 설깃살, 도가니살, 보섭살, 뒷사태살, 홍두깨살
갈비	옆구리 늑골(갈비)의 첫 번째부터 다섯 번째 늑골부위를 말하며 근육 내 지방이 잘 박혀 있어 풍미가 좋다.	튀김, 불고기, 장조림	갈비, 갈비살, 마구리

(3) 돼지고기의 부분육 분할체계

그림 9-7 돼지고기의 부분육 분할체계

(4) 돼지고기의 등급

돼지고기의 품질정도와 도체중량·등지방두께 및 외관 등을 종합적으로 고려하여 1+등급, 1등급, 2등급의 3개 등급으로 구분하며, 모든 국내산 돼지고기는 등급판정을 받은 후에 유통된다. 외관으로는 삼겹살상태, 비육상태, 지방부착상태를, 육질은 육색, 지방색, 지방침착 등을 보고 마지막으로 결함여부를 파악한다[부록 5].

1등급 삼겹살 2등급 삼겹살

그림 9-8 돼지고기의 등급

(5) 돼지고기의 감별법

암돼지고기의 품질이 우수하나 시중 판매되는 돼지고기의 절반 이상이 수돼지고기이므로 암, 수에 관계없이 불쾌한 웅취(수돼지 특유의 냄새)가 없는 돼지고기를 구입하면 된다. 돼지고기의 품질은 삼겹살의 상태, 고기의 색깔, 지방의 침착 정도 등에 따라 결정되며 소비자는 육질등급(1+, 1, 2)을 보고 선택하는 것이 중요하다.

1) 고기의 색

품질이 좋은 고기의 색은 선홍색을 띠며 윤기가 있으므로 색깔이 지나치게 창백하면 조리 시 퍽퍽한 맛이 나고 진한 암적색을 띠는 고기는 늙은 돼지의 고기이거나 오래 보관된 고기일 수도 있다. 스트레스를 많이 받은 돼지고기(PSE 육: 물돼지고기)는 육색이 창백하고 탄력성이 적어 물렁거리며 육즙이 많이 흘러나오므로 구입 시 주의를 요한다.

정상육

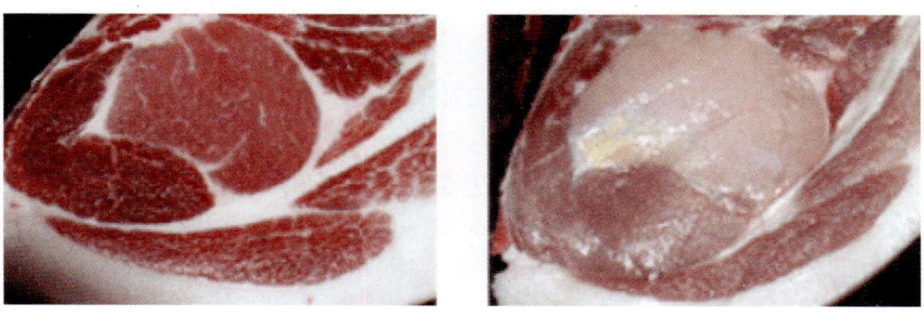

비정상육

그림 9-9 정상육과 비정상육 비교

2) 지방의 색 및 굳기

비육이 잘된 돼지고기는 지방색이 희고 단단할 뿐 아니라 육질이 연하고 향미가 좋다. 반면 지방이 지나치게 무르거나 노란색을 띠는 고기는 냄새가 나고 맛이 없다.

3) 고기의 결

결이 곱고 탄력이 있는 고기는 신선한 어린 돼지의 고기로서 대체로 연하고 맛이 있는 반면 결이 굵은 고기는 질기다.

4) 국산과 수입 돼지고기 감별법

국산과 수입육은 쇠고기에 비해 큰 차이가 없어 구별하기가 어렵다. 일반적으로 수입 육은 국산에 비해 고기의 색이 짙으며 대부분 냉동육으로 국내에 유통되므로 삼겹살의 경우 끝부분이 잘려서 직사각형 모양을 하고 있거나 일명 오도독뼈라 불리는 늑연골이 없다. 또한 삼겹살의 지방층 구조가 국내산은 간격이 거의 일정하고 그 구분이 분명하나, 수입육은 간격이 일정하지 않고 구분조차 명확하지 않다.

알아두기 소·돼지 식육의 표시방법 및 부위 구분기준

1. 표시사항

① 원산지·식육의 종류
② 부위명칭
③ 등급
④ 도축장명
⑤ 이력번호
⑥ 판매가격(100g당 가격)

2. 원산지의 표시

국내산 또는 외국산(검역계류장 도착일로부터 6개월 미만 국내에서 사육된 수입생우에서 생산된 고기를 포함한다)으로 표시하여야 하며, 외국산의 경우 괄호 내에 수출국을 표시한다. 국내산 육우고기 중 수입생우에서 생산된 식육은 괄호 내에 그 수출국을 함께 표시한다.

3. 식육 종류의 표시

① 식육은 쇠고기, 돼지고기로 구분하고, 국내산 쇠고기의 경우 한우고기·젖소고기·육우고기로 구분하여 원산지 표시 다음에 괄호하여 표시한다.
② 국내산 쇠고기는 한우고기는 한우에서 생산된 고기, 젖소고기는 송아지를 낳은 경험이 있는 젖소암소에서 생산된 고기, 육우고기는 육우종, 교잡종, 젖소수소 및 송아지를 낳은 경험이 없는 젖소암소에서 생산된 고기와 검역계류장 도착일로부터 6개월 이상 국내에서 사육된 수입생우에서 생산된 고기를 말한다.

4. 부위명칭 및 그 표시방법

① 쇠고기 및 돼지고기는 분할상태에 따라 대분할과 소분할로 구별한다.
② 부위명은 대분할 부위명칭 또는 소분할 부위명칭을 사용하여 부위별로 구분 표시하여야 한다.
③ 대분할 부위가 서로 혼재된 경우에는 많이 포함된 부위의 순서에 따라 각각의 대분할 부위명칭을 모두 표시하여야 한다.

알아두기 소·돼지 식육의 표시방법 및 부위 구분기준

④ 대분할 부위 내에서 소분할 부위가 혼재된 경우에는 대분할 부위명칭 다음에 괄호를 이용하여 소분할 부위명칭을 표시할 수 있다.

⑤ 수입된 식육의 경우에도 규정에 따라야 한다. 다만, 규정을 준수할 수 없는 수입식육의 경우에는 수출국에서 표시된 부위명칭(수출국에서 실제 통용되는 부위명칭을 말함)을 표시하되, 국내 기준에 해당되는 부위명칭을 많이 포함된 순서에 따라 모두 표시하는 등의 방법으로 수출국 부위명칭에 대한 설명을 덧붙일 수 있다.

5. 식육명의 표시

① 식육판매업 및 식육즉석판매가공업 영업자는 각각의 식육을 나타내는 고유 명칭(이하 '식육명'이라 한다)을 표시할 수 있다.

② 식육명과 함께 부위명칭을 표시하여야 한다.

6. 등급 표시방법 등

① 국내에서 도축되어 생산된 쇠고기의 경우, 쇠고기 등급 표시대상 부위에 따른 대분할 부위 또는 소분할 부위의 등급을 표시하여야 하며, 그 외의 쇠고기 부위 및 돼지고기의 등급표시는 자율적으로 표시할 수 있다.

② 제1항에 따라 등급표시를 할 경우 축산물품질평가사가 발급한 해당 도체의 축산물등급판정확인서에 표기된 등급을 표시하여야 한다.

③ 제1항에 따른 쇠고기의 등급은 1++등급, 1+등급, 1등급, 2등급, 3등급, 등외로 표시하고, 돼지고기의 등급은 1+등급, 1등급, 2등급, 등외로 표시한다. 다만, 쇠고기 1++등급의 경우 등급표시 뒤에 괄호로 축산물등급판정확인서에 표기된 근내지방도(마블링)를 표시하여야 한다.

④ 제1항부터 제3항까지의 규정에 따른 등급표시를 할 경우, 등급 종류를 모두 나열한 다음, 해당 등급에 'O' 표시하여야 한다. 다만, 쇠고기 1++등급의 경우 등급표시 뒤에 추가로 해당 마블링 번호에 'O' 표시 하거나, 마블링 번호를 기입하여야 한다.

7. 도축장명의 표시

국내에서 도축되어 생산된 식육의 경우 해당 식육이 도축된 도축장의 업소명을 기재한다. 다만, 두 곳 이상의 도축장에서 도축된 식육이 서로 혼재된 경우에는 도축된 도축장명을 모두 기재하여 표시한다.

8. 표시방법

① 식육을 비닐 등으로 포장하여 판매하는 경우에는 스티커 등에 인쇄하여 부착하거나 비닐에 그대로 인쇄하는 등의 방법으로 표시할 수 있다.

② 식육을 비닐 등으로 포장하지 않은 상태로 진열상자에 놓고 판매하는 경우에는 식육판매표지판을 식육의 전면에 설치하여 표시를 대신할 수 있다.

식육판매표지판(예시)

원산지·식육의 종류	
식육명 / 부위명칭	
등급(마블링)	1++(9, 8, 7), 1+, 1, 2, 3 등외 또는 1++(), 1+, 1, 2, 3, 등외
도축장명	
이력번호	
100g당 가격	

3. 가금류

가금류(poultry)는 사람이 식용으로 사용하기 위하여 사육되는 모든 종류의 조류를 말한다. 가금류는 지방이 피하에 있을 뿐 근육층에는 적기 때문에 맛이 담백하고 고기가 연하며 가격이 저렴한 단백질원으로 많이 사용되고 있다. 종류로는 닭 · 칠면조 · 오리 · 거위 · 메추리 · 꿩 · 비둘기 등이 있으며, 우리나라에서는 닭고기, 미국에서는 칠면조, 중국에서는 오리고기를 가장 많이 식용한다.

닭고기는 수육에 비해 연하고 맛과 풍미가 담백하며 조리하기 쉽고 영양가도 높아 전 세계적으로 폭넓게 요리에 사용된다. 오리고기는 껍질과 근육조직이 부드럽고, 담백한 맛이 나며, 필수 아미노산과 불포화 지방산 함량이 높아 건강식품으로 각광받고 있다.

(1) 닭고기의 구분 및 부위

닭고기도 축산물 품질 등급제에 의해 품질을 규제하고 있는데, 중량 규격에 따라 닭 도체의 중량에 따른 호수를 기준으로 소(5~6호), 중소(7~9호), 중(10~12호), 대(13~14호), 특대(15~17호)의 5개 규격으로 구분한다. 닭고기의 품질등급은 통닭과 부분육으로 구분하여 매긴다. 통닭의 품질은 1+등급, 1등급, 2등급의 3개 등급으로 판정하고, 부분육의 품질은 1,

2등급으로 구분한다. 미국농림부(USDA)에서는 A, B, C 등급으로 나누어 품질을 규제하고, 가금류의 분류, 부위, 육질의 색깔, 품질표시, 통조림제품 등에 대한 내용이 포함되어 있다.

(2) 닭고기의 부위별 특징 및 용도

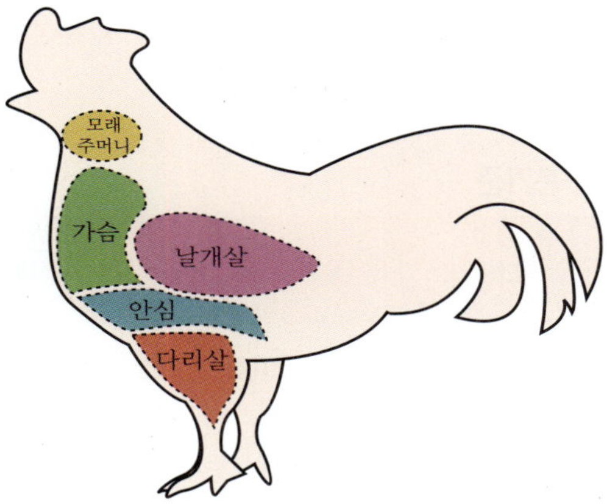

그림 9-10 닭의 부위별 명칭

표 9-8 닭고기의 부위별 특징 및 용도

부위	특징	용도
가슴살	지방이 매우 적어 맛이 담백하고 근육섬유로만 되어 있어 육질이 연한 살코기이며 회복기 환자 및 어린이 영양간식에 적합하다. 특히 칼로리 섭취를 줄이고도 영양균형을 이룰 수 있어 다이어트에 좋다.	튀김, 치킨샐러드, 스테이크, 무침
날갯살	살은 적으나 뼈 주위에 팩틴질이 많아 육수 조리 시 좋다. 피부 노화를 방지하고 윤택하게 해주는 콜라겐 성분이 다량 함유되어 있으며 고소한 맛이 특징이다.	튀김, 구이, 조림
안심	가슴살 안쪽의 고기로 담백하고 지방이 거의 없다.	육회, 육개장, 튀김
다리살	지방과 단백질이 조화를 이루어 쫄깃쫄깃하며 성장기 어린이나 활동이 많은 청소년들에게 좋은 식품이다.	튀김, 꼬치, 양념구이, 찜
근위, 모래집, 날개 끝, 닭발	각각의 맛이 특성이 있으며 지방은 거의 없고 단백질이 풍부하다.	튀김, 꼬치, 구이

(3) 닭고기의 등급

1) 중량규격

① 중량규격의 구분

닭도체의 중량규격은 신청인이 제시하는 닭도체의 중량에 따른 호수를 기준으로 소(5~6호), 중소(7~9호), 중(10~12호), 대(13~14호), 특대(15~17호)의 5개 규격으로 구분하며, 중량규격별 중량 범위는 다음과 같다.

표 9-9 닭고기의 중량규격 구분기준

중량규격	소		중소			중			대		특대		
해당호수	5호	6호	7호	8호	9호	10호	11호	12호	13호	14호	15호	16호	17호
중량 범위(g)	451 ~ 550	551 ~ 650	651 ~ 750	751 ~ 850	851 ~ 950	951 ~ 1,050	1,051 ~ 1,150	1,151 ~ 1,250	1,251 ~ 1,350	1,351 ~ 1,450	1,451 ~ 1,550	1,551 ~ 1,650	1,651 이상

② 중량규격 확인방법

축산물등급판정사는 신청인이 제시한 닭도체의 중량규격이 맞는지를 확인하기 위하여 표본 추출된 닭도체에 대하여 중량을 칭량하여, 중량 범위에서 2% 이상 미달하는 닭도체의 수가 5%를 초과하는 경우에는 중량규격의 재선별을 신청인에게 요구한다.

2) 품질등급 판정기준

닭고기의 품질은 1+, 1, 2등급으로 구분하되, 부분육의 품질은 1, 2등급으로 구분한다. 닭고기 등급 기준이 학교 식자재 납품기준으로 선정되면서 품질과 등급판정 물량이 대폭 증가하고 있다.

오리고기는 외관, 비육상태, 지방부착, 잔털, 깃털, 신선도, 외상, 변색, 뼈의 상태, 이물질 부착, 냄새, 도체처리 등을 종합하여 1+, 1, 2등급으로 구분한다.

그림 9-11 닭고기 부분육 등급 표시 예

(4) 닭고기의 영양가 및 효용

닭고기는 양질의 단백질 함량이 높아서 어린이와 청소년의 성장과 두뇌발달에 도움이 되며, 운동선수와 다이어트를 하는 사람들에게 체중조절용 건강식으로 좋은 식품이다. 뿐만 아니라 다양한 필수지방산의 함량이 높아 각종 성인병 예방에 도움이 되며 지방의 양이 적고 콜레스테롤 함량이 타 육류에 비해 낮기 때문에 고혈압 환자에게 적합하다.

(5) 저장

가금류는 치명적 식중독균인 살모넬라에 감염되기 쉽기 때문에 손질과 요리하는 과정에서 주의를 기울여야 한다. 가금류 조리에 사용한 칼이나 도마는 다른 식품을 다루기 전에 깨끗이 닦고 살균해서 사용해야 한다. 가금류는 구입한 후 바로 조리해야 하며, 냉장고에 저장할 때에는 1~2일간 −18℃ 이하로, 냉동 저장할 경우에는 더 오래 두고 저장할 수 있다.

닭의 기원

조류 중 가장 먼저 사람에 의해서 축화(Domesticated)된 것은 닭으로 알려져 있으며 가금화된 시기는 약 400년 전인 것으로 기록되어 있다. 닭의 기원은 현재 인도와 동남아시아 지방에 널리 분포하여 생존하고 있는 4종의 야계(Jungle Fowl)와 이미 멸종된 야계일 것으로 추측되는데, 닭의 기원은 적색 야계(Red Jungle Fowl)만이라는 단원설과 적색 야계와 그 밖의 야계들도 닭의 성립에 관여하였다는 다원설이 있다. 현재 생존하는 야계는 다음과 같은 특징이 있다.

(1) 적색 야계: 말레이시아, 인도, 중국 남부지방 등에 널리 분포되어 있으며 특히 수마트라 산림지에 많이 서식하고 있다. 깃털과 체형이 갈색 레그혼 종과 비슷하며 볏은 단관이고 적색 또는 백색으로 되어 있다. 우는 소리는 현재의 닭과 비슷하다.

(2) 세일론 야계: 세일론 섬의 대나무 숲 지대에 야생하며 외모는 적색 야계와 비슷하나 깃털의 색은 감색 을 띠고 있으며 볏의 중앙부위가 황색인 것이 특징이다. 수컷의 가슴 깃털은 적황색이고 암컷의 가슴 깃털은 검은색인 점이 적색 야계와 구분된다.

(3) 회색 야계: 인도 서남 및 중부지방에 많이 서식하고 있으며 깃털은 회색이지만 목 부위의 깃털은 황금색의 반점이 있는 것이 특징이다.

(4) 녹색 야계: 자바섬의 밀림지대에 서식하고 있으며 깃털색이 녹색이어서 녹색 야계로 불리고 있다. 볏은 홑볏으로 옆에서 보면 반달모양인데 한 가운데는 황색이고 그 기부는 청록색이며 수염이 한 개로 되어 있는 것이 다른 야계와 다른 점이다. 외마디 울음소리를 내며 꼬리 깃털은 16쌍이다.

한국 가금의 기원

동남아지역에서 축화된 닭이 한국으로 들어오게 된 유입경로와 사양기원에 대해서는 확실치 않다. 닭에 관한 전설을 보면 삼국사기에 신라의 시조인 혁거세왕은 알에서 태어났다고 하며, 신라 4대의 탈해왕 9년(서기 64년)에 김알지를 얻을 때 닭이 숲속에서 울었다고 하여 신라의 이름을 계림이라 부르게 한 점으로 미루어 보아 닭의 존재를 추측하게 되었다. 문헌상에 나타난 기록으로는 서기 3세기 중엽의 삼국지의 위지 동이전 한전에 "한국에는 진기하고 아름다운 꼬리가 긴 닭이 있는데, 그 꼬리의 길이는 5척을 넘는다."라는 내용의 기록이 있어서 이 시기에 한국에는 꼬리가 긴 세미계를 사육하고 있었다고 추측한다.

1976년 신라시대의 고분인 천마총에서 달걀이 출토된 일이 있는데 출토된 달걀은 서기 400~500년경의 것으로, 이 당시 닭을 사육했다는 기록은 없으나 달걀을 귀한 것으로 여겨 왕릉에 같이 매장한 것으로 미루어 볼 때 닭을 사육하였으리라 추정된다. 이러한 여러 자료를 조합하여 볼 때 우리나라의 닭의 기원은 약 2000년 전으로 추측되며, 닭의 유입경로는 동남아시아에서 직접 도래하였거나 중국의 남부와 북부지방을 거쳐 유입되었을 것으로 추론된다.

4. 대체육

늘어나는 육류 소비량의 증가로 이를 해결하기 위한 대안으로 등장한 진짜 고기처럼 만든 인공 고기를 '대체육(Alternative Meat)'이라 하며 동물 세포를 배양한 고기인 배양육과 식물 성분을 사용하여 합성한 식물육으로 나뉜다. 배양육은 소, 돼지, 닭 등 동물의 근육 줄기 세포 배양하여 축산농가 없이 세포공학 기술로 생산한 고기로 맛과 향은 진짜 고기와 거의 같지만 생산 시간이 오래 걸리고 가격이 비싸다. 반면 식물성 대체육은 식물성 단백질을 사용하여 제조한 것으로 동물세포 배양육보다 짧은 시간에 생산이 가능하고 비용이 저렴하지만 맛과 향·식감은 실제 고기와는 차이가 있다.

육류 중심의 식문화는 필연적으로 다량의 식육을 필요로 했고 육류 생산 과정에서 생태계 파괴와 지구 온난화, 동물 학대 논란 등의 문제가 발생하였다. 이에 따라 채식 중심의 비건 식생활, 식문화에 대한 관심이 증가했고 대체육 시장은 급성장할 것으로 전망되고 있다. 마이크로소프트 창업자인 빌 게이츠는 '2019년 10대 유망기술' 중 하나로 대체육을 선정하였고 대체육 제조기업에 대규모 투자를 결정한 바가 있다. 2026년까지 식물성 대체육시장이 309억 2000만 달러 수준에 달할 것이라고 예상하고 있으며 대체육 분야가 향후 유망한 성장 가능성을 보이고 있기 때문에, 세계 각국의 기업들은 대체육 관련 산업에 뛰어들고 있다. 최근에는 동물세포 배양과 식물성분을 사용한 대체육 외에도 세포 배양육, 곤충 원료 대체육을 개발하는 기업들도 속속 등장하고 있다.

(1) 배양육

배양육(Cultured Meat)이란 가축을 사육하는 과정 없이 세포공학 기술로 생산하는 식용 고기로 특정 동물의 세포를 선택하여 발효 탱크 안에 영양분을 제공하여 조직을 생산하는 방법을 사용한다. 맛, 조직감, 풍미는 일반고기와 거의 동일하지만 비용이 많이 들고 세포 배양 시간이 오래 걸리며 배양육에 대한 소비자의 거부감과 불안감을 야기할 수 있다는 단점이 있다.

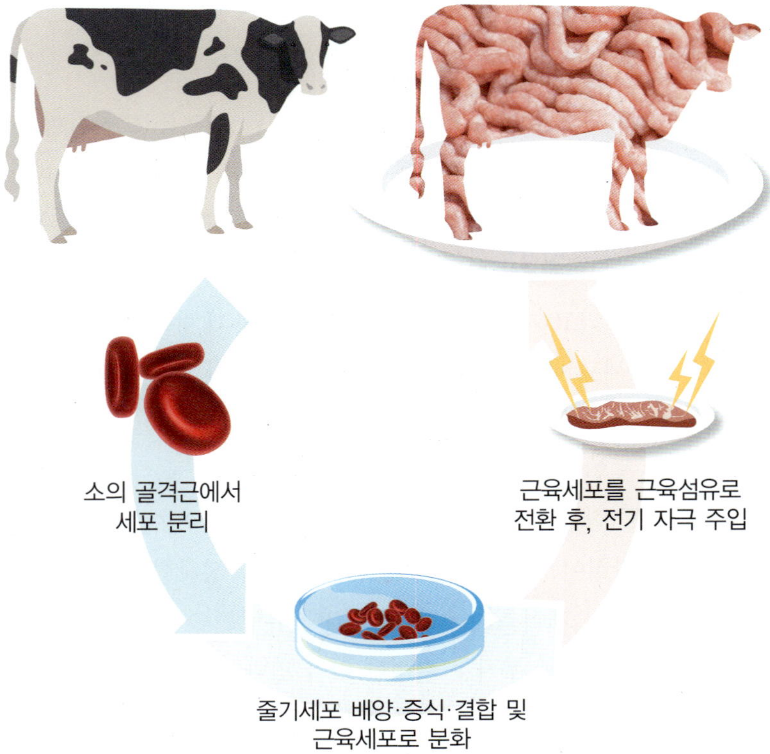

그림 9-12 **배양육 제조 과정**

(2) 식물육

식물성 재료로 만든 식물육은 유전자 조작에 대한 불안을 잠재워 줄 수 있는 대체재로 주목 받고 있으며 가격도 배양육에 비교해 저렴하다. 유형별로는 식물성 대체육의 한 유형인 콩류의 비중이 57.0%로 가장 크고 곡물류가 19.5%, 식물성 단백질류가 13.5%, 단세포 단백질류(균류/조류)가 9.9% 차지하고 있다.

표 9-10 **식물성 대체육**

비**미트	임**블푸즈	타**푸드	켈*그(모닝스타팜)

콩과 채소로 육고기의 질감과 맛 표현	식물성 원료로 햄버거 패티와 인공치즈 개발	완두콩을 이용한 너겟 상품 출시	GMO 콩 미사용 패티, 너겟 생산

(3) 대체육 현황

1) 국내 시장 규모

국내 대체육 시장 규모는 약 200억 원 수준이지만, 국내에서도 최근 환경 문제와 가치소비에 대한 관심이 커지면서 관련 수요도 빠르게 늘고 있어 성장 가능성이 높은 시장으로 평가받고 있다. 국내 대체육시장도 단순히 콩고기를 시험 삼아 출시하는 초기 단계를 넘어서 가정 간편식(HMR)을 대량생산하는 산업화 단계로 진화하였다. 2017년 이후 롯**드, 동*F&B, CJ**제당, 풀*원, 지**컴퍼니 등의 업체들이 대체육 시장에 진출하고 있으며 정부에서도 대체육 산업육성을 위한 기반을 마련하고 있다. 건강을 생각하는 소비자들 사이에 채식주의 트렌드가 생겨나면서 식물성 대체육 제품의 수요가 증가하고 있다.

2) 국외 시장 규모

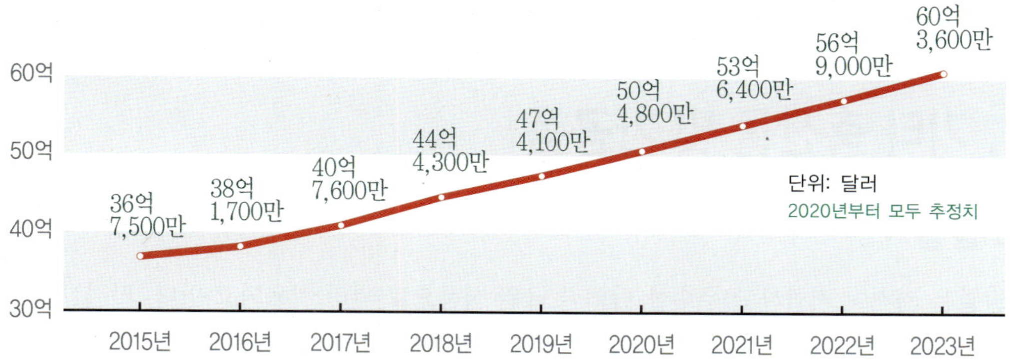

그림 9-13 전 세계 대체육 시장 규모(연도별)

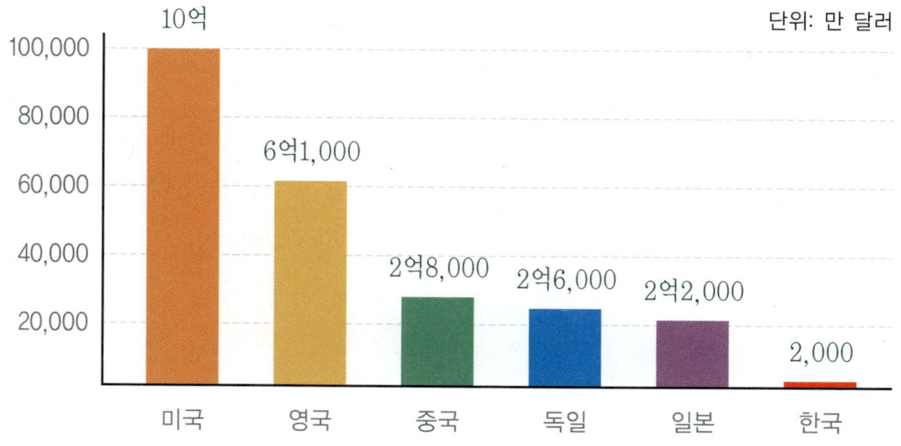

그림 9-14 전 세계 대체육 시장 규모(국가별)

대체육 시장에서 미국은 약 10억 달러(21.0%) 규모로 가장 큰 규모의 시장을 형성하고 있다. 그다음으로 영국이 6.1억 달러(12.9%), 중국이 2.8억 달러(6.0%) 규모를 형성하고 있으며, 우리나라는 0.2억 달러로 국가별 순위에서 38번째이다. 세계 대체육 시장은 지속적으로 성장할 것으로 전망되며 2019년 47억달러 규모였던 대체육 시장이 2023년에는 60억달러 규모로 커질 것이라 예상된다.

3) 국내 기술 수준

국내 대체육 기술 개발이 본격화되고 있지만 기술 수준은 개발 선도국에 비하여 4~5년 늦은 것으로 평가받고 있다. 2020년 한국농촌경제연구 보고서에서 식물성 고기의 기술력은 콩고기 수준이며 식물성 달걀과 배양육 역시 초기 연구단계로 벤처기업 수준을 나타나고 있다. 국내는 해외에서 개발된 원천 소재 및 기술을 단순 배합하는 수준의 식물성 대체육이 대부분이다.

4. 기타 축산물 및 가공품

(1) 달걀

달걀은 가격이 저렴하고 우수한 단백질 급원 식품으로 널리 이용되고 있다. 달걀은 껍질, 껍질막, 노른자, 노른자 막, 흰자, 기실, 알끈 등으로 구성되어 있으며 흰자 부위에는 단백질이 많고, 노른자 부위에는 지질이 많이 함유되어 있는데, 노른자의 레시틴(lecithin)은 자연유화제의 기능을 가지고 있다.

1) 달걀의 품질 판정

축산물품질평가원의 기준에 의한 달걀의 품질 판정은 세척한 달걀에 대해 외관검사, 투광 및 할란판정을 거쳐 1+, 1, 2등급으로 구분한다. 달걀 등급기준이 학교 식자재 납품 기준으로 선정되면서 품질과 등급판정 물량이 대폭 증가되고 있다.

2) 중량규격

표 9-11 우리나라 달걀의 중량 규격

종류	왕란	특란	대란	중란	소란
중량	68g 이상	60g 이상 ~ 68g 미만	52g 이상 ~ 60g 미만	44g 이상 ~ 52g 미만	44g 미만

국내에 시판되는 달걀은 **[그림 9-15]**와 같이 품질에 따른 등급보다 중량규격에 따라 왕란, 특란, 대란, 중란, 소란으로 분류하여 시판하고 있다. 달걀의 품질은 크기가 크고, 균일하며, 달걀껍질이 꺼칠꺼칠하고, 광택이 없으며, 신선하고, 표면이 깨끗한 것이 좋다.

3) 달걀의 등급표시

달걀의 등급표시는 품질등급과 중량규격을 포장용기에 다음과 같이 등급판정일자, 축산물 등급판정소장 인영(또는 축산물 등급판정사 성명) 등과 병행하여 표시한다. 달걀 껍질 표면에도 등급 판정 여부, 산란 일자, 농가 고유번호, 사육환경(1, 2, 3, 4) 등을 표시한다. 달걀의 사육환경 표시는 숫자 1은 방목, 4는 비좁은 닭장 사육 환경을 의미한다.

포장용기 표시(등급, 중량) 껍질 표면 표시 사육환경 구분

그림 9-15 달걀 등급 정보표기 방법

(2) 우유

우유는 천연 단일식품으로서 가장 완전에 가까운 식품이며 약간 누런빛을 지닌 유백색의 불투명한 액체로 약간의 감미와 고유한 풍미를 가지고 있다. 우유의 성분은 소의 품종, 우유의 분비 시기, 사료, 환경, 소의 나이, 건강상태 등에 따라 영향을 받는다. 신선한 우유는

물컵 속에 한 방울을 떨어뜨렸을 때 구름 같이 흩어지듯이 가라앉아 퍼져 나간다. 이상한 냄새가 나거나 끓였을 때 엉기면 오래되거나 부패한 것이다. 우유를 구입할 때는 반드시 제조년월일과 뚜껑이 개봉되지 않았는지, 상호는 분명한지를 확인해야 한다.

1) 살균법

우유는 젖소로부터 착유 후 반드시 살균하여야 하며 이로 인해 안전성과 보존성을 높일 수 있다. 우유의 살균방법은 파스퇴르가 처음 고안하였는데, 오늘날 여러 가지 방법이 실용화되고 있으며 주요 살균 방법은 다음과 같다.

① 저온살균법

우유를 63~65℃에서 30분간 가열 살균하는 방법으로 생우유 중의 모든 병원성 미생물과 대부분의 비병원성 미생물은 죽지만 내열성인 Bacillus 등의 포자는 생존한다.

② 고온 단시간 살균법

우유를 급속히 가열하여 72~75℃에서 15~20초간 유지한 후 급냉각시키는 방법이다. 다량의 우유를 연속적으로 처리할 수 있으므로 편리하고 설비의 유지 보수 비용을 절감할 수 있다.

③ 초고온 단시간 살균법

130~150℃에서 1~3초간 가열하여 살균하는 방법으로 세균을 완벽하게 사멸시켜 보존성을 극대화하여 멸균에 더 가까운 처리방식이다.

2) 우유 등급

축산물 위생관리법에 의한 원유의 위생등급기준은 다음과 같다**[표 9-12]**. 1A 등급 우유는 mL 당 세균 수가 3만 개 이하, 1B 등급은 mL 당 3만~10만 개이며 시판 우유는 모두 1등급이며 국내 우유 생산 물량의 98~99% 이상이 1등급 세균 수를 유지하고 있다.

유기농 우유는 국립농산물 품질관리원에서 정한 기준을 충족시켜야 하는데 기준은 사료와 목초지 · 축사 · 방목장(운동장) 면적, 인증 유무 등 10가지에 달한다. 유기농 우유를 생산하는 젖소에게는 유기농 사료만 제공돼야 하며 충분한 초지(소 한 마리당 최소 916m²(약 278평)와 젖소 한 마리당 축사 규모가 최소 17.3m²(5.2평)는 되어야 한다. 이처럼 까다로운 조건으로 유기농 인증을 받은 목장은 전국 25곳에 불과하다.

표 9-12 원유의 위생등급 기준

구분	위생등급	기준(개/㎖)
세균수	1급 A 1급 B 2급 3급 4급	3만 미만 3만~10만 미만 10만~25만 미만 25~50만 이하 50만 초과
체세포수	1급 2급 3급 4급 5급	20만 미만 20~35만 미만 35~50만 미만 50~75만 이하 75만 초과

표 9-13 유기농 우유와 일반 우유의 차이

	유기농 우유	일반 우유
사료	유기농산물	일반 농산물
초지 면적	916㎡ 이상(젖소 한 마리당)	초지·축사·방목장 조항 없음 (축산법상 한 마리당 면적 아닌 전체 면적이 기준 이상이면 허용)
축사 면적	17.3㎡ 이상(젖소 한 마리당)	
방목장 면적	34.6㎡(젖소 한 마리당)	
인증 유무	유기축산물 인증	
기타	• 2급수 이상 생활용수 사용 • 중금속 토양 오염 우려 기준 미만 • 동물 치료 시 전담 수의사 처방	• 생활용수 조항 없음 • 중금속 토양 오염 기준 없음 • 동물 치료 시 목장주 처방

(3) 치즈

치즈는 우유, 양유, 염소젖 등을 유산균이나 응유효소로 응고시켜 얻은 응유(curd)를 유장(whey)과 분리한 후 미성숙 치즈로 만들거나 응유를 가온, 가압, 가염 등의 공정을 거친 다음 유용한 박테리아, 세균, 곰팡이 등을 이용하여 일정한 온도와 습도를 갖춘 장소에서 일정기간 발효, 숙성시킨 식품이다.

오래전부터 인류가 이용해온 치즈는 단백질, 칼슘(Ca), 비타민 A, D, E, K, B군과 미네랄 성분 등이 우유에 비해 8~10배 농축되어 있는 고급 식품으로서 "신으로부터 물려받은 최고의 식품"이라고도 한다. 우유의 산지와 종류에 따라서 치즈의 맛과 향이 다르게 만들어지며 지방마다의 독특한 숙성과정과 물, 기후, 온도의 영향으로 톡특한 풍미의 치즈를 생산하게 된다.

1) 치즈의 종류

치즈는 원료유, 숙성 조건, 제품의 물성 또는 제조 공정에 따라 다양한 차이를 나타내므로 그 어떤 유제품보다 다양한 종류가 있다. 오늘날 가장 많이 이용되고 있는 분류기준은 물성으로 치즈의 굳기 및 수분함량에 따라 초경질치즈, 경질치즈, 반경질치즈, 연질치즈로 분류하며, 스페셜치즈로 가공치즈, 유청치즈 등으로 분류하고 있다.

① 초경질치즈(Very hard cheese)

수분함량이 가장 낮고(30~35%) 딱딱하기 때문에 분말로 사용할 수 있어 분말치즈(Grating type)라고도 하며 대표적인 치즈로는 로마노치즈, 파마산치즈, 페코르노로마노치즈 등이 있다.

② 경질치즈(Hard cheese)

가장 많이 이용되며 종류가 많은 치즈로 수분 함량은 30~42%이고 조직이 단단하다. 주로 박테리아로 숙성시키며 대표적인 치즈로 고다치즈, 그뤼에르치즈 등이 있다.

③ 반경질치즈(Semi-soft cheese)

치즈의 굳기가 경질치즈와 연질치즈의 중간으로 수분 함량이 40~50%이며 박테리아 또는 곰팡이로 숙성시킨다. 대표적인 치즈로는 브릭치즈, 림버거치즈, 록포드치즈, 에담치즈 등이 있다.

④ 연질치즈(Soft cheese)

숙성을 하지 않거나 단기간 동안 박테리아나 곰팡이로 숙성시키며 수분함량이 50~75%로 제품의 저장성이 낮으므로 단시일 내에 사용해야 한다. 대표적인 치즈로는 카망베르치즈, 브리치즈, 모차렐라치즈, 크림치즈, 리코타 치즈, 코티지치즈 등이 있다.

⑤ 특수치즈(Special cheese)

제조원료와 제조 공정이 일반적인 자연치즈와는 다르며 가공치즈, 콘치즈, 유청치즈, 훈제치즈, 양념치즈 등이 있다.

⑥ 가공치즈(Processed cheese)

우리나라에서 가장 많이 소비되는 치즈로서, 종류, 숙성도가 다른 다양한 종류의 천연 치즈를 혼합, 가열 융해하고 균질화하여 성형, 포장한 것이다. 가공치즈의 특색은 밀봉되어 있어서 보존성이 좋으며, 원료 치즈에 무엇을 배합하는가에 따라 기호에 맞는 다양한 맛을 낼 수 있고, 맛이 부드럽다는 것이다. 또 가공치즈는 다양한 형태와 크기의 포장이 가능하다.

2) 치즈의 보관 방법

치즈는 고단백·고지방 식품으로 고온에서 지방이 분리되고 공기에 오래 노출 시 쉽게 산화 변질된다. 따라서 보관관리에 주의를 기울여야 하는데, 연질치즈와 숙성시키지 않은 치즈는 저장 기간이 짧으므로 냉장 저장하고, 개봉한 치즈는 진공포장이나 밀봉하여 1~3℃ 내외에서 냉장 보관하여야 한다. 0℃ 이하에서 보관하면 치즈에 함유된 수분이 얼어서 해동했을 때 치즈가 부스러지고 풍미가 저하되므로 냉동 상태로 보관해서는 안 된다. 일반적으로 저장기간은 경질치즈가 연질치즈보다 길며 일반 경질치즈는 3~5℃에서 냉장보관하되 섭취하기 30분 전에 냉장고에서 꺼낸다. 포장을 개봉한 치즈는 표면이 건조해지거나 단단해지며 곰팡이가 발생할 수 있으므로 사용 후 남은 치즈는 밀폐된 용기에 넣거나 밀봉 포장하여 냉장고에 보관한다.

(4) 버터

버터는 우유에서 분리한 지방분을 교반조작으로 뭉쳐 만든 것으로, 수분은 18% 이하, 유지성분은 80% 이하, 산가는 2.8 이하여야 한다. 버터는 지방산패가 일어나기 쉬우므로 유지의 자동산화 및 미생물(곰팡이 또는 효모)에 의한 품질 저하, 오염 및 온도상승을 방지할 수 있는 곳에 보관하여야 한다. 또한 냄새를 흡수하는 성질이 있으므로 냉장고에 보관할 때는 다른 음식의 냄새 흡수로 인한 교차오염이 일어나지 않도록 밀폐용지에 싸서 보관하거나, -18℃ 이하에서 냉동 보관하면 장기간 보관이 가능하다.

1) 종류

버터에는 젖산균을 넣어 발효시킨 발효 버터(sour butter)와 젖산균을 넣지 않고 숙성시킨 감성 버터(sweet butter)가 있다. 미국 · 유럽에는 풍미가 좋고 소화가 잘되는 발효 버터가 많다. 소금을 넣은 가염 버터(1~2%)는 가정용으로 많이 이용되며, 소금을 넣지 않은 무염 버터는 보존성이 짧고 식탁용으로는 맛이 부족하므로 제과원료나 조리용으로 이용된다. 휘프트 버터(whipped butter)는 발효 버터 제조 후에 다시 공기를 주입시켜 만든 버터로 주로 제과용으로 쓰인다.

2) 품질 및 보존

버터는 지방질이 많은 식품이므로 장기간 방치하면 지방의 산패가 일어나며, 냉장 보관하지 않으면 곰팡이가 발생하거나 녹아서 버터 특유의 질감 및 풍미가 사라진다. 직사광선을 피한 −5~0℃인 저온의 깨끗한 장소에 보관해야 된다.

(5) 생크림

크림은 우유에서 비중이 적은 지방만을 분리하여 살균 충전한 유제품으로 유지방 함량이 18% 이상이어야 한다. 나라에 따라 규정하는 지방의 함량은 다른데, 일반적으로 커피용은 20% 정도의 유지방을 포함하고 있으며 케이크나 과일용으로 거품을 내어 사용하는 휘프트크림(whipped cream)은 30~50% 정도의 지방분을 함유하고 있다. 사워크림(sour cream)은 생크림을 발효시켜 신맛이 나게 한 것으로 주로 샐러드, 수프 등에 사용된다. 서양 요리에서는 수프, 생선, 채소 요리의 소스, 디저트 등 모든 요리에 크림이 조미료의 기초가 되므로 이용범위가 매우 넓다.

(6) 휘프트크림

생크림에 거품이 일게 한 것으로 일반적으로 휘핑크림이라고 하나 휘프트크림(whipped cream)이 올바른 용어이다. 식물성 가공유지로 만든 휘프트크림은 합성크림으로 생크림보다 가격이 저렴하다. 생크림은 연한 황색을 나타내지만 휘프트크림은 흰색을 띠며 생크림으로 만든 것보다 거품이 더 안정적이다.

표 9-14 유가공품의 분류

<table>
<tr><th colspan="2" rowspan="2">액상 유제품</th><th colspan="3">미액상 유제품</th></tr>
<tr><th colspan="2">고형 유제품</th><th>분말 유제품</th></tr>
<tr><td>시유</td><td>백색시유, 가공시유, 강화우유, 환원우유</td><td rowspan="2">버터</td><td rowspan="2">발효버터
가염버터
무염버터</td><td rowspan="5">• 분유(조제분유)
(전지분유)
(탈지분유)
• 카세인
• 유당
• 유장분말
• 크림분말
• 버터유분말</td></tr>
<tr><td>크림</td><td>발효크림, 비발효크림(포립크림)</td></tr>
<tr><td>발효유</td><td>액상발효유, 농후발효유
(호상 요구르트, 드링크 요구르트)</td><td rowspan="3">치즈</td><td rowspan="3">자연치즈
가공치즈
아이스크림</td></tr>
<tr><td>연유</td><td>가당연유, 무가당연유</td></tr>
<tr><td>기타</td><td>탈지우유, 유장, 버터밀크, 조제우유</td></tr>
</table>

(7) 육가공식품

육가공식품이란 고기를 갈아서 모양을 변형시키거나 소금에 절인 후 훈연, 건조, 열처리 과정을 통해 고기의 본래 성질이나 형태를 변화시켜 제조 가공한 것으로 햄·소시지·베이컨·통조림·포장육 등을 말한다.

우리나라 육가공식품은 식육과 혼합어육으로 나누고, 살균방법에 따라 상온유통 가능한 멸균제품(혼합어육 소시지, 통조림, 레토르트 등)과 냉장유통을 전제로 한 살균제품(축육, 햄, 소시지, 훈연 혹은 조리제품)으로 나눈다.

1) 햄

돼지의 뒷다리 넓적다릿살을 원료로 만든 육제품으로, 고기를 소금에 절여 훈연하거나 삶아 독특한 풍미와 보존성을 가진 대표적인 육가공품이다.

① 로인햄(loin ham)

돼지의 허리 등심 부위를 정형하여 소금에 절이고, 포장 혹은 로울링(rolling)하여 훈연, 가열 처리한 제품이다.

② 본레스햄(boneless ham)

돼지의 뒷다리를 정형하여 뼈를 발라낸 후 소금에 절여 케이스에 포장하거나 로울링(rolling)하여 훈연, 가열한 제품이다.

③ 본인햄(bone-in ham)

본레스햄과 같이 뒷다리 부위를 가공한 제품으로 뼈가 붙어 있는 것이 특징이다.

④ 가열햄(cooked ham)

돼지의 뒷다리 뼈를 제거하여 소금에 절인 후, 훈연을 하지 않고 가열 처리만을 한 햄이다.

⑤ 프레스햄(pressed ham)

돼지고기의 육괴를 그대로 살려 염지, 훈연, 가열의 과정을 거친 것으로 햄과 소시지의 중간 형태 제품이라고 할 수 있으며 스모크햄이라고도 한다.

2) 소시지

돼지고기 등의 여러 가지 육류를 통째로 또는 염장한 후 곱게 갈아 동물의 창자 또는 인공 케이싱에 채워 삶거나 훈연 처리한 육가공품이다.

① 프랑크 소시지(franks sausage)

미리 조리한 원료육을 돼지의 작은창자 굵기로 만들어 익힌 소시지로 17세기 독일 프랑크푸르트 지방의 소시지 기술자가 처음 만들어 사람들에게 알려졌다.

② 비엔나 소시지(vienna sausage)

미리 조리한 원료육을 작은창자 굵기로 만든 후 훈연, 가열한 제품으로 오스트리아의 수도인 비엔나에서 처음 생산되어 붙여진 이름이다.

③ 혼합어육 소시지

돼지고기와 어육 등을 혼합해 조미한 후 성형하여 고온, 고압에서 멸균 처리한 제품이다.

알아두기 쓰던 햄, 소시지 저장 방법

사용 후 남은 제품을 보관할 때는 탈지면에 술(알코올)을 묻혀 제품의 표면을 닦아 두면 부패하지 않고 오래 보관할 수 있다. 알코올은 고기를 부드럽게 하는 성질이 있어 고기를 잰다거나 전골요리 등을 할 때 술을 넣으면 한결 연해진다. 이때 사용하는 술은 청주, 포도주, 맥주 등과 같이 알코올 농도가 낮은 것이 좋다.

3) 베이컨

돼지의 삼겹살 부위를 골라 염지한 후 훈연한 제품으로 고소하며 안주나 피자 등에 많이 쓰인다.

4) 식육 통조림

돼지고기나 쇠고기 등을 조미하여 캔에 담아 멸균한 제품으로 별도의 양념 없이 간편 하게 먹을 수 있다. 나폴레옹 전쟁 때 발명된 것으로 유명하다.

FOOD PURCHASING MANAGEMENT

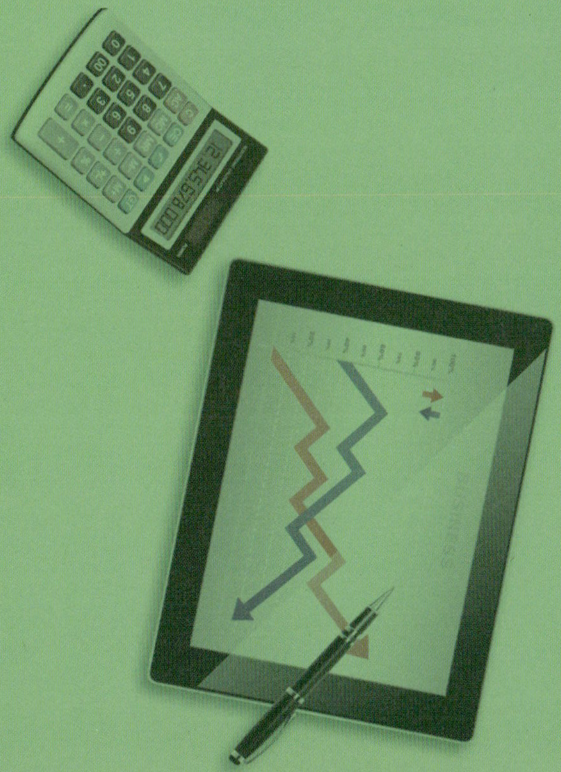

Chapter 10

농산식품류

1. 곡류
2. 두류
3. 서류
4. 채소류
5. 과일류
6. 향신류

1. 곡류

곡류란 식물학상 화본과에 속하는 열매를 식용으로 사용하기 위해서 재배하는 식물로서 대표적인 곡류는 쌀, 맥류(보리, 밀, 호밀, 귀리), 잡곡(조, 피, 기장, 옥수수, 메밀) 등으로 구분한다. 곡류는 껍질을 제거한 후 알갱이 자체로 먹기도 하고, 가루로 만들어 식용 또는 공업원료로 사용하기도 한다. 일반적으로 곡류는 재배시기가 한정되어 있고 수분함량이 적으며 외부에 단단한 껍질이 있어 장기저장이 가능하고, 또한 유통이 쉬우므로 다른 식품보다 중요한 식량자원으로 다루고 있다. 곡류는 환경적응성이 강하고 다른 식품 재료에 비하여 단위 면적당 생산량이 많아서 세계 각 지역의 기후 · 풍토에 알맞은 곡류를 재배하고 있다.

(1) 쌀

쌀은 탄수화물 함량이 많고, 대량 생산이 가능하며, 운송과 유통이 편리하고 가격이 저렴하다. 또한 1차 가공만으로도 주식으로 이용할 수 있는 우리나라의 기본적인 주식이다. 쌀의 품종은 전 세계적으로 매우 다양하지만 쌀의 길이에 따라 단립종과 장립종, 경도에 따라 연질미와 경질미, 성분에 따라 멥쌀과 찹쌀로 구분한다. 벼의 품종에 따라 쌀의 입자가 둥글고 짧으며 조리 후 점성이 높은 다수확 품종인 일본형과 쌀알이 길고 점성이 낮으며 주로 미국 남부 · 북부, 동남아시아, 베트남, 타이 등지에서 재배되고 있는 인도형으로 나눈다.

벼의 겉껍질인 왕겨만을 벗긴 쌀알을 현미라고 하며 현미를 도정한 뒤 배유만 남아 있는 것을 백미라 한다. 상품으로 판매되는 백미는 현미에서 80%의 쌀겨층을 제거한 것이고 5분도미는 50%, 7분도미는 70%의 쌀겨를 제거한 것이다.

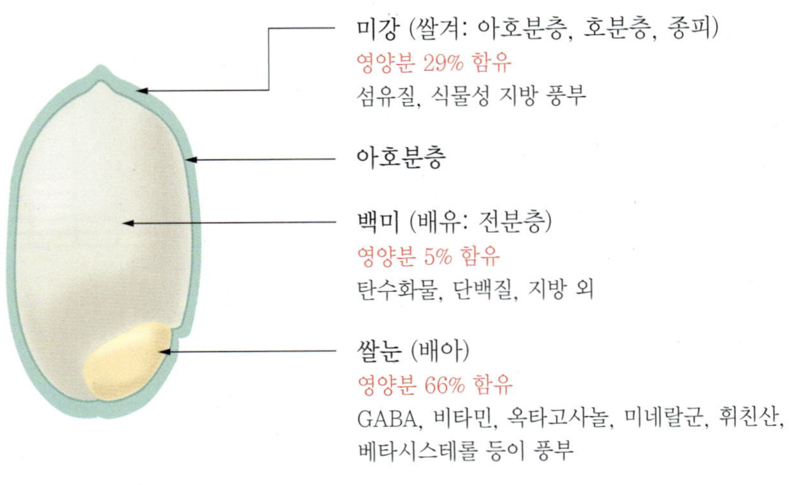

그림 10-1 쌀의 구조적 특성

1) 특성

쌀 성분 중 멥쌀은 아밀로오스(amylose)가 20%, 점성인 아밀로펙틴(amylopectin)이 80%로 구성되어 있고, 찹쌀은 아밀로펙틴으로 구성되어 있다. 쌀은 밥뿐만 아니라 가루로 가공하여 떡, 과자, 주정 등 많은 식품의 재료로 이용된다.

2) 감별법

쌀의 외관 특성은 눈으로 보아 쌀알이 통통하고 크기가 고르며, 흰부분이 적고 이물질이 없는 것으로 씹어보아 고소한 맛이 나는 것이 좋은 쌀이다. 또한 쌀 표면에 윤기가 흐르고, 표면이 부서진 낟알이 적어야 하며, 수분함량이 16% 정도로 도정한지 15일 이내의 것을 선택하는 것이 좋다.

3) 저장방법

도정한 쌀은 건조하고 통풍이 잘되는 곳에 저장하고, 장기간 저장 시에는 도정하지 않은 상태로 가마니 포대 등에 넣어 건조한 곳에 저장해야 쌀의 성분 변화가 적다.

(2) 밀

밀은 기원전 10,000~15,000년 전부터 중동지역에서 재배되었던 작물로 세계적으로 널리 경작되고 있으며 그중 기후가 온화하고 건조한 지역에서 잘 자란다. 밀의 종류는 20여 종으로 알려져 있으며, 90% 이상이 보통밀이고, 나머지 5~7%는 듀럼(durum)밀을 경작한다. 듀럼밀은 매우 단단하고, 단백질이 많이 함유되어 있어 파스타를 만드는 재료로 사용된다.

1) 특성

밀의 주요 성분은 탄수화물이며 12% 내외의 단백질을 함유하고 있다. 단백질(gluten)함량에 따라 경질밀, 중간질밀, 연질밀로 분류하는데, 경질밀(강력분)은 단백질 함량이 13% 이상인 것으로 입자의 단면이 반투명하고 조직이 치밀하고 단단하며 수분흡착력이 강하여 제빵용으로 적합하고 중간질밀(중력분)은 단백질 함량이 10~13%인 것으로 경질밀과 연질밀의 중간이며 다목적 밀가루로 가공하여 가정용으로 주로 사용된다. 또한 연질밀(박력분)은 단백질 함량이 10% 이하로 조직이 부드럽고, 점성, 흡착력이 약하므로 튀김 및 제과용으로 적합하다.

2) 감별법

표백한 밀가루는 순백색, 표백하지 않은 것은 엷은 황색을 띠며, 광택과 독특한 향기가 있고, 덩어리 입자가 없어야 한다. 밀가루는 다른 곡류에 비해 저장이 어렵다. 따라서 습기가 있거나 장기간 저장하면 벌레가 생기고 묵은 냄새와 악취가 생기기 쉬우므로 주의하여 저장해야 한다.

(3) 보리

중앙 아시아 지역이 원산지로 세계적으로 쌀·밀·옥수수 다음으로 많이 생산되는 농작물이다. 보리는 성숙 후 껍질이 낟알에 붙어 있느냐 없느냐에 따라 겉보리와 쌀보리로 나누는데, 겉보리의 두꺼운 각질조직을 고열증기로 쪼인 후 기계로 눌러 만든 것이 압맥이고, 보리의 가운데를 기계로 이등분한 것을 할맥이라 한다. 이들은 일반 보리에 비해 수분흡수가 빠르고, 소화가 잘된다.

보리의 단백질과 지방 함량은 밀과 큰 차이가 없으나, 탄수화물은 밀보다 적고, 섬유소가 특히 많다. 보리는 쌀보다 섬유소 성분이 5배 정도 많아 소화율은 낮지만, 장의 연동운동을 촉진하여 변비를 없애주고, 당질대사에 좋다. 보리는 손으로 만져서 부드럽고 담황색을 띠며 윤기가 있고 이물질이 섞이지 않아야 한다. 건조한 곳 또는 진공포장하여 보관하며, 장기간 저장할 경우에는 도정하지 않은 채로 보관해야 한다.

(4) 호밀

라이보리라고도 하는데 맥류 중 내한성이 강하며 건조한 사질토나 메마른 땅에서도 잘 자란다. 유럽지역에서 많이 재배되고 제빵용, 위스키, 보드카, 맥주의 원료가 되며 간장이나 된장의 원료로도 사용된다. 호밀은 글루텐을 잘 형성하지 않아 빵이 덜 부풀고 색도 검어서 밀가루빵보다는 품질이 떨어진다.

(5) 귀리

귀리는 중앙아시아가 원산지로 북유럽지역과 미국 등에서 많이 생산하고 있다. 우리 나라에서 식량으로 재배되는 것은 거의 없으며, 강원도 산간지역에서 소량 재배한다. 귀리는 다른 곡류에 비하여 단백질과 지방이 풍부하여 독특한 맛이 있고, 비타민 B군도 많으며, 소화율이 높다. 귀리쌀은 통째 또는 낱알을 증기로 가열하여 가루로 만들어 죽을 쑤거나(오트밀) 밥을 지어 먹기도 한다. 최근 건강식품으로 알려져 다양한 가공식품으로 제조·생산되고 있다.

(6) 조

조는 아시아지역이 원산지로 고온 · 건조하고, 토양이 척박하며, 다른 곡류가 잘 재배되지 않는 지역에서도 잘 자란다. 우리나라에서도 예로부터 중요한 곡물로 여겨왔으며, 제주도지역에서 많이 재배하고 있다. 조는 섬유소, 칼슘, 비타민 B_1 · B_2가 많고, 단백질 중 프롤라민(prolamin)이 많으며, 다른 맥류보다 소화율이 높다. 아밀로펙틴의 함량에 따라 차조와 메조로 구분되는데, 차조는 메조보다 단백질과 지방함량이 높고 밥, 떡, 죽, 엿 등에 이용한다.

(7) 옥수수

옥수수는 아메리카 대륙이 원산지로 콜럼버스에 의해 전 세계로 전파되었다. 현재 세계 3대 곡류로 쌀 다음으로 많이 생산된다. 옥수수는 척박한 땅에서도 잘 자라는 강한 작물로 성장기간이 짧고 생산량이 많다. 일반적으로 식용으로 사용되는 찰옥수수와 사료와 공업용 원료로 사용되는 메옥수수가 있다. 옥수수의 주요 단백질은 제인(zein)으로 필수 아미노산이 거의 없고, 니아신 함량이 적어 옥수수를 주식으로 하는 지역에서는 피부병의 일종인 펠라그라병 환자가 많다. 옥수수는 각종 통조림과 빵, 과자의 원료가 되며 그 밖에 전분제조용, 식용유 등의 원료로 이용된다.

(8) 메밀

메밀은 여귀과에 속하며, 시베리아 바이칼호 근처가 원산지로 고산지대, 척박한 토양에서도 잘 자라는 작물이다. 쌀, 밀보다 필수아미노산이 풍부하며, 소화가 잘되고, 혈관의 저항을 강하게 하는 루틴(rutin)을 함유하고 있어 성인병 예방에 좋다. 가루는 국수나 묵을 만드는 데 사용되며 가루로 보관 시에는 낮은 온도에서 보관하여야 산패를 막을 수 있다.

2. 두류

두류는 콩과에 속하며 열매를 식용하는 작물을 말하는 것으로 중국에서 B.C. 5,000년 전부터 재배되었고, 한랭한 곳에서 자란다. 미국에서 대규모로 재배된 후 세계로 확산되면서 오늘날에는 유지와 단백질 급원을 위한 최대의 작물이 되었다. 탄수화물과 지방의 함량에 따라 크게 두 가지로 구분되는데, 고지방 저탄수화물 두류에는 대두, 땅콩 등이 속하며, 저지방 고탄수화물 두류에는 팥, 녹두, 완두, 강낭콩 등이 속한다. 그러나 풋완두콩(green pea)은 비타민 C 함량이 많아 채소로 분류된다. 쌀을 주식으로 하는 우리나라에서는 식물성 단백질과 지방 공급원으로 중요한 역할을 하고 있다.

(1) 대두

대두는 40% 정도의 단백질과 필수아미노산의 함량 및 불포화지방산이 많은 영양적으로 매우 우수한 식품이다. 가공에 의해서 소화율이 높아지므로 오래전부터 대두 가공법이 개발되었다. 물에 불려 부드러워진 대두를 간 후 간수로 응고시킨 것이 두부이며, 두부를 얇게 썰어 기름에 튀기면 유부가 되고, 두부를 얼린 후 건조시킨 냉동두부가 있다. 우리나라에서는 두부, 된장, 간장 등에 이용되며 세계적으로 대부분의 대두는 기름용으로 이용된다. 또한 대두를 이용하여 농축단백 · 분리단백 · 조직단백 등이 만들어지며, 아미노산의 제조, 어육제품의 첨가물, 인공육의 제조 등에 사용된다. 대두는 껍질이 얇고 깨끗하며, 색이 노랗고 윤기가 나며, 타원형이 좋은 것이다.

(2) 강낭콩

강낭콩은 중앙아메리카가 원산지로 품종이 다양하며 세계적으로 콩류 중에서 재배 면적이 가장 넓다. 강낭콩에는 특히 비타민 B_1, B_2, B_6가 많고 열량이 낮아 쌀을 주식으로 하는 한국인에게는 당질대사를 돕는 좋은 식품이다. 강낭콩은 말린 것과 깍지 달린 미숙한 것이 식용되며, 앙금, 양갱 등 제과 원료로 많이 이용되고, 유럽에서는 육류 대신 단백질 급원으로 다량 소비된다. 콩의 꼬투리가 마르지 않고 촉촉하며 알이 윤기가 있고 모양이 일정한 것을 고르는 것이 좋다.

(3) 팥

팥은 극동 아시아가 원산지로 한국, 일본, 중국, 인도 등 동양 각지에 널리 재배되고 있다. 쌀, 콩과 함께 주요한 곡물 중 하나로 우리의 식생활과 매우 밀접하다. 주성분은 탄수화물과 단백질이며 지방이 적고 비타민 B_1 함량이 높다. 팥은 섬유질이 많고 조직이 단단하여 물에 불려 삶을 때 중조를 소량 넣고 삶으면 쉽게 무른다. 과자, 떡의 고물과 소, 팥빙수, 팥죽을 만드는 재료로 사용된다.

(4) 녹두

녹두는 팥과 비슷하며 주성분은 탄수화물과 단백질로 필수아미노산과 불포화지방산이 풍부하다. 우리나라에서는 주로 숙주나물과 당면의 원료로 사용되며, 빈대떡, 떡고물, 숙주나물, 청포묵 등을 만드는 재료로도 사용된다.

(5) 완두콩

완두는 탄수화물이 많고, 자연 그대로 익기 전 통조림으로 사용한다. 어린 깍지(green pea)는 서양요리에서 많이 사용되며, 우리나라에서는 떡이나 과자를 만드는 재료로 사용된다.

(6) 땅콩

땅콩의 원산지는 브라질이며 일명 낙화생이라고도 하는데 두류 중 유일하게 땅속에서 성장하기에 땅콩으로 불린다. 주성분은 단백질(30%)과 지방(45%)이며 무기질, 비타민과 불포화지방산 등이 골고루 함유되어 있어 영양적으로 우수한 식품이다. 과자, 기름, 비누, 의약품의 원료로 광범위하게 사용되며 껍질을 제거한 땅콩은 쉽게 산화되어 풍미를 잃기 쉬우므로 껍질째 건조한 곳에 보관한다.

3. 서류

식물의 뿌리나 줄기가 다음 해의 생육을 위해 전분 등의 성분을 저장하여 비대해진 식물을 서류라고 하며 감자, 고구마, 마, 토란, 카사바 등이 이에 속한다. 서류는 전분 함량이 높고 무기질과 비타민이 많이 함유되어 있어 곡류 대용으로 이용하는 알칼리성 식품이다. 주성분은 탄수화물이지만 수분의 함량이 70% 내외로 많으며 칼슘과 인의 함량도 높고 비타민은 열에 잘 파괴되지 않는 장점을 가지고 있다.

(1) 감자

감자는 남아메리카가 원산지로 밀과 함께 인류의 가장 오래된 먹을거리 중 하나로, 전 세계적으로 널리 재배되는 주요한 식량 작물이다. 탄수화물이 주성분이지만 칼로리는 쌀의 반 정도로 낮고, 비타민 B군, 비타민 C, 칼륨 등이 풍부한 대표적인 알칼리 식품이다. 감자 속의 비타민 C는 가열에 의한 손실이 적어 '밭의 사과'라고도 한다. 녹색을 띠는 감자의 새싹눈 부위에는 유독물질인 솔라닌이 많이 함유되어 있으므로, 조리 시에 식중독 예방을 위해 두껍게 도려내야 한다. 감자를 고를 때는 껍질색이 일정하고 주름이 없는 것, 모양이 둥근 것, 알이 굵고 단단한 것이 좋다. 바람이 잘 통하는 서늘한 곳에 보관하는데 냉장고에 보관하면 맛이 저하된다.

(2) 고구마

고구마는 열대·아열대 지역에서는 항상 재배 가능한 다년생 작물이지만 저온에 약해 온대지역에서는 일년생으로 재배한다. 우리나라에서는 껍질이 적자색, 육색이 황색이나 황백

색인 품종을, 미국에서는 육색이 오렌지색인 품종을 주로 재배한다. 주성분은 탄수화물로 에너지 보급식품으로서의 역사는 길지만 에너지 효율은 밀가루의 1/3 정도이며 현재는 비타민 C, 식이섬유, 칼륨이 많은 알칼리성 건강식품으로 활용도가 높다.

고구마 전분의 10~20%는 체내에서 소화되지 않는 식이섬유소로서 섭취 후 장의 활동을 자극하므로, 변비 방지, 대장암 예방, 콜레스테롤 저하 효과가 있다. 고구마는 9℃ 이하에서는 냉해를 입기 쉽고 18℃ 이상에서는 발아되므로 12~15℃ 정도의 건조한 곳에 보관한다. 고구마는 표면이 매끈하고 단단한 것, 모양이 고른 것, 병충해의 흠집이 없는 것, 껍질색이 밝고 선명한 것이 좋은 것이다.

4. 채소류

채소란 식용을 목적으로 재배하는 과수 이외의 식물로 뿌리 · 줄기 · 잎 · 꽃 등을 식용하는 것을 말한다. 그러나 자연상태에서 자생하는 산나물 및 기타 채소들도 최근에 와서 품종을 개량하여 온실재배 및 노지재배를 하고 있다.

채소는 종류와 부위에 따라 먹는 부분이 다르며, 섬유질과 펙틴성분을 많이 함유하고 있고, 무기질과 비타민을 공급하며, 채소 특유의 고유한 색을 지니고 있다. 또한 알칼리성 식품으로 채소에 따라 특수한 성분을 가지고 있어 향신료로도 많이 사용되고 있다.

채소는 완숙기에 수확한 것이 비타민 C가 많으며, 식용 부위에 따라 잎 · 줄기 · 뿌리 채소로 분류한다.

(1) 경엽채류

잎 · 줄기부분을 식용하는 채소로서 수분함량이 높다. 열량이 낮고, 비타민과 무기질 함량이 높으며, 잎의 색이 짙을수록 비타민 A 함량이 많다. 시금치 · 근대 · 무청에는 칼슘은 많지만 수산과 함께 결합되면 불용성물질(수산화칼슘)로 변하기 때문에 체내에 흡수되지는 않는다. 종류로는 시금치 · 양배추 · 쑥갓 · 셀러리 · 미나리 · 상추 · 배추 · 죽순 · 아스파라거스 등이 있다.

샐러리

아스파라거스

양배추

(2) 과채류

과채류는 일반적으로 열매를 식용하는 것으로 당질 함량이 많은 호박과 수분 함량이 97%인 오이가 대표적이며, 고추 · 토마토 · 딸기 · 참외 · 수박 · 가지 등이 있다.

(3) 화채류

꽃을 주로 식용하는 채소로 브로콜리는 비타민 A, C, 칼슘, 철분의 좋은 공급원이며, 콜리플라워는 비타민 C의 함량이 매우 높다.

콜리플라워

(4) 근채류

뿌리를 식용하는 채소로 다른 채소에 비하여 당질 함량이 더 높고, 수분함량이 적다. 무 · 당근 · 양파 · 파 · 연근 · 토란 · 우엉 · 마 · 마늘 · 생강 등이 있다.

(5) 종실류

종실류는 씨 부분을 식용하는 채소로 완두콩이나 청대콩 등이 있다. 종실류는 단백질 · 비타민 · 무기질 함량이 높다.

(6) 버섯류 및 산채류

버섯은 영양기관인 균사체와 번식기관인 자실체로 되어있는데, 식물처럼 줄기 · 잎 · 뿌리가 분화하지 않으며, 주로 그늘진 숲속이나 낙엽층에 묻혀 있다. 버섯류 중에서는 비타민

B_1, B_2가 풍부한 표고버섯을 가장 많이 사용하는데, 갓이 너무 피지 않고, 살이 두툼하며, 줄기가 짧고, 짙은 황갈색을 띠는 것이 품질이 좋다. 또한 자연송이버섯은 가을철 최고의 미각식품으로 일본 및 우리나라에서 최고로 치는 고급식품이며, 양송이는 폐광을 이용하여 인공재배하는데, 단백질 · 무기질이 풍부하다. 버섯의 종류로는 목이버섯 · 싸리버섯 · 느타리버섯 · 석이버섯 · 팽나무버섯 · 흰목버섯 등이 있다.

산채류는 들이나 산 등에서 토양과 기후에 맞게 자생하는 식물로 특유의 향이 강하고, 비타민과 무기질이 풍부하다. 두릅 · 쑥 · 취나물 · 씀바귀 · 달래 · 칡 · 냉이 · 돌나물 등이 많이 식용되며, 최근 다양한 종류의 산채류가 온상과 노지재배를 통하여 재배되고 있다.

5. 과일류

과일은 고유의 색깔, 특유의 향 및 적당한 단맛과 신맛, 그리고 수분을 가지고 있어 식욕을 촉진시키며, 영양은 물론 기호식품으로서 매우 다양하게 이용된다. 과일은 식용 부위나 구조에 따라 인과류, 핵과류, 장과류, 견과류, 열대과일류로 분류한다. 과일은 종류에 따라 영양가가 다르며 특히 귤 · 사과 · 딸기 · 멜론 등은 다른 과일보다 비타민 C의 함량이 많다. 조리 시에는 과일의 색 · 조직감 · 향미 · 영양가가 변하는데, 그 중 비타민 C의 손실이 가장 크다.

(1) 인과류

꽃받침이 발달하여 과육부가 되는 것으로 꼭지와 배꼽이 서로 반대쪽에 있는 사과 · 배 · 감 · 모과 등이 이에 속한다. 씨방이 발달하여 과육으로 되는 준인과류로는 감귤류(레몬, 오렌지, 밀감, 유자)와 감 등이 있다.

(2) 핵과류

씨방이 발달하여 과실을 맺는 것으로 안에 딱딱한 핵이 있고, 그 안에 종자가 들어 있는 과일이며, 종류로는 살구 · 매실 · 복숭아 · 앵두 · 자두 등이 있다.

(3) 장과류

과실은 하나의 자방이고, 중과피와 내과피로 구성되어 있으며, 그 속에 종자가 있다. 육질이 부드럽고 과즙이 많은 종류로 딸기 · 무화과 · 포도 · 바나나 · 파인애플 등이 있다.

(4) 견과류

껍질이 아주 단단하고, 겉껍질을 벗기면 속껍질에 싸여 있으며 먹을 수 있는 부위는 곡류와 두류처럼 속껍질에 싸여 있는 종실을 먹는다. 종류로는 은행 · 밤 · 호두 · 잣 · 땅 콩 등이 있다.

(5) 열대과일류

열대와 아열대지방에서 생산되는 과일로 파인애플 · 파파야 · 아보카도 · 망고 · 키위 · 바나나 등 그 종류들도 다양하다. 열대과일류는 냉장고에 보관하지 말고 실온에 보관하는 것이 좋다.

6. 향신료

향신료는 식품에 향미를 부여하기 위해 사용되는 향신미를 가진 식물의 꽃, 과실, 싹, 껍질, 뿌리, 잎, 종자를 말하며 스파이스(spice)와 허브(herb)로 불린다. 스파이스는 식물의 한 부분(가지, 열매, 껍질, 뿌리 등)을 이용한 방향성 식품이며, 허브는 이런 식물의 잎만을 사용할 때 부르는 이름이다. 또한 향신료는 소화를 증진시키고, 음식의 방부 작용을 하며, 약효성분에 의해서 약리작용을 하기도 한다. 스파이스는 통째로 또는 가루로 사용하지만, 허브는 신선한 상태 또는 말린 형태로 사용한다. 특이한 향과 맛을 가지고 있는 방향성 물질은 에테르류(ether)이며 풍미는 향신료의 신선도와 질에 좌우된다.

(1) 후추

다년생 넝쿨성 식물로 남부 인도가 원산지이며, 모든 요리에 빼놓을 수 없는 중요한 향신료로 현재 남수마트라에서 가장 많이 생산되고 있다. 산지에 따라 매운맛과 향이 다르며, 흑후추(black pepper)와 백후추(white pepper)가 있다. 흑후추는 검게 익기 직전의 과실을 건조하여 향과 매운맛이 강하며 주로 고기 요리에 잘 어울린다. 백후추는 완숙한 과일의 껍질을 제거한 뒤 건조시킨 것으로 향과 매운맛이 흑후추보다 순하며 주로 흰살 생선, 닭요리, 샐러드, 드레싱, 수프 등에 이용된다. 또한 고기의 보존, 소스, 케첩, 어육연제품, 기타 요리용으로 널리 쓰인다.

(2) 겨자

겨자의 종류로는 백겨자, 흑겨자, 일본겨자가 있으며 우리나라에서는 주로 흑겨자가 생산된다. 다른 향신료와 혼합하여 다양하게 이용되고 있으며, 겨자소스와 페이스트는 종자 분말에 적당량의 물과 식초 및 향신료를 가미한 것이다. 겨자는 절임류 · 카레분 · 소스 · 마요네즈 등 여러 가지 식품가공에 이용되지만, 매운맛의 지속성이 짧아 장기간 보존하는 식품용 향신료로는 부적당하다.

(3) 산초

산초는 잎과 열매의 매운맛과 방향을 이용하는 것으로서 우리나라와 일본의 산기슭에 흔하게 자생하고 있다. 산초잎과 어린 열매는 그대로 이용하고 익은 열매는 말려서 가루로 사용하는데, 매운맛과 상쾌한 향이 독특하다. 산초는 중국요리에 많이 쓰이는 오향(산초, 회양, 계피, 정향, 진피) 중 하나로 생선의 비린내를 제거해주며 식욕을 증진시키고, 산초잎은 주로 추어탕에 첨가된다. 산초에는 해독작용뿐 아니라 마취성분이 있어 다량 섭취 시 실명, 건망증 및 혈맥이 손상될 수 있으므로 과다 섭취는 금해야 한다.

(4) 고추냉이

고추냉이는 일본의 특산물로서 여러 품종이 있으며, 우리나라에서도 소량 재배되고 있다. 뿌리와 줄기는 생선과 메밀국수 등의 양념으로 쓰이며, 현재 우리나라에서 시판되고 있는 것은 서양 고추냉이의 뿌리를 분말로 한 것이다.

(5) 고추

고추는 가지과에 속하며, 풍토에 대한 적응성이 강하여 오랜 기간 재배되면서 여러 변종이 생기게 되었다. 비타민 C가 풍부하고, 그 밖에 카로틴과 크산토필이 많아서 유지 · 치즈 등의 착색용으로도 사용된다. 고추 속의 캡사이신은 위액분비를 촉진하고 단백질의 소화를 도우며 신진대사를 활발히 하여 다이어트에 도움이 된다. 고추를 고를 때는 껍질이 두껍고 윤기가 나며 씨가 작은 것이 좋다. 껍질이 단단할수록 매운맛이 강하므로 조리 용도와 기호에 맞게 선택하며, 태양 빛에 직접 건조한 것일수록 붉은빛이 선명하여 태양초라고 한다. 국내 주산지는 괴산, 영양, 무안 등이 유명하다.

(6) 마늘

중앙아시아가 원산지로 한국, 중국에서 많이 재배되며, 국내 주산지는 의성, 안동, 해남, 단양으로 굵기가 고르고 알이 크며 단단하다. 마늘의 자극적인 냄새는 뿌리와 잎에 있는 글루코미날이라는 물질이 가수분해되면서 생성되는 것으로 조리 시 익히면 냄새가 약해진다. 마늘은 우리나라 음식에 빠져서는 안 되는 양념으로 거의 모든 음식에 사용되고 있으며, 전 세계적으로도 향신료로 널리 이용되고 있다. 육류, 어류, 채소류의 불쾌한 맛을 제거하고 재료의 특이한 맛을 살려 주며, 특히 돼지고기와 함께 섭취하면 비타민 B_1의 흡수를 돕는다. 마늘로 인한 구취는 레드와인이나 파슬리로 희석되며, 구워서 섭취하면 효소가 파괴되어 매운맛과 냄새가 없어진다.

(7) 생강

생강은 열대 아시아가 원산지로 마늘과 함께 널리 쓰이는 향신료이다. 충남, 전북 지방이 우리나라 총생산량의 95%를 차지하고 있으며, 특히 전북의 봉동은 가장 유명한 생강 생산지이다. 생강은 김치류, 생선찌개 등의 음식에 향신료로 사용되거나 설탕에 재워 건조시킨 후 편강으로 사용된다. 그 밖에 과자류, 카레가루, 고기요리, 음료수 등에도 많이 이용된다.

(8) 넛맥

넛맥은 모로코 · 브라질 · 말레이시아가 원산지인 열대성 상록교목의 열매 속에 들어 있는 달곰쌉쌀한 향신료이자 착색료이며 과실껍질은 메이스라고 한다. 넛맥과 메이스는 식육가공, 제과, 제빵, 소스, 케첩, 카레분 등의 가공식품 분야에 많이 쓰이고 있는데, 메이스는 볼로냐나 프랑크 소시지 등을 제조할 때 착색료로 사용하며. 넛맥은 햄버거, 미트로프, 미트소스 등 간 고기를 이용하는 요리의 소스와 토마토케첩의 주원료로 이용된다. 이 외에도 크림푸딩 · 커스터드 · 디저트에 다양하게 이용된다.

(9) 계피류

계수나무의 뿌리 · 줄기 · 가지 등의 껍질을 건조시킨 것으로 방향, 쓴맛 및 매운맛을 가지고 있으나 산지에 따라 특성이 다르다. 과자류 · 빵 · 콜라 · 음료 · 아이스크림 · 커피 등에 사용된다.

(10) 정향

정향은 상록 교목의 꽃술을 건조한 것으로서 세계 각지에 분포되어 있고, 지팡이(T) 모양을 하고 있어서 정향이라고 한다. 중국요리의 오향 중 하나에 속하며, 고기 및 생선요리에 많이 이용된다. 식욕을 촉진하고, 햄 · 소시지 · 빵 · 과자 · 소스 · 조미료 등의 제조에 광범위하게 사용된다.

(11) 올스파이스

올스파이스는 자메이카에서 자라는 서인도산 물레나무의 열매에서 생산되는 것으로 정향, 넛맥, 계피향을 합한 냄새가 나므로 올스파이스라고 불린다. 통째로는 피클링, 스튜, 수프, 과일통조림 제조, 생선, 육류, 그래비 등에 사용하고, 갈아서는 버터 · 소시지 · 간 요리 및 디저트 요리에 널리 사용된다.

(12) 바닐라

바닐라는 중미가 원산지인 난초형의 식물에서 얻으며, 바닐라콩을 물에 푹 담근 후 서서히 건조시켜 가공하여 밀폐된 상자나 주석관에 포장하여 보관한다. 순수한 바닐라 액(에센스)은 디저트, 과일수프, 쿠키와 케이크, 라이스푸딩, 아이스크림, 팬케이크, 와플 등에 이용된다.

(13) 카레

카레는 인도에서 생산되며, 엄격한 종교형식과 전통에 따라 몇 가지의 가루로 된 향료를 섞어서 만든다. 카레의 맛은 생강과 고추의 함량에 따라 순한맛, 중간맛, 매운맛으로 나누며 터메릭의 함량에 따라 노란색의 차이가 나는데 터메릭의 양이 적을수록 노란색이 약해진다. 사용하는 주요 향료는 터메릭, 코리안더, 생강, 페뉴그릭, 캐러웨이, 후추, 파프리카 등이다. 카레는 달콤하며 혼합이 잘 되어 고기 · 생선 · 닭 · 쌀 · 송아지 · 새 우 · 채소요리 등에 다양하게 이용된다.

(14) 샤프란

창포 · 붓꽃과의 암술을 말려서 가루로 만들어 음식에 노란색을 들이는 식용색소로 고기, 케이크 및 쌀요리의 향신료로 사용된다. 세계에서 가장 비싼 향신료로 독특한 향기 및 느낌이 좋은 쓴맛과 단맛을 낸다.

(15) 월계수

월계수는 지중해 연안을 원산지로 하는 월계수의 잎을 날 것 그대로 또는 건조하여 사용하며, 상큼한 향기와 다소 쓴맛이 난다. 얼얼한 맛과 특이한 향미가 있어 쇠꼬리 수프, 고기스튜, 돼지 바비큐, 양의 다리구이와 갈비구이, 청어 절임, 수프, 소스, 생선차우더 등에 사용되며, 이태리 요리에 많이 사용된다.

(16) 고수

지중해 동부 연안이 원산지인 미나리과 식물로 유럽에서는 소스를 만드는 향신료로 쓰인다. 한방에서는 열매를 호유자라 하여 건위제, 고혈압 저하제, 거담제로 사용하며 줄기와 잎은 고수강회 · 고수김치 · 고수쌈 등으로 먹는다. 식품향신료로서는 소스, 수프, 빵, 카레분, 소시지 등에 사용한다.

(17) 딜

딜은 지중해 연안을 원산지로 하는 미나리과에 속하는 과실을 건조한 것으로 향긋한 맛을 내는데, 이것은 특히 유럽인들이 좋아하는 허브 향신료이다. 닭, 양, 생선, 채소 등 다양한 요리에 골고루 이용되며, 특히 피클 제조에는 빠질 수 없는 재료이다. 크림치즈, 오믈렛, 해산물요리, 빵, 쿠키, 샐러드 등에 사용한다.

(18) 바질

민트과에 속하는 일년생 식물로 동아시아와 중앙유럽이 원산지이다. 꽃과 잎은 오랫동안 요리에 이용되어 왔으며, 토마토와 잘 어울려 토마토 요리에는 반드시 첨가되는 중요한 향신료이다. 생선과 고기요리 · 수프 · 스튜 · 샐러드 · 피클 · 스파게티 등과 잘 어울리며, 특히 양고기에 많이 사용한다. 큰 잎은 향이 강하므로 어린잎을 말려서 가루로 사용하기도 한다.

(19) 케이퍼

케이퍼는 스페인과 이탈리아가 원산지로 열매의 크기에 따라 분류하며, 제일 작을수록 질이 좋고, 큰 것은 질이 좋지 않다. 고기완자, 스튜, 고기파이, 스테이크 소스, 샐러드 소스, 청어 절임 등에 사용한다.

(20) 처빌

'미식가의 파슬리'라고 불리는 처빌은 서부아시아 · 러시아가 원산지이며 생김새와 향이 파슬리와 비슷하다. 프랑스 요리에서 많이 쓰이며, 싱싱한 어린잎은 샐러드에 이용되고, 말린 것은 소스의 양념과 양고기에 이용된다. 생선요리에 넣으면 비린내를 없애주며 타라곤, 파슬리, 차이브와 함께 사용하면 좋다.

(21) 마조람

박하류에 속하며, 지중해 지역이 원산지로 장밋빛 꽃을 가진 조그만 식물이다. 잎은 건조 후 분말로 만들어 감자수프, 거위간요리, 달팽이요리, 토끼구이, 햄, 허브소스에 사용하며, 밀봉된 용기에 저장하지 않으면 퇴색한다.

(22) 오레가노

오레가노는 멕시코, 이탈리아, 미국이 원산지인 박하과의 식물로 방향성이 강하며 상쾌한 맛을 가지고 있다. 오레가노의 맵고 쌉쌀한 맛은 토마토와 잘 어울려 토마토를 주원료로 하는 피자나 파스타에는 빼놓을 수 없는 향신료이다. 멕시코 요리와 스파게티, 오믈렛, 양고기요리, 앤초비요리, 해산물요리 등에 많이 쓰인다.

(23) 파프리카

파프리카는 스페인·헝가리·남부프랑스·이탈리아가 원산지로 약간의 단맛과 산뜻한 맛을 지니며, 씨를 빼고 피막을 벗겨낸 다음 분말로도 사용한다. 스페인산의 파프리카는 윤이 나는 빨간색을 띠는데, 달콤하면서 순한 맛을 가지고 있다. 많은 음식에 장식으로 사용되며, 조류·어패류·육류·샐러드 드레싱·채소류·그레이비 등에도 사용된다.

(24) 파슬리

파슬리는 원산지가 지중해 연안 국가들이며, 연중 여러 번 수확할 수 있다. 특이한 방향성분은 잎과 꽃술에 있는 휘발성 기름 때문이며, 비타민 A를 많이 함유하고 있고, 소화를 돕는 소화효소가 풍부하다. 샐러드·수프·채소·생선·고기요리에 쓰이며, 모든 요리의 장식에도 이용한다.

(25) 로즈메리

원산지가 지중해 연안인 박하류 식물로 토마토와 달걀을 주로 한 수프, 생선, 양고기, 육류요리, 오리고기요리 등에 향을 내는 재료로 이용한다. 이태리 요리에서는 빠져서는 안 될 필수적인 허브로, 치즈요리에 세이지와 함께 넣으면 맛을 더한다.

(26) 세이지

박하류 식물에 속하는 정원초로 향이 강하고 약간의 씁쓸한 맛이 있다. 송아지 · 돼지 고기 · 소시지 · 가금류 · 토마토 · 콩류를 이용한 요리에 사용한다.

(27) 타라곤

타라곤은 프랑스 · 스페인이 원산지로 피클 · 소스 · 수프 · 샐러드에 사용되며, 식초나 겨자제품의 방향재료로 이용되기도 한다. 육류 · 토마토 · 달걀 요리에 특히 많이 이용한다.

(28) 타임

타임은 지중해성 식물로 스튜 · 생선수프 · 소스 · 크로켓 · 토마토의 음식에 많이 사용한다.

[표 10-1]은 요리별 이용하는 허브, **[표 10-2]**는 채소 종류별 조화가 잘되는 허브, **[표 10-3]**은 데코레이션용 허브를 나타내고 있다.

표 10-1 요리에 따라 이용하는 허브

요리 종류	허브 종류
쇠고기요리	세이지, 타임, 파슬리, 민트, 로즈메리, 로럴, 오레가노
돼지고기요리	오레가노, 타임, 바질, 처빌, 로즈메리, 로럴, 세이지, 고수(코리안더), 타라곤
양고기요리	코리안더, 타임, 바질, 로즈메리
닭고기요리	타임, 타라곤, 로즈메리, 로럴, 파슬리, 처빌, 차이브, 레몬밤, 마조람
간요리	바질, 딜, 마조람, 세이지, 타라곤
내장류요리	윈터세이보리, 오레가노, 세이지, 셀러리, 파슬리, 로럴
생선요리	스위트마조람, 셀러리, 타임, 타라곤, 딜, 파슬리, 펜넬, 레몬타임, 아니스, 차이브, 생강, 고추냉이, 겨자종자, 넛맥, 양파, 오레가노, 로즈메리, 세이지
달걀요리	코리안더, 타라곤, 처빌, 차이브, 딜, 바질, 파슬리
채소요리	윈터세이보리, 셀러리, 타임, 차이브, 딜, 바질, 파슬리, 민트, 로즈메리
토끼요리	바질, 월계수, 마조람, 로즈메리, 세이지
오리요리	월계수, 로즈메리, 세이지, 마조람, 타라곤

요리 종류	허브 종류
거위요리	페널, 세이지, 마조람
칠면조요리	파슬리, 세이지, 마조람, 타라곤, 타임, 바질, 고수, 페널, 러비지 종자
햄요리	러비지, 마조람, 민트, 겨자, 오레가노, 파슬리, 로즈메리, 노간주나무 열매(주니퍼베리), 사보리
경치즈	캐러웨이, 딜 종자, 세이지, 로즈메리
연치즈	캐러웨이, 처빌, 차이브, 딜 종자, 마조람, 민트, 타임, 로즈메리, 세이지, 사보리
폰듀	바질, 마늘, 민트

표 10-2 채소 종류별 조화가 잘되는 허브

채소류	허브 종류
양배추	아니스, 차이브, 딜, 마조람, 겨자, 오레가노, 파슬리, 세이지, 타임
당근	처빌, 파슬리
옥수수	고수, 후추
오이	캐러웨이 종자, 차이브, 딜 종자, 페널, 겨자, 후추
가지	바질, 시나몬, 마조람, 민트, 오레가노, 로즈메리, 세이지
호박	바질, 딜, 마조람, 로즈메리, 타라곤
양송이	바질, 딜, 레몬밤, 마조람, 파슬리, 로즈메리, 사보리, 타라곤, 타임
양파	바질, 마조람, 오레가노, 세이지, 타라곤, 타임
완두콩	바질, 처빌, 마조람, 민트, 파슬리, 로즈메리, 세이지, 사보리
감자	바질, 월계수잎, 차이브, 딜, 러비지, 마조람, 타임, 오레가노, 파슬리, 로즈메리, 사보리
시금치	처빌, 마조람, 박하, 로즈메리, 세이지, 타라곤, 보리지
토마토	바질, 월계수잎, 처빌, 차이브, 딜 종자, 마늘, 마조람, 민트, 오레가노, 파슬리, 세이지, 사보리, 타라곤
순무	올스파이스, 캐러웨이 종자, 카라, 후추, 로즈메리
주키니호박	바질, 처빌, 양귀비 종자, 로즈메리, 타라곤
꽃양배추	차이브, 딜 잎과 종자, 페널, 로즈메리
브로콜리	바질, 차이브, 고추냉이, 양파, 오레가노, 후추
아스파라거스	처빌, 차이브, 로즈메리, 레몬밤, 타라곤
아보카도	딜, 마조람, 젤라곤

표 10-3 데코레이션용 허브

이용부위	허브 종류
꽃	알리움, 안젤리카, 베르가모트, 보리지, 캐모마일, 라벤더, 마리골드, 마조람, 민트, 양귀비, 로즈메리, 백리향(타임), 제비꽃
잎	타라곤, 바질, 베이, 페널, 마조람, 민트, 파슬리, 로즈메리, 세이지, 샐러드버넷
종자가 영근 꽃봉오리	알라움, 안젤리카, 페널, 러비지, 양귀비, 수영, 스위트 시스리

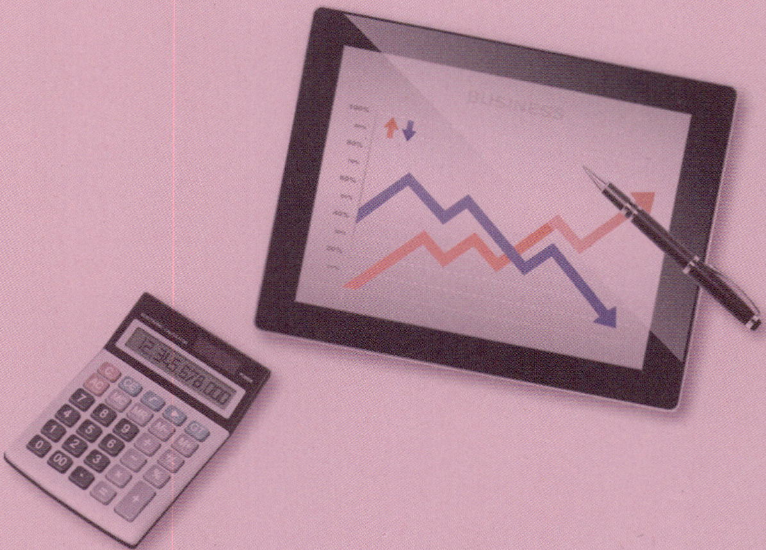

FOOD PURCHASING MANAGEMENT

Chapter 11

수산식품류

1. 어패류
2. 수산가공품
3. 어패류의 품질변화

우리나라는 삼면이 바다로 둘러싸여 수산업이 발달하기에 매우 유리한 입지조건을 갖고 있다. 사람이 식용할 수 있는 수산자원으로는 해수 또는 담수에 서식하는 어패류와 해조류, 극피동물, 연체동물 등으로 이루어져 있다. 곡류를 주식으로 하는 우리나라에서 어패류는 동물성 단백질 섭취량의 70% 이상을 제공할 뿐 아니라 각종 무기질 성분의 보고로 국민영양에 큰 기여를 하며, 수출로 인한 외화 획득에 큰 일익을 담당하고 있다. 그러나 수산식품은 농산식품과는 달리 인공 양식으로 인한 생산이 제한적이고, 어획되는 생산량의 변동이 심하며, 변패되기 쉬운 단점이 있다.

1. 어패류

(1) 어패류의 일반적인 특징

어패류는 크게 어류와 패류로 나눌 수 있다. 어류는 비늘과 지느러미가 있으며, 뼈의 골격이 물에 대한 저항력을 적게 받기 위해 방추형으로 되어 있는 반면, 패류는 어류와는 달리 골격이 없고 껍질이나 근육의 형태로 되어 있으며, 조개류(쌍패류, 권패류), 연체류, 갑각류로 나눌 수 있다. 어패류는 육류 못지않은 양질의 단백질을 함유하고 있으며, 특히 등 푸른생선에는 DHA, EPA와 같은 인체에 좋은 불포화지방산이 다량 함유되어 있다. 어패류는 종류가 매우 다양하고 크기, 성숙도, 포획시기 등에 따라 각각 맛을 내는 시기가 다르다. 포획 후 사후경직 시간이 짧고 자가소화가 빨라 부패 및 변질이 되기 쉬우며, 세균에 오염되기가 쉽다.

(2) 어패류의 종류 및 특성

1) 어류

① 특징

어류는 서식지에 따라 해수어와 담수어로 분류되며, 지방 함량에 따라 고지방, 중지방, 저지방 어류 등으로 분류되기도 한다. 어류의 맛에 영향을 미치는 요인은 수온, 오염도와 물의 상태, 어획 및 저장방법, 어류의 성장 정도, 성별, 계절요인 등이다.

② 종류

해수어는 바다에서 서식하는 어류로서 해수면 표층에서 주로 서식하는 붉은살 생선과 해수 바닥 근처에서 주로 서식하는 심층 어류 흰살 생선이 많다. 민물고기는 거의 모두 흰살 생선이다. 생선살에는 혈합육(血合肉: dark meat)이라는 암적색의 부분이 있어 보통 살과 구별하는데, 색이 다른 것은 혈액이 많기 때문이며 약간의 피비린내가 난다. 혈합육은 가다랑어·방어·다랑어·꽁치 등 표층에 사는 붉은살 생선에 잘 발달되어 있다.

붉은살 생선의 고기에는 육지동물의 근육 속에 있는 혈색소가 있어 부패하면 변색되는 것이 있는 반면, 연어, 송어와 같이 새우를 먹이로 하면 생기는 아스타크산틴이라는 물질을 가진 생선은 부패하여도 변색이 되지 않는다. 정어리·꽁치·청어와 같이 기름기가 많은 생선은 고도 불포화 지방산을 많이 함유하고 있다. 붉은살 생선은 주로 등푸른 생선으로 고등어·꽁치·청어·멸치·방어·전갱이·삼치·다랑어 등이 있으며, 흰살 생선은 조기·갈치·민어·참돔·농어·가자미·숭어·넙치·대구·임연수어·명태·홍어·병어·복어 등이 있다.

담수어로는 잉어, 붕어, 메기, 미꾸라지, 황어 등이 있으며, 담수에서 생활하다가 산란시기에만 바다에서 강으로 돌아오는 뱀장어 그리고 어릴 때는 연안에서 자라지만 산란기가 되면 강으로 올라오는 연어·송어·철갑상어 등이 있다.

2) 연체류

연체류는 몸이 부드럽고 마디가 없는 것이 특징이며, 6만여 종이 있으나 식용으로 먹을 수 있는 것은 10여 종에 불과하다. 문어·낙지·꼴뚜기·오징어·갑오징어·해삼 등이 있다.

3) 조개류

조개류는 껍질이 딱딱하고 그 안에 부드러운 근육조직이 있다. 가리비·굴·바지락·백합·홍합·우렁이·맛살·모시조개·피조개·전복·소라·꼬막 등이 있다.

4) 갑각류

갑각류는 절지동물의 일종으로 딱딱한 껍질이 여러 조각으로 마디마디 구분되어 나누어져 있는 것이 특징이다. 바다와 강 하구에 서식지를 두고 있으며 종류로는 바닷가재·새우·왕게·꽃게 등이 있다.

5) 해조류

연안생태계의 일차 생산자로, 광합성 작용으로 유기물을 자가소화 및 합성하며, 포자로 번식한다. 해조류는 녹조류·홍조류·갈조류의 세 가지로 구분하는데, 녹조류는 파래·매생이·갈파래류·참홑파래류·청각류로 구분되고, 홍조류는 김류·우뭇가사리류·가시우무류·서실류로 구분되며, 갈조류는 고리매·미역쇠류·다시마류·모자반류 등으로 구분된다.

(3) 수산물이력제

수산물이력제(Seafood Traceability System)는 어장에서 식탁에 이르기까지 수산물의 이력정보를 기록, 관리하여 소비자에게 공개하여 수산물을 안심하고 선택할 수 있도록 도와주는 제도로 수산물로 인한 사고가 발생하였을 때 역추적을 통하여 상품의 신속한 회수로 피해범위를 최소화할 수 있다. 생산자는 수산물에 대한 품질과 위생정보를 효과적으로 관리하여 축적된 정보를 활용하여 소비자들의 구매동향과 요구를 파악할 수 있으며 또 국제적 위생기준을 준수함으로써 경쟁력을 높일 수도 있다.

2005년 김·굴·넙치를 대상으로 시범적으로 시행된 후, 이후 송어·뱀장어·조피볼락·참조기·미역·바지락·멸치 등이 대상 품목으로 확대되었으며, 2008년 8월부터 정식으로 시행되고 있다. 소비자는 매장에 설치된 단말기나 가정의 인터넷을 통한 수산물이력추적관리시스템(www.fishtrace.go.kr)에서 정보를 확인할 수 있다. 등록표시방법은 해당 수산물의 포장, 용기의 표면 등에 수산물 이력추적 관리품의 표지 및 표시사항(로고 및 식별번호 등)을 붙이거나 인쇄하는 것이다.

상품부착용 예 꼬리표 예

그림 11-1 수산물 이력 등록표시방법

2. 수산가공품

수산물은 생식하거나 가공하고, 기타 부산물은 기름 · 간유 · 젤라틴 등으로 이용한다. 수산가공품은 가공형태에 따라 냉동품 · 건제품 · 훈제품 · 연제품 · 통조림가공품 · 조미가공품 · 어란가공품 · 어분 · 어유 · 해조가공품 등으로 구분할 수 있다.

(1) 명태가공품

'명태' 의 명칭은 옛날 함경도 감사가 명천 지역에 갔다가 태씨 성의 어부가 바친 생선을 먹은 뒤 그 맛이 좋아 지명과 어부의 성씨를 따서 지었다고 전해진다. 우리는 명태를 다양하게 먹는 유일한 민족으로 과거에는 국내에서 명태가 많이 잡혔고, 많이 잡힌 명태를 보관할 수 있는 시설이 미비한 상황에서 보관기간을 늘리기 위해 주로 명태를 말려서 먹었다. 북어는 계절에 상관없이 바닷바람으로 60일 정도 바짝 말린 명태이며, 황태는 일교차가 10도를 훌쩍 넘는 강원도 산자락에서 눈바람을 맞으며 얼고 녹기를 20번 정도 반복해 만들어진 것이다. 얼리거나 말리지 않은 잡은 그대로의 명태를 생태라 하며 생태와 동태는 육안으로도 구분할 수 있다. 생태가 동태보다 색깔이 더 짙고 눈알의 상태도 선명하다.

명태를 **바닷바람**으로 말리면 **북어**

명태

명태를 **고산지대**에서 말리면 **황태**

(2) 죽방멸치

죽방멸치는 '죽방'이라는 대나무로 만든 부채꼴 모양의 말뚝을 통해 생산되는 남해군의 특산물로 죽방렴 설치와 어장면허가 제한되어 있어 소량만이 생산 가능하다. 죽방멸치는 잡힌 멸치 가운데 길이 7㎝짜리 암놈과 은빛이 영롱하게 감도는 멸치만 엄선하여 특히 지느러미는 물론이고 멸치 외형이 단 한 곳도 손상되지 않고 자연 그대로를 유지해야 상품성을 인정 받는 고급멸치이다.

(3) 안초비

지중해나 유럽 근해에서 나는 멸치류의 작은 물고기, 또는 이것을 절여서 발효시킨 젓갈로 바스크어로 건어물을 뜻하는 안초바(anchova)에서 온 말로 생선의 머리와 내장을 제거하고 소금을 뿌린 후 월계, 후추, 정향 등을 넣은 후 무거운 것으로 누르고 뚜껑을 덮어서 수개월 동안 냉암소에 저장 발효시킨 후 뼈를 제거하여 올리브유에 재워 둔 것이다. 식욕촉진제 또는 안초비소스, 드레싱(시저 드레싱), 파스타 등에 사용한다.

3. 어패류의 품질변화

어패류가 죽은 후 일정 시간이 지나면 근육이 굳어지게 되는 현상을 사후경직이라 하는데, 사후경직이 일어나는 시간은 어종 · 온도 · 어획법에 따라 다르다. 구입 시 사후경직 중의 고기는 선도가 매우 좋은 것이다.

(1) 어패류의 감별법

어패류의 신선도를 판정하는 방법으로는 관능적 방법, 화학적 방법, 물리적 방법 및 세균수검사법이 있는데, 일반적으로 소비자가 구매할 때에는 관능적 방법으로 감별한다.

표 11-1 어류의 관능적 감별법

부위	관능적 특징
아가미	밝은 선홍색을 유지하고 단단하면 양호, 선도가 떨어져 회색이면 불량
근육	단단하고 외형유지가 되어야 하며, 사후경직 진행 시 양호
안구	광채가 있고, 돌출되어 단단하고 투명해야 하며, 색이 혼탁하고 각막이 가라앉으면 불량
생선의 표면	비늘이 단단하게 제자리에 있으며, 광택이 있고, 특유한 색채를 지녀야 함
복부 부분	탄력이 있고 팽팽해야 신선하며, 손가락으로 누른 후 원상회복이 되어야 함
냄새	비린내가 강한 것은 트리메틸아민, 암모니아, 아민류, 지방산화물이 발생한 것으로 지방이 산패된 것임
근육	광택이 없고 탁하거나 불투명하면 근육이 연화되는 것으로 불량

[표 11-1]의 어류의 관능적 감별법은 어류의 맛 · 색 · 냄새(향기) · 빛깔(광택) · 촉감 등이며, 다음과 같이 외관적으로 관찰하여 검사한다.

조개류는 항상 살아있는 상태로 구입해야 하는데, 살아있는 것은 껍질이 꽉 닫혀 있으며, 가볍게 탁탁 치거나 얼음으로 차게 하면 닫히는 것이 신선한 것이다.

(2) 어패류의 저장

생선은 구입한 후 바로 조리하는 것이 가장 좋으며, 냉장을 하면 일시적으로 부패를 지연시킨다. 그러나 냉장온도에서도 부패를 촉진하는 효소가 활동하므로 가능한 한 냉동 보관해야 한다. 냉장고에 보관 시에는 2~3일 이내에 조리해야 하며, 냉동 저장할 때에는 −18℃ 이하에서 6개월 이상은 저장하지 않는 것이 좋다.

해동한 생선은 장기간 방치하면 품질이 급격히 떨어지므로 해동한 뒤에는 단시간 내에 조리해야 한다. 냉장고나 냉동고에 넣어둘 때에는 생선 비린내가 다른 음식에 스며들지 않게 잘 포장해 두어야 하며, 진공포장하면 공기가 들어가지 못하여 산화를 지연시켜 줄 수 있다. 냉동어는 구입한 뒤 조리하기 전까지 계속 냉동상태로 보관해야 한다. 냉장 · 냉동저장 외에 이용하는 저장방법은 건조, 염장, 훈연 그리고 생선묵이나 통조림으로 가공하는 방법이 있다.

(3) 어류제품

농축어류단백(FPC: Fish Protein Concentrate)은 양질의 고농도 단백질 급원으로서 생선을 통째로 탈수 · 건조하여 갈아서 만든 것으로 뼈째 갈아서 칼슘과 인의 좋은 급원이 된다. 국수나 빵을 만들 때 생선가루를 섞어 주면 곡류 단백질의 품질을 증가시킬 수 있다. 그러나 비린내는 완전히 없어지지 않으므로 소량 첨가하여야 한다. 다진 생선 어육을 수리미(surimi)라 하며 이를 원료로 한 어육제품들이 개발 · 생산되고 있다. 수리미를 만드는 생선은 지방함량이 낮은 것을 이용한다.

FOOD PURCHASING MANAGEMENT

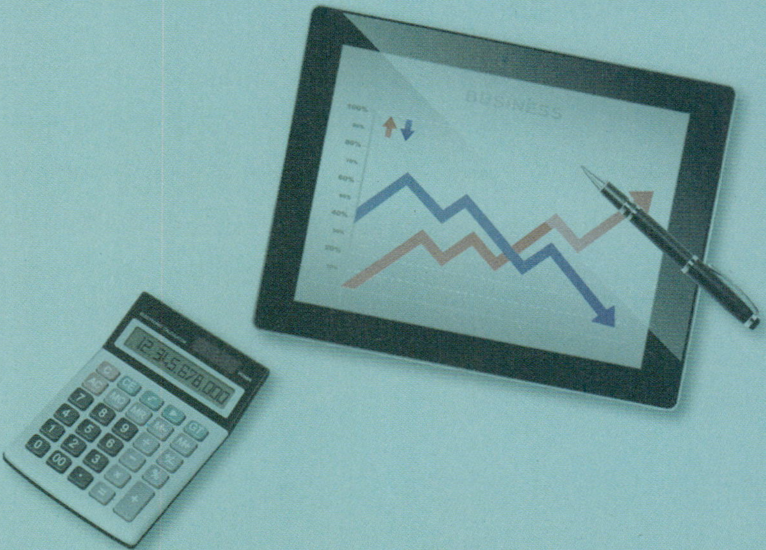

Chapter **12**

공산식품류

1. 냉동 식품
2. 레토르트 식품
3. 인스턴트 식품
4. 병·통조림 식품
5. 건조 식품

공산식품류는 국내시장에서 식품가공기술의 발전과 포장을 통한 규격화된 상품을 제공할 수 있기 때문에 그 수요는 점차 확대되고 있다. 공산식품류는 냉동식품, 레토르트식품, 인스턴트식품, 통조림식품, 건조식품, 조리냉동식품 등으로 구분할 수 있다.

1. 냉동 식품

냉동 식품(Frozen food)이란 전처리를 한 후 급속냉동을 하여 포장한 규격품으로 간단한 조리에 의하여 식탁에 올려질 수 있는 것을 말한다. 소비자가 구입하기까지 냉동 시스템(냉동고, 냉동차, 냉동용 show-case)하에서 −18℃ 이하로 저장·유통되어야 한다. 냉동하여도 수분·향기성분의 증발, 세균의 번식에 따른 부패, 효소 작용에 따른 식품의 성분 변화, 공기 중 산소에 의한 지방과 비타민류의 산화 등에 의해 식품의 품질은 저하되므로 따라서 이와 같은 모든 변화를 억제하기 위해서는 신선하고 품질이 좋은 재료를 선택하여 전처리하고, 유통상의 보존온도를 −18℃ 이하로 유지해야 한다.

우리나라에서는 1980년에 냉동 식품이 첫선을 보인 이래로 국내시장은 생활 수준의 향상, 냉장고 및 전자렌지의 보급, 냉장유통 시스템의 발달 등으로 인하여 그 수요가 점차 확대되어서 1988년까지 매년 약 50% 이상의 성장을 보여 왔다. 냉동 식품의 종류는 비교적 많기 때문에 종류·형태와 먹는 방법에 따라 해동과 조리(굽기, 찌기, 기름에 튀기기 등) 방법이 다르다.

2. 레토르트 식품

레토르트 식품(Retort-pouched food)이란 플라스틱 포장용기인 레토르트 파우치(retort pouch)에 포장되어 있는 식품을 뜻하는 것으로, 밀봉한 파우치를 레토르트에 의해 100℃ 이상으로 습열·가열처리하여 상업적 무균성을 갖도록 제조한 가공식품이다.

1950년경 미국에서 최초로 개발되어 개인전투식량 또는 아폴로 우주계획에 사용되었고, 1960년 후반에 들어와서 일본과 유럽에서 먼저 기업적으로 제조·판매하기 시작하였다. 1977년에는 미국 FDA로부터 상업적 이용이 가능하도록 그 안전성이 공인 되었고, 일본의 경우 1974년 5억 개의 파우치에서 1980년대에는 생산량이 무려 10배에 달하는 50억 개의 파우치가 판매되었는데, 그중에서 대부분은 인스턴트 카레와 햄버거 등이 차지하고 있다. 우리나라에서도 자장·카레·쌀밥 등이 주로 시판되고 있다. 레토르트 식품의 장·단점을 설명하면 다음과 같다.

(1) 레토르트 식품의 장점

❶ 상업적 무균상태로서 냉장이나 냉동이 필요 없으며, 보존을 위한 첨가물을 가하지 않고 상온에서 통조림처럼 안전하게 장기 보존할 수 있다.

❷ 가열하지 않고 먹을 수 있으며, 또한 열탕에 3~5분간 넣었다가 즉시 먹을 수 있어 냉동식품에 비하여 시간과 에너지를 절약할 수 있다.

❸ 상부의 옆부분을 찢거나 가위로 자르므로 통조림식품보다 안전하고 쉽게 개봉할 수 있다.

❹ 파우치(pouch)는 통조림이나 병에 비하여 가볍기 때문에 수송 및 유통비용을 줄일 수 있으며, 휴대하기도 간편하다.

❺ 파우치는 저장공간이 약 85% 절약되며, 사용한 파우치는 폐기가 용이하여 통조림보다 환경공해 요인이 적다.

❻ 파우치는 병·통조림에 비하여 살균시간이 짧기 때문에 제조 에너지가 적게 소요된다.

(2) 레토르트 식품의 단점

❶ 병·통조림에 비하여 충진 속도가 느리고, 또한 불량품을 검출하는 방법이 아직 확립되어 있지 않다.

❷ 파우치의 유연성 때문에 내용물의 형태가 파괴될 우려가 많다.

❸ 파우치의 크기가 제한을 받는다. 너무 크면 두께가 늘어나고 살균시간이 길어지므로 과열되어 통조림보다 오히려 품질이 손상된다.

(3) 제조공정

레토르트 식품의 일반적인 제조공정은 조리·충진·밀봉·가열살균·냉각 등의 순으로 통조림의 가공방법과 같다. 그러나 충진할 때 접착부위의 오염이 일어나지 않도록 특수하게 고안된 충진기를 선택하여야 하고, 접착조건을 정확히 조정하지 않으면 외관상으로는 안전하게 보이나 실제로는 불안전한 접착이 되는 경우가 있다. 파우치의 살균은 보통 120℃에서 약 20분간 가열하는데, 내열성 아포균인 보툴리누스균은 4분 정도 가열함으로써 완전히 사멸된다. 그러나 최근에는 고온·단시간 살균방법인 하이 레토르트법이 개발되어 종래에 없던 우수한 품질의 레토르트 식품이 등장하여 앞으로 한층 비약적인 발전이 예상된다.

3. 인스턴트 식품

우리나라에서 인스턴트 식품의 역사는 매우 짧다. 지금까지 우리나라는 주식·부식을 자가 조리하는 전통적이고 보수적인 식습관을 계속하여 왔기 때문이다. 그러나 최근에 와서 급격한 경제성장과 소득향상을 배경으로 독특한 풍미와 기호성을 갖고 있는 간편한 가공식품을 선호하는 서구식 식생활 양상으로 점차 변화되고 있는 추세에 따라 식품 구성 및 형태에도 커다란 변화를 일으키고 있다. 인스턴트 식품은 'instant food, convenience food' 이외에 'ready to eat food, quickly prepared food, quickly cooked food' 라고도 부른다.

(1) 인스턴트 식품의 특성

❶ 조리과정과 시간을 단축하기 위해 만들어진 가공식품으로서 조리적인 수단을 전혀 필요로 하지 않는 것은 아니다.
❷ 시간과 장소에 관계없이 간단한 조리과정을 거치면 먹을 수 있다.
❸ 전처리로서 진보된 식품가공공정을 통하여 제조한다.
❹ 보존성이 있으며 수송이나 휴대하기 편리하다.
❺ 기호성이 높고 비교적 가격도 저렴하므로 대중성을 갖고 있다.

(2) 분류

인스턴트 식품을 간편성 또는 가공적인 측면에서 분류하면 **[표 12-1]**과 같다.

표 12-1 인스턴트 식품의 분류(가공성)

분류	가공내용	품명
물이나 우유와 함께 또는 열탕 처리하는 것만으로 먹을 수 있는 것	수용성의 것. 또는 수용성 성분을 추출한 것을 복원성이 크도록 탈수하거나 건조한 것	인스턴트 커피, 인스턴트 차, 인스턴트 밀크, 인스턴트 주스
	곡류나 감자류의 전분을 α화한 것	콘플레이크, 감자칩, 즉석밥
그대로 가열하거나 열탕 처리하여 끓인 후 먹을 수 있는 것	조리·가공되어 식탁 직전까지의 조리가 끝난 것	인스턴트 라면, 조리냉동식품
	각종의 건조 원료를 만들어 이것을 조미가공한 것	인스턴트 수프, 인스턴트 된장, 인스턴트 간장

1) 인스턴트 커피

현재와 같은 인스턴트 커피는 네슬레사가 미국에서 1910년에 처음 판매하기 시작하였으나, 본격적인 제조는 제2차 세계대전 중 군수용품으로 생산되었으며, 1950년경에는 미국의 제네럴 푸드사가 분무건조법에 의하여 요즘과 같은 100% 순수한 제품을 생산하기 시작하여 폭발적인 수요를 일으켰다.

2) 인스턴트 카레

카레는 옛날부터 많이 이용되어 온 향신료인데, 인스턴트 카레는 20여 종류의 향신료와 밀가루 그리고 버터 · 라드(lard) 등의 유지를 혼합하여 고형 또는 과립상으로 만들어 조리하기에 간편하도록 만든 것을 말한다.

3) 인스턴트 밀크

현재 시판되고 있는 분유에는 전지분유 · 탈지분유 · 조제분유 등이 있는데, 이들은 우유를 그대로 분무 건조하거나 지방을 제거하여, 또는 우유에 부족한 영양소를 첨가하여 분무 건조시킨 것이다.

4) 인스턴트 수프

인스턴트 수프는 고형 · 분말 · 호상 · 통조림 등의 형태가 있으나 현재 시판되고 있는 인스턴트 수프의 대부분은 분말수프이며, 포타주형 · 콘소메형 · 라면수프로 크게 나눌 수 있으나, 포타즈형이 많다.

5) 인스턴트 된장국

현재 시판되고 있는 된장국은 생된장을 진공건조하여 여기에 각종 조미료, 동결건조 시킨 시금치, 버섯, 양파 등 채소류의 분말 그리고 튀김류 등을 혼합하여 만든 것으로 열을 가하면 즉시 된장국으로 먹을 수 있다.

6) 콘플레이크

콘플레이크는 플레이크 상태의 곡류제품의 대표적인 것으로 옥수수를 분쇄하여 증기로 찐 다음 롤러로 압편한 것이다. 콘플레이크의 원료는 보통 백색의 옥수수를 사용한다.

4. 병·통조림 식품

병이나 통조림 가공식품은 제품의 다양성·간편성·경제성·보존성 등으로 볼 때 넓은 의미에서 인스턴트식품이라 할 수 있으나, 일반적으로 조리냉동식품과 같이 조리형태의 것을 인스턴트식품이라 한다. 특히 병·통조림을 그대로 끓는 물 속에 넣었다가 개관하면 즉석에서 서양요리 또는 중화요리로서 이용할 수 있다.

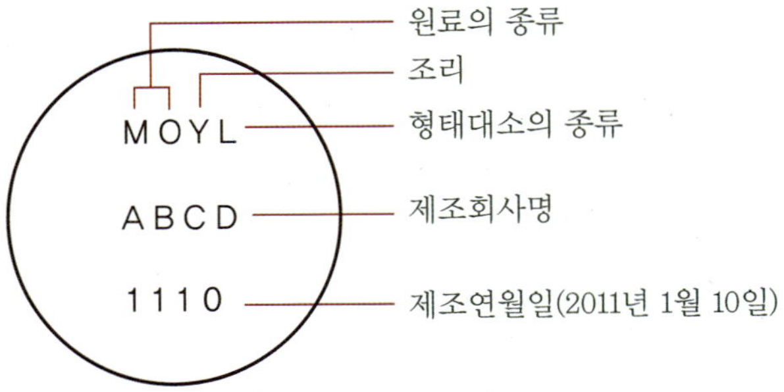

그림 12-1 통조림의 표시

통조림을 구입할 때는 통조림통이 찌그러져 있지 않고, 형상이 고르며, 녹이 슬거나 내용물의 즙액이 샌 흔적이 없어야 한다. [그림 12-1]과 같이 통조림통에 라벨이 붙어 있고, 내용물에 제조자명·제조업소재지·제조년월일·중량·첨가물이 명시되어 있는지 검사해야 하며, 조리법(색, 맛, 향기)에 이상이 없어야 하고, 통의 안쪽에 검은색의 녹이 슬면 안 된다.

5. 건조 식품

(1) 즉석밥

즉석밥(α화 쌀)은 지은 밥을 건조한 것으로 물을 가함으로써 원래의 밥으로 되돌아가는 쌀을 말한다.

(2) 인스턴트 라면

라면은 중국식의 국수를 삶아서 맛을 들인 후 기름에 튀겨서 탈수·건조한 것인데, 경우에 따라서는 맛을 내지 않고 탈수·건조하기도 한다. 이와 같이 라면에는 별도로 포장한 분말 수프가 포함된다. 국수는 기름에 튀김으로써 전분이 호화되는 동시에 탈수되며, α전분이 고정되기 때문에 더운물을 가하거나 잠시 동안 끓여서 바로 식용할 수 있다.

부록

1. 도매시장 일반현황
2. 농축산물의 유통경로
3. 쇠고기 중심의 식육(산업) 관계 용어
4. ○○ Hotel의 품목별 검수기준
5. 축산물의 등급제도(돼지도체의 등급기준)
6. 소도체 등급판정

부록 1 도매시장 일반현황

1. 전국 도매시장(2021, 단위: 개소)

시도	공영 도매 시장	일반법정도매시장						민영 도매 시장	합계
		소계	청과	수산	축산	양곡	약용		
서울	2	2	–	–	1	–	1	–	4
부산	2	–	–	–	–	–	–	–	2
대구	1	2	2	–	–	1	–	1	3
인천	2	1	–	–	1	–	–	–	3
광주	2	1	–	–	1	–	–	–	3
대전	2	–	–	–	–	–	–	–	2
울산	1	–	–	–	–	–	–	–	1
경기	4	–	–	–	–	–	–	1	5
강원	3	–	–	–	–	–	–	–	3
충북	2	–	–	–	–	–	–	–	2
충남	1	–	–	–	–	–	–	–	1
전북	3	1	–	–	1	–	–	–	4
전남	1	2	2	2	–	–	–	–	3
경북	3	5	3	1	–	–	1	2	10
경남	3	–	–	–	–	–	–	–	3
합계	33	14	5	2	4	1	2	3	49

2. 도매시장 거래 체계도

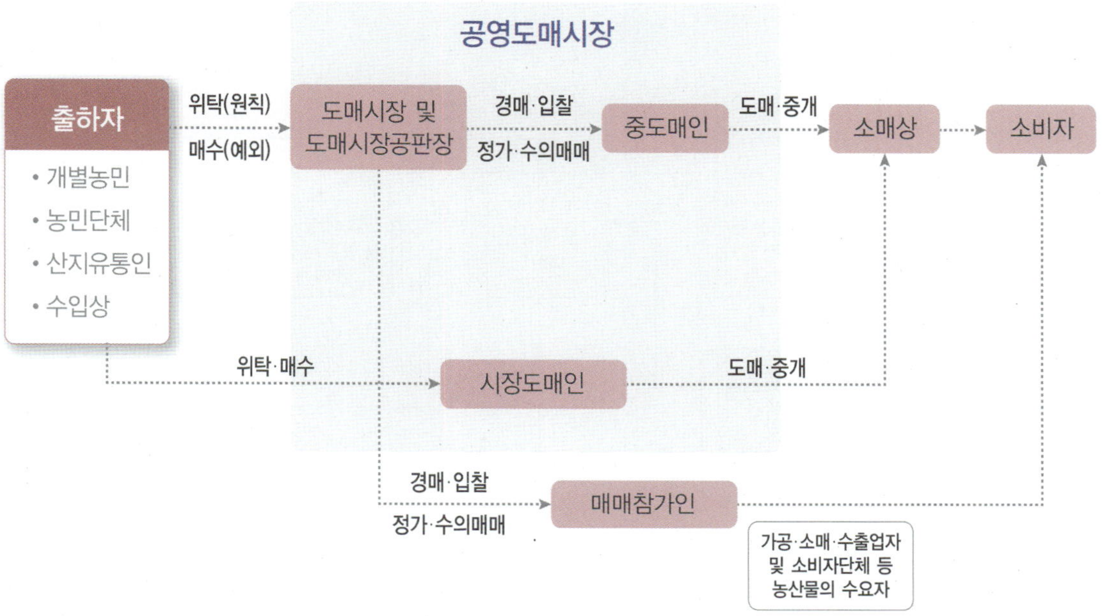

3. 도매시장 온라인 거래 체계

부록2 농축산물의 유통경로

1. 쌀

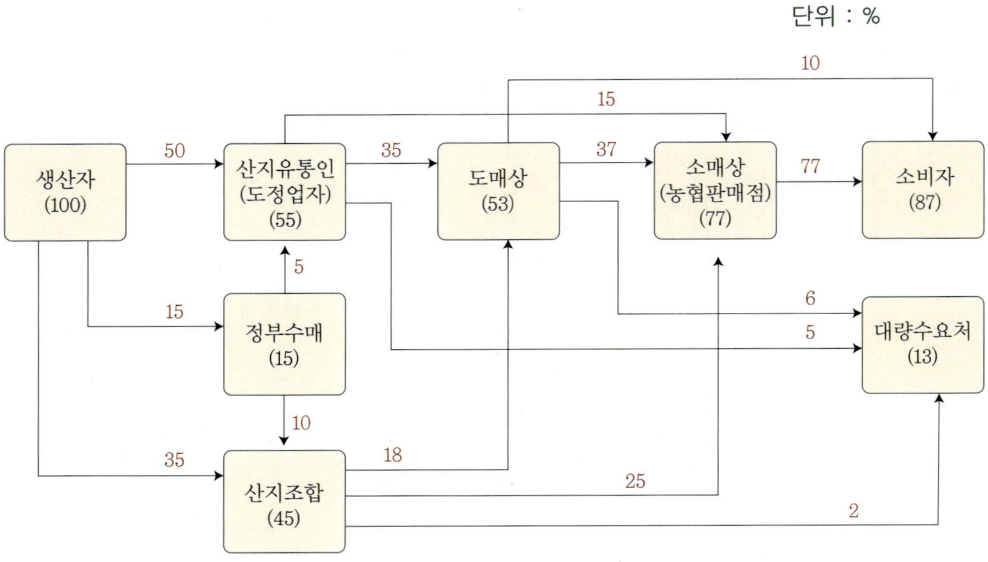

2. 배추

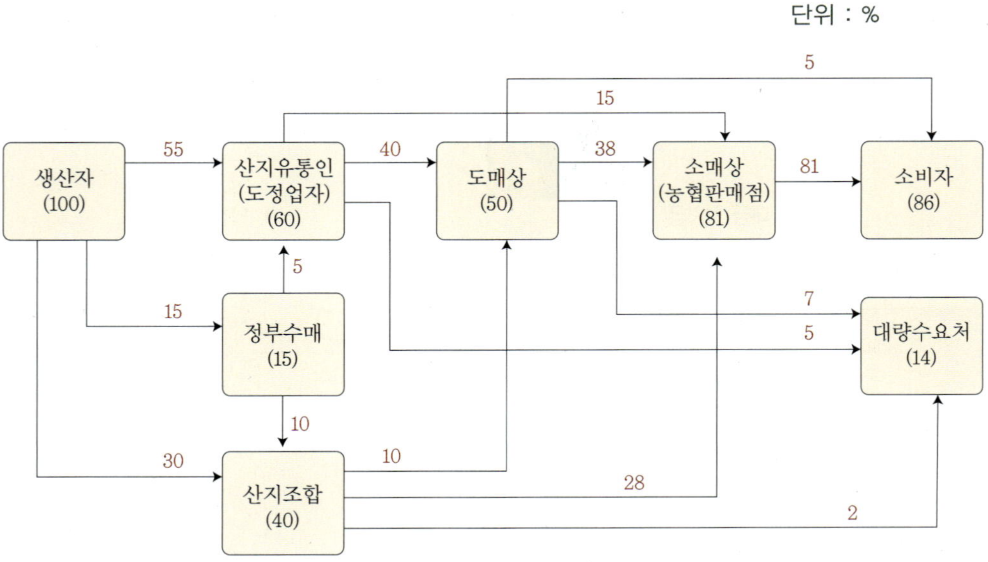

3. 사과

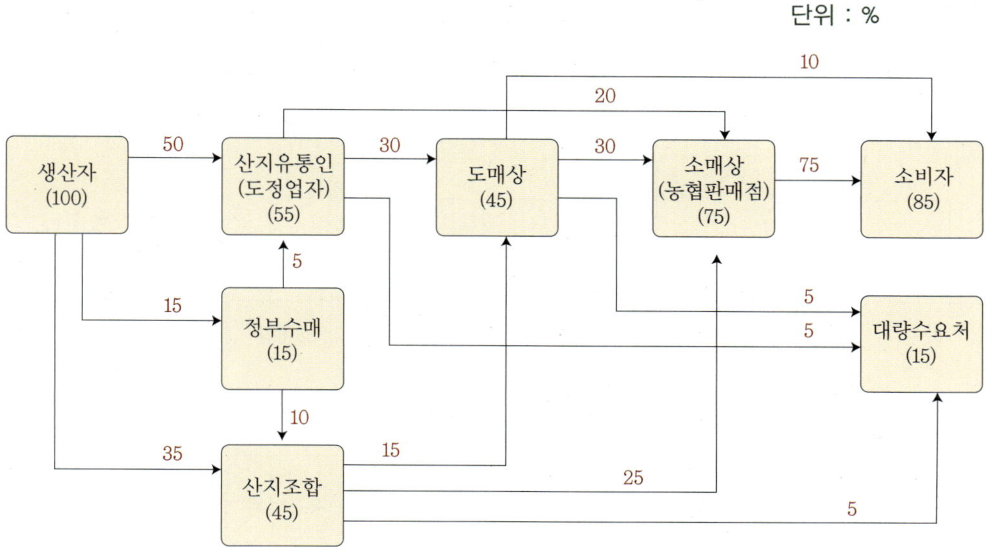

단위 : %
생산자 (100)
산지유통인 (도정업자) (55)
도매상 (45)
소매상 (농협판매점) (75)
소비자 (85)
정부수매 (15)
대량수요처 (15)
산지조합 (45)
50
30
30
75
20
10
5
15
10
35
15
25
5
5
5

4. 딸기

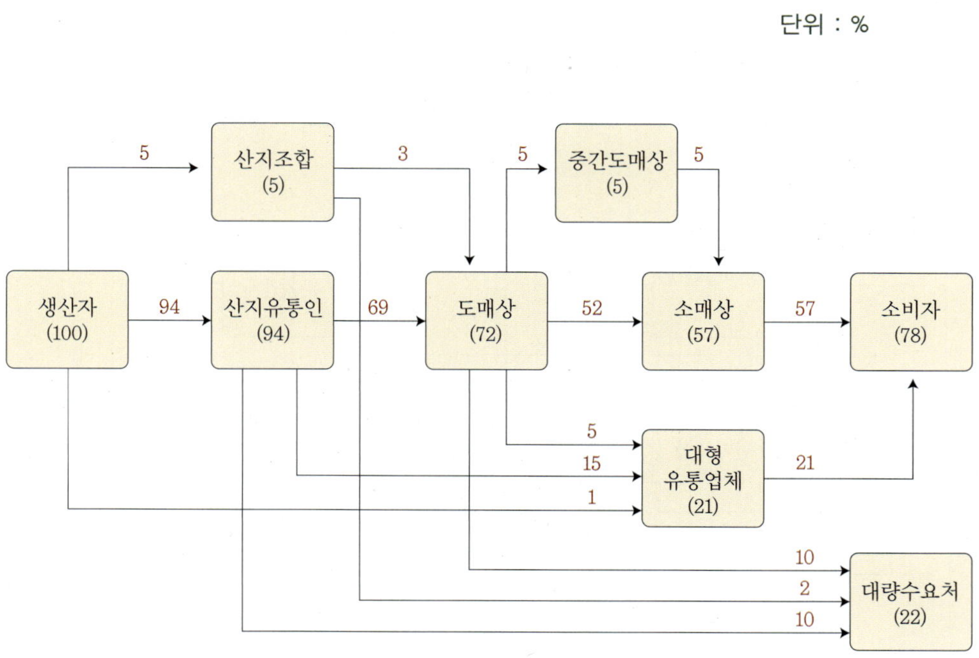

단위 : %
산지조합 (5)
중간도매상 (5)
생산자 (100)
산지유통인 (94)
도매상 (72)
소매상 (57)
소비자 (78)
대형 유통업체 (21)
대량수요처 (22)
5
3
5
5
94
69
52
57
5
15
1
21
10
2
10

5. 쇠고기

주 유통경로는 양축가→정육점→소비자에 이르는 3단계임

단위 : %

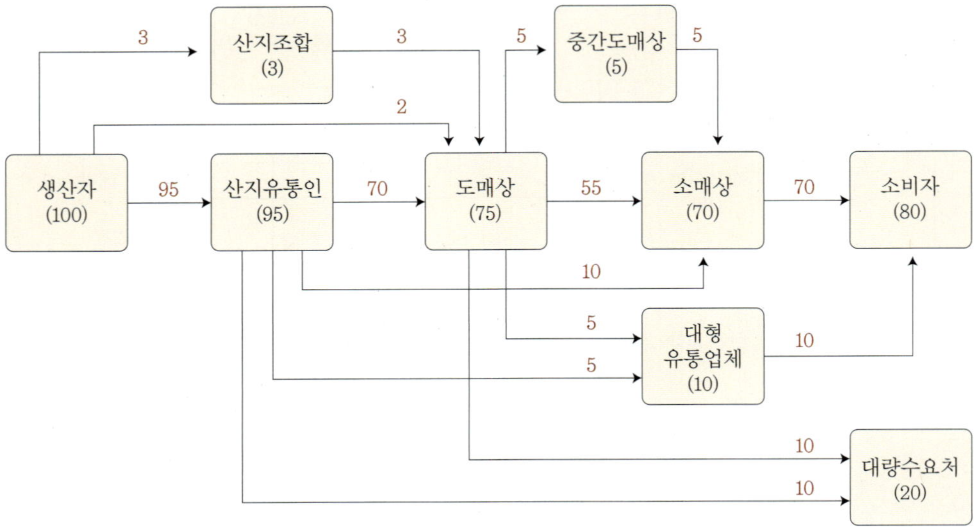

6. 돼지고기

단위 : %

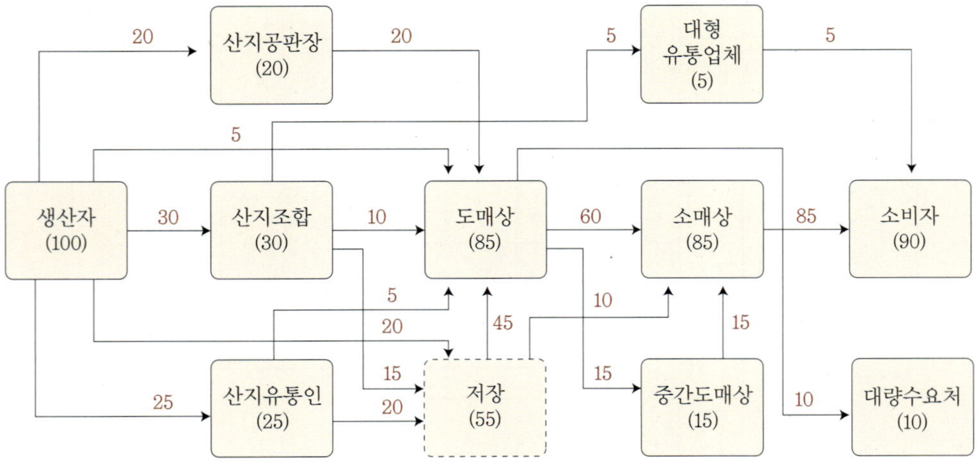

7. 달걀

주 유통경로는 양축가→수집상→도매상→소매상→소비자의 4단계임

단위 : %

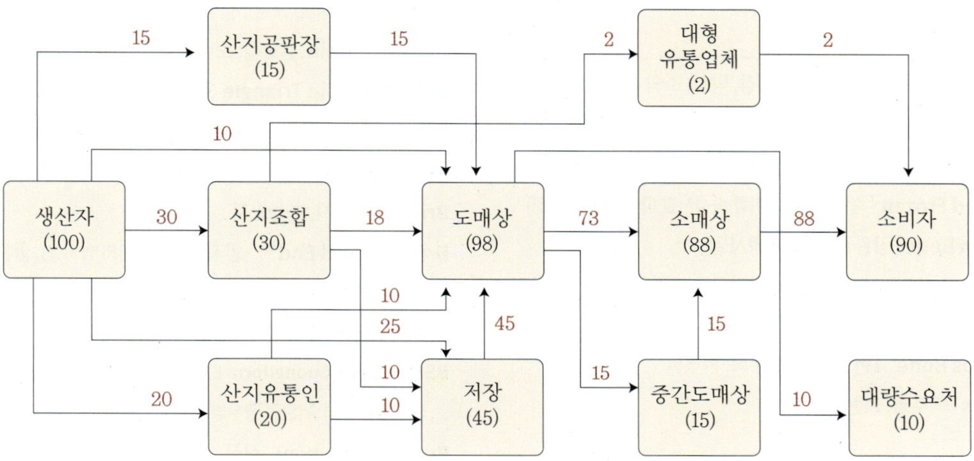

단위 : %

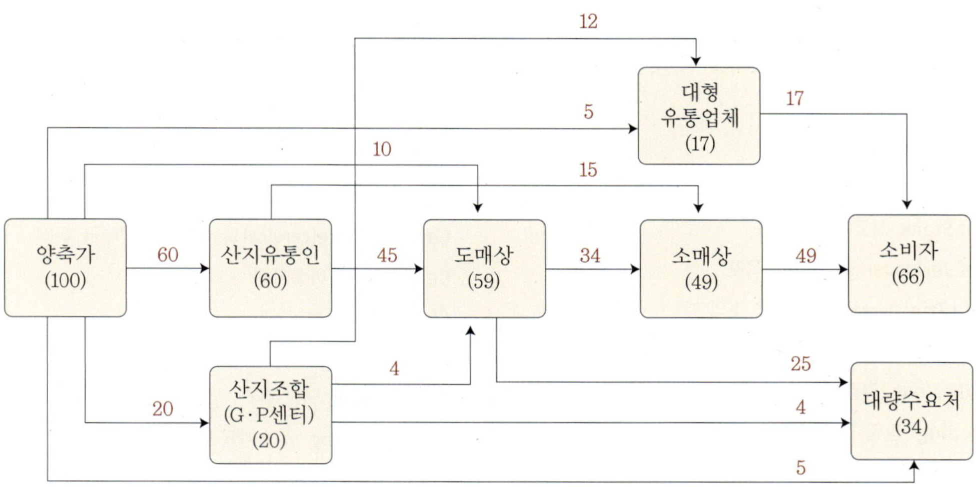

부록 3 쇠고기 중심의 식육(산업) 관계 용어

AU: 호주 US: 미국 CA: 캐나다

A

Abomasum(=Humerus) 홍창, 막창, 소의 4위

Achilles Tendon 뒷발꿈치의 건

Aging 숙성, 연육화(고기의 숙성시 연해지는 현상)

Aged Frozen 숙성 냉동(고기를 숙성시킨 다음 냉동시킨 것)

Arm Bone 상완골, 앞다리 왕사골

Arm Pot-Roast or Steak 상완골을 포함하여 절단한 구이 또는 스테이크

Atlas Bone 1번 경추, 1번 목뼈, 환추골

Axis 축추골, 2번 경추

B

Back Bone(Vertebrae) 등뼈, 척추뼈(경추에서 미추까지)

Back Rib(Thoracic Back Rib) 등 갈비, No. 6~12상부 늑골

Back Strap(Ligamentum Nuchae) 떡심, 등황색 인대

Baby Head CA 아래쪽 목살

Ball-Tip 윗도가니살

Beef 쇠고기, 우육

Beef Steak 쇠고기 스테이크

Beef Jerk(=Jerky) 쇠고기 육포

Bible Trip(Oemasum) 처녑, 소의 3위

Blade Bone 견갑골, 주걱뼈(=Scapula=Paddle Bone)

Blade Meat 견갑골살, 어깨살

Bleeding 방혈

Bolar Blad(Sehoulder Clod Triceps) 어깨살 양지, 원형 앞다리살

Boning 발골, 뼈 적출 작업

Bone-In Shin & Shank 뼈사태

Bone-In Carcass 2분체 지육

Bone-In Chuck 뼈 붙은 어깨살(꾸리살과 부채살 포함됨)

Bone-In Chuck Short Rib 앞갈비, 척갈비

Bone-In Short Rib 갈비, LA 갈비

Boneless Chuck Short Rib 갈비 본살

Boneless Short Rib 진 갈비살, LA 갈비살

Bottom Flap 윗삼각살(설도하 안쪽살)

Bottom Round(Out-Side Round, Gooseneck) 우둔하, 거위목(홍두께살 포함), 설깃살

Bottom Sirloin 설도살, 보섭살 아래쪽 살

Bottom Sirloin Triangle 설도 삼각살

Box Beef 상자육

Brain 뇌

Brisket 앞양지, 차돌양지

Brisket Navel End AU 양지(횡격막부근의 양지살), 짧은 양지, 삼겹양지

Brisket Point End AU 차돌양지, 가슴양지

BSE(=Bovine Spongiform Encephalopathy) 소 해면상뇌증(일명 광우병)

Bung Cap(Rectum) 직장, 막창

Butt AU 후사분체의 뒷부분

Butt Tenderloin 안심 머리살

C

Calf Meat 송아지 고기(회색계 적색 ; 10개월령 이내 도축분)

Carpus(Front joint bone) 완골, 앞다리 발목뼈

Carcass 지육

Caul Fat 망막지방, 복막지방

Cervical Bone(cervical vertebrae) 경추골, 목뼈

Center Heel 아롱사태

Cheek Meat 볼살, 교근

Chain Meat CA 채끝 등쪽의 쪽근육

Chilled Meat 냉장육

Chilled Boning 냉장 지육 발골

Chine Bone 추체골, 등뼈

Choice Grade 쇠고기 등급 중 2번째 등급

Chuck and Blade 어깨살과 견갑골살(목살포함)

Chuck Crest 멍에살, 목덜미살, 육봉

Chuck Flap Meat 목 살치살

Chuck Flap Tail 살치살(갈비 본살과 붙은 살치살)

Chuck End 아랫등심의 앞쪽(윗등심방향)

Chuck Eye Log 정선목심(알 목심을 정선함)

Chuck Eye Roll 알목심

Chuck Roll 목심, 어깨등심

Chuck Short Rib 어깨갈비, 앞갈비

Chuck Square Cut 4각 절단목심

Chuck Tender 꾸리살(= Chuck Mock or Scotch Tender US)

Coccygeal Bone 미추골 (= Tail Bone)

Connective Tissue 결합조직, 결체조직

Costal Cartilages 늑 연골, 가슴연골

Coxae 관골, 엉치뼈

Cross Rib CA Bone-In-Chuck Short Rib

Cross Rib Pot-Roast cross rib 2개를 반대 방향으로 타잉한 것

Cube Roll AU, **Rib Eye Roll** 알등심

Culotte AU 설깃살(Top Sirloin Butt에서 대접살을 제거함)

Cutlets 저민 고기

Cured 염지, 절임

D

Deckle 가장자리

DFD(Dark, Firm, Dry) 적색육(이상육의 일종)

Diaphragm(Out Side Skirt, Thin Skirt AU**)** 안창살, 횡격막근

Diced Beef 깍둑썰기 쇠고기, 사각모양으로 썬 쇠고기

Digital Meat CA 앞·뒤 사태살 중 아롱사태 모양의 근육

Dry Aged 건조 숙성

D-Rump D 형 설도, 정선한 보섭살(설도)

E

Edible By-Products(Fancy Meat) 식용 부산물(= Edible Offal)

Enzyme 효소

Eye of Round 홍두깨살, 우둔심

External Flank Plate 바깥 양지살

F

Fabricated Curs 가공부위

False Lean 의사 살코기

Fancy Meat AU**-Edible By-Products** 부산물

Feather Bone 척추 극돌기, 가시돌기

Feet 족

Femur 대퇴골 (= Round Bone)

Fillet 일정하게 slice한 고기

Filet Mignon 안심 스테이크 부분

Finger Meat(Intercostal) 늑간살, 갈비뼈 사이살, 갈비살

Flavor 육의 풍미

Flank Plate Steak Tip 복사 근(내·외근으로 구성 : 토시선에 붙음)

Flank Steak 양지내근(양지 젖통끝 내면에 위치)

Flap-Meat (납작한)양지덧살, 속양지(Flank Steak에 붙어 있음)

Flat 납작한 고기

Flexor Tendon 앞다리 건

FMD (=Foot & Mouse Disease) 구제역

Fore Quarter 전 4분체, 앞다리

Fore Shank 앞다리 사태

Fore Shank Bone (Ulna, 척골 + Radius, 요골), 앞다리뼈, 전완골

Fresh Meat 신선육(염지, 훈연, 냉동한 적이 없는 고기)

Freeze Drying 냉동 건조

Frozen Beef Meat 냉동 쇠고기

FSIS(=Food Safty & Inspection Service) 미식품안전검사국

G

Gland(Lymph Node) 임파선

Gooseneck AU**,(Outside Round Meat, Bottom Round)** 설깃살, 거위 목살(홍두깨살 부착)

Grade 등급

Gross Weight 총 중량, 전체무게

Ground Meat 분쇄육, 갈은고기, 세절육, 다짐육

H

HACCP(=Hazard Analysis Critical Control Point) 위해요소중점관리기준

Hanging Tender(Thick Skirt Meat [AU]) 토시살

Head Meat 머리 고기

Heart 염통, 심장

Heel Meat 뭉치사태 (= Heel Mucsle)

Hide 가죽

Hindquarter 후사분체

Hind Shank 뒷사태

Hind Shank Bone(=Tibia) 경골, 정강이뼈, 하퇴골

Hip Bone 엉덩이뼈

Hock Bone 아킬레스건 하단골 (= Tarsal Bone)

Honeycomb(Recticulum) 소의 2위(붕소위, 벌집위)

Hot Boning 도축 후 냉각하지 않은 지육의 발골

Humerus 상완골, 앞 왕사골

I

Illium 장골, 관골의 전단부위

IMPS(=Institutional Meat Purchase Specification) 공식식육구매명세

Inside Cap Off Round [AU] 우둔상(덧살 제거한 것)

Inside Round(Top Side) 우둔상

Inspection Mark of Meat Products 식육제품소인, 식육제품의 검사표시

IQF(Individual Quick Frozen) 개별냉동, 낱개냉동

Interal Flank Plate 안쪽 양지살

Intercost(Railb Finger) 늑간살, 갈비뼈 사이살, 갈비살

Ischium Bone 좌골(= Aitch or Rump Bone)

J

Jerk(=Jerky) 육포

K

Knee Cap(Patella) 슬개골, 도가니뼈, 종지뼈, 복사뼈

Knuckle(Thick Flank [AU]) 설도하, 도가니살

L

Large Intestine 대창, 큰창자

Layer Pack 겹겹포장, 다층 포장

Lean Cubing 목심 아래부위

Lifter Meat(Loin Cap Meat) 등심 받침살

Ligamentum Nuchae(Back Strap) 떡심 인대

Lips(Lip Meat) 붙임살

Liver 간

Loin 등심

Loin Bone 허리 척추뼈, 요추 (= Lumbar Vertebrae)

Loin End 아랫등심의 채끝 방향

Lung 허파

Lumbar Bone(Lumbar vertevrae) 요추골, 허리등뼈(6개)

Loin-Bone Lymph Node(Gland) 임파선

M

MAP (=Modified Atmospere Pacaging) 개수 치환 포장

Marbling(grade) 상강도, 근내지방 분포도

Marrow 골수, 척수

Marrow Gut [US] Small Intestine 곱창, 소창

MEF (=Meat Export Federation) 미 육류수출협회

Membrane 근막, 박막

Milk Fed Veal Meat 우유급식 송아지 고기

Muscle 근육

N

Nature Fed Veal Meat 자연급식 송아지 고기

Navel [AU] (Short Plate,Beef Plate) 짧은 양지살, 삼겹 양지

Neck Bone 목뼈, 경추(No. 1~7)

Neck Chain(Rope Meat) 제비추리

Net Weight 순무게, 순중량

New York Steak(Strip Loin Stake) 채끝 스테이크

No Roll Beef 등급 판정하지 않은 쇠고기

O

Off Condition 위생 불량 상태

Omasum 소의 3위, 처녑
Outside pla(tBeottom Round) 우둔살(홍두깨 제거됨)
Outside Round 우둔하(홍두깨 붙음) - Gooseneck AU
Oxtail(Tail) 소꼬리
Oyster Blade 부채살, 낙엽살 (= Oyster Muscle)

P

Packer 가공 생산자
Patty 패티(햄버거용 같은 성형 고기)
Pancreas 췌장
Paddle Bone 주걱뼈, 부채뼈 (= Scapular)
Patella Bone(Kene Bone) 도가니뼈, 슬개골, 종지뼈, 복사뼈
PEDO Brisket(Point End Deckle Off) 정선차돌 양지, 앞 양지살
Peeled 껍질 제거
Pelvic Bon(Reump Bone + Hip Bone) 골반골, 엉치뼈(장골+좌골)
Pelvic Girdle(=Pinbone) 치골과 장골 부위
Pickled 염지, 염장
Pin wale steak Flank meat 등을 채소를 넣어 말고 pin으로 꼽아 고정 후 만든 스테이크
Pistola Hindquater AU 등·안심이 부착된 후 4분체 지육
Plate Piece 판 조각 고기
Portion Control Cuts 일정하게 1차 가공한 품목
Porthouse Steak 큰 T-Bone Steak(serloin 끝쪽으로 안심이 1과 1/2인치 이상임)
Precooked 미리 익힘
Primal Cuts 1차 절단품
Prime Grade 최고 등급품
Protein 단백질
PSE(Pale, Soft, Exudative) 회색육 - 연질육 - 삼출육(스트레스성으로 생산되는 이상육)

Q

Quality Grade(=Marbling Grade) 품질등급
Quarter Beef 4분체 지육

R

Radius 요골(앞다리뼈 중 아래쪽 뼈)
Red Meat 적육(근막을 제거한 순 살코기)
Rib 갈비
Rib Steak 아랫등심 스테이크
Rib End AU**(Bone in Spare Rib)** 갈비살, 갈비정육(Rib Set에서 등심을 제거한 잔육)
Rib-End Bone(Spare Rib) 등갈비
Rib Eye Roll(Cube Roll AU**)** 알등심
Rib Eye Log 알등심을 더욱 정선한 등심
Rib Eye Roll, Lip-On (Spencer Roll AU**)** 덧살 포함 등심
Rib Finger(Intercostal) 늑간살, 갈비살
Rib-Prepared AU 뼈 있는 갈비심(Rib Roast Ready, 로스용 갈비등심(백립 붙임))
Rib Set AU 갈비세트(늑골포함, 양지살 제거함)
Roast Beef 익힌 쇠고기
Rose Meat Flank(양지근)의 표면의 얇은 근육 (= Rose Muscl US)
Rostbiff 설도정육(D-Rump 에서 근막을 제거한 것)
Round Bone(Femur) 대퇴골, 허벅지 뼈
Round Meat 우둔 뒷다리살
Rumen 소의 1위
Rumen Pillar AU **(Mountain Chain Tripe)** 양지머리
Rump 설도상(생산 Full Rump-Sirloin Butt-Rump -D)
Rump Bone 장골(꼬리쪽 골반뼈)

S

Sacral Bone 천골(요추 다음 뼈)
Scapula 견갑골 (= Blade-Bone)
Select Grade 등급 중 3번째 등급
Shell Loin 뼈 있는 채끝
Seam Fat 복강 봉합지방
Shin & Shank 사태살
Short Rib 갈비
Short Plate(Karubi Plate, Navel AU**)** 짧은 양지, 갈비양지
Shoulder 어깨살
Shoulder Clod(Bolar Blade AU**)** 어깨양지, 어깨살

Silverside [AU]**(-Outside Round)** 우둔(하) - 홍두깨 붙음

Sirloin(-Rump) 엉덩이살, (천골살), 설도

Sirloin Butt 윗등심 살

Sirloin T(Biopttom Sirloin Butt) 아랫등심 살

Skull 두개골 = Head Bone

Slaughter 도축

Small Intest, in Mearrow Gut [US] 곱창, 소창

Smoked 훈연

Spare Rib 후 판갈비(갈비살과 양지를 제거하고 남은 갈비)

Spencer Roll [AU]**, Rib-Roast-Ready** [US] 아랫등심

Spinal Cord 등골, 척수

Spleen(=Sweetbread) 지라, 비장

Sternum 흉골, 가슴뼈= Breastbone

Striploin 채끝 등심(= Short-Loin)

Sub-Primal Cuts 2차 절단품

Sweetbread(Spleen) 지라 비장

T

T-Bone Steak 티본스테이크(안심 두께 1 1/2~1/2인치 사이임)

Tail(-Oxtail) 꼬리

Texas Rib(Back Rib) 등갈비

Tenderloin 안심

Tenderloin Butt 안심머리

Testes 고환

Texture 고기의 결, 근 조직

Thymus Gland(Sweetbread) 흉선

Tibia(Hind Shank) 하퇴골, 정강이뼈

Thick Skirt [AU]**-(Hanging Tender** [US]**)** 토시살

Thin Flank 뒷양지

Thin Skirt [AU] **(Outside Skirt)** 안창살

Thoracic Vertevrae(13개) 흉추

Thoracic Cavity 흉강

Tight side [US] 지육의 콩팥 지방 부위

Tongue 혀(Long Cut, Short Cut, Swiss Cut의 세 종류)

Tongue Root 혀 뿌리살

Top(Oyster) Blade 낙엽살, 부채살

Top-loin Steak 안심 두께가 1.3cm 이하인 것

Topside Round(Inside Round) 볼기살, 우둔살

Tripe(Rumen) 소의 1위, 양

Tri-Tip(Triangle) 또는 Bottom Sirloin Butt 설도 삼각살

U

Udder 유방, 젖통

Ulna 척골(앞다리뼈 중 아래쪽뼈)

Ungrade Beef 등급 판정을 하지 않은 쇠고기 = No-Roll [US]

USDA U.S. Department of Agriculture, 미 농무성

V

Vacuum Aging 진공 숙성

Vacuum Packing 진공 포장

Variety Meat(Fancy Meat [AU]**, Edible By-Products)** 식용 부산물 Veal(Meat) 송아지고기(20개월 내 도축)

Veal leg 송아지 다리고기

Veal Rack 송아지 등심

W

Weasand Meat 식도

Wet Aging 습식 숙성

Wing Steak [CA]**, T-bone Steak** 사양 중 안심 직경 1~3cm 이하(= Top-loin- steak)

Y

Yield Grade 수율등급, -YG 1-5-

Yearling Beef [AU] = Veal meat [US], 어린 쇠고기(18개월령 이하의 쇠고기)

Yearling Steer [AU] 어린 수소고기(18개월 이하 쇠고기-영구치 없음)

Young Beef [AU] 30개월령 이하 쇠고기(영구치 2개 생성)

부록 4 ○○ Hotel의 품목별 검수기준

1. 일반 채소: 계절적 특성을 고려한다.

품명	검수기준	검수방법	비고
브로콜리	• 꽃이 피지 않고 진한 녹색인 것으로 싱싱해야 한다. • 꽃송이가 굵어야 하고 줄기는 바짝 자른 것으로 송이당 300g 정도이며, 꽃송이의 입자가 균일하며 작아야 한다.	시각	
콜리플라워	• 꽃이 과잉 발효가 되지 않아야 하며 색상은 아이보리 색으로 흑 점 및 자색이 있으면 안 된다. • 꽃잎과 줄기는 제거되어야 하며, 갈라지지 않은 탐스러운 형태로서 신선한 감이 있어야 한다.	시각 촉각	
적채	• 잘 결구된 무거운 것으로 겉잎이 완전히 소제된 원형이어야 하며 절단 시 속에 종이 없어야 한다. • 색깔은 진보라색으로 선명하고 윤기가 있어야 한다. • 잎이 두꺼워야 하며 벌레가 먹지 않아야 한다.	시각	
양배추	• 파란 겉잎이 완전히 소제된 것으로 잎이 두꺼우며 벌레가 먹지 않아야 한다. • 잎이 신선하고 광택이 있어야 한다. • 절단 시 속에 종이 없어야 한다.	시각	
셀러리	• 잎은 짙은 녹색으로 시들지 않아야 하며, 신선한 감이 들어야 하고, 대가 굵으며 연해야 한다. • 속대와 겉대의 굵기가 일정해야 하며 벌레 먹는 부분이 없고 종이 없어야 한다.	시각	
양상추	• 크기가 일정해야 하며 잎이 썩거나 짓무르지 않은 신선한 것이어야 한다. • 표면에 상처 또는 짓눌려 시든 것이 없어야 한다. • 절단 시 속대가 없고 내잎이 썩지 않으며 속이 꽉 차 있어야 한다.	시각	
잎상추	• 크기가 일정해야 하며 잎이 썩거나 짓무르지 않은 신선한 것이어야 한다. • 상추가 가지런히 정리된 상태로 흙 또는 이물질이 없어야 하며 물에 담그지 않은 것이 좋다.	시각	
파슬리	• 싱싱한 녹색으로 향이 강해야 한다. • 잎이나 줄기가 억세지 않아야 한다. • 잎 끝이 잘 오그라진 것이 좋다. • 과잉 숙성으로 잎이 활짝 피지 않아야 한다.	시각 후각	
통배추	• 녹색 겉잎이 완전히 제거된 상태이며 결구가 단단한 것으로서 신선감이 있어야 한다. • 표피가 얇아야 하며 절단 시 속이 꽉 차고 단맛이 있어야 한다.	시각	
얼갈이	• 시들지 않고 신선하며 연해야 한다. • 크기가 균일해야 하고, 흙과 불순물이 포기단 속에 없어야 하며, 대가 가늘고 잎이 일정해야 한다. • 길이가 짧은 것이 좋다.	시각	

품명	검수기준	검수방법	비고
미나리	• 잎과 뿌리가 시든 것이 완전히 소제되어야 하고, 줄기 부분에 실뿌리가 없으며, 뿌리는 흰색, 잎은 진녹색으로 길이가 가지런해야 한다. 단 자체가 흐트러지지 않아야 하며 잎이 적으면서 대가 긴 것이 좋다. • 대가 가늘지 않은 상태이며 이물질이 나오지 않아야 한다.	시각	
쑥갓	• 대가 짧고 완전히 소제되어야 하며 잎이 시들지 않고 가지런히 정리되어 신선한 것이어야 한다. • 줄기가 가늘고 연하여야 하며, 꽃대가 올라오지 않아야 하고, 흙이나 이물질이 섞이지 않아야 한다.	시각	
대파	• 줄기의 신선도가 강하고, 잎은 연하며 짙은 녹색으로 뿌리와 잎부분의 마른 부분은 완전히 절단 소제된 것이어야 한다. • 꽃대가 피어서는 안 되며 뿌리에 흙이 묻어서는 안 된다. • 흰 대가 길어야 하며 규격이 일정하여야 한다.	시각	
양파	• 외피가 짓무르지 않고 상처가 없어야 한다. • 촉감은 단단하며 딱딱한 것이어야 한다. • 겨울철에는 얼지 않아야 한다. • 싹이 트지 않아야 하며 뿌리가 없어야 한다.	시각 촉각	
조선부추	• 줄기의 잎이 굵은 것이 좋다. • 색은 선명한 녹색으로 꽃망울이 없어야 하고, 뿌리와 흙이 완전히 소제되어야 한다. • 줄기와 잎이 굵은 것이 좋다.	시각	
오이, 청오이, 가시오이, 백다다기, 청풍 오이	• 신선도가 강하고 외부 표면이 매끄럽고 윤기가 있어야 한다. • 외부 모양이 구부러지지 않고 크기가 일정하여야 한다. • 껍질은 손으로 문지르면 아플 정도로 돌기가 있어야 한다. • 씨가 적고 길이의 굵기가 같으며 쓴맛이 없어야 한다. 녹색을 띠는 것은 속씨가 있으므로 색깔은 연녹색이나 진하지 않은 녹색이 좋다.	시각 미각	
당근	• 외관 상 모양이 통통하고 윗부분과 아랫부분이 거의 일정할 정도로 살찐 것으로서 외피에 균열이 없어야 한다. • 마디나 뿔이 없어야 하고, 색깔은 주황색으로 윤기가 있으며, 절단 시에 심이 없고 심 부분에서 주위까지 같은 주황색이어야 한다. • 식음 시 단맛이 있어야 한다. • 윗부분과 아랫부분의 굵기의 차이가 심해서는 안 된다. • 뿌리가 단단하고 잔뿌리가 짧거나 없어야 한다.	시각	
깐 마늘	• 껍질 및 물기가 완전히 제거된 것이어야 한다. • 사이즈가 크고 신선하며 절단 시 향이 강하여야 한다.	시각	
풋마늘	• 줄기가 곧고 통통하며 신선하여야 한다. • 대는 과잉 숙성으로 너무 굵어서는 안 된다. • 뿌리와 시든 잎은 완전히 소제되어야 한다. • 흙이 묻어 있어서는 안 된다.	시각	

품명	검수기준	검수방법	비고
깐 생강	• 수분함량이 70% 이상인 국산이어야 한다. • 껍질은 완전히 제거된 것으로 절단 시 강한 향이 있어야 한다. • 벌레가 먹거나 썩은 부분이 없으며 싹이 없는 것이 좋다.	시각 후각	
열무	• 대가 연하고 잎이 싱싱하여야 하며 줄기에 미세한 털이 많고 벌레 먹지 않아야 한다. • 뿌리가 적고 흙이나 이물질이 없어야 한다.	시각	
무	• 줄기에 흙이 완전히 제거되고, 모양이 일정하고 길이가 길어야 하며, 겨울에는 동결되지 않고 절단 시 바람이 들지 않고 검정심이 없어야 한다. • 외피에 잔뿌리가 적고 썩은 부분이나 벌레 먹지 않은 것이어야 한다.	시각	
래디시	• 알이 적고 둥글둥글하여야 하며 흠집이나 상처가 없어야 한다. • 색은 붉으며 알이 단단하고 바람이 들지 않아야 한다.	시각	
비트	• 속이 진한 자주색으로 외면이 거칠거나 흠집이 없어야 하며 신선하고 단단해야 한다. • 흙이나 이물질이 묻어서는 안 된다.	시각	
도라지	• 색깔이 하얀 것으로 촉감이 꼬들꼬들한 감이 있어야 한다. • 껍질이 완전히 제거된 상태에서 갈라진 상태가 일정하며 쉰 냄새가 없고 신선한 맛이 나야 한다. • 굵고 연하여야 하며 표백제 및 기타 첨가물을 사용하지 않아야 한다.	시각 후각	
우엉	• 너무 굵은 것은 피하는 것이 좋고, 벌레 먹은 것이 없어야 하며, 모양이 곧아야 한다.	시각	
토란	• 모양이 원형에 가깝고 크며, 머리 부분이 푸르지 않고, 절단 시 단단하고 끈적끈적한 것이 좋다. • 껍질 제거 시 색이 희고 흙이 완전히 소제된 것으로 표백제 및 기타 첨가물을 사용해서는 안 된다.	시각	
감자	• 잘 여물고 알이 굵어야 하며, 푸른 부위가 없고, 흠이나 부패 및 병충해가 없어야 한다. • 씨눈이 있는 부위가 선명해야 하며 싹이 트지 않아야 한다. • 눈이 깊지 않은 형태로서 쉰 듯한 냄새가 없으며 겉은 골이 많이 지지 않은 매끄러운 것이 좋다. • 빛깔이 희고 타원형이며 껍질이 얇고 얼지 않은 것이어야 한다.	시각	
고구마	• 잘 여물고, 둥글고 흰 것보다 길쭉한 것이 좋다. • 흙이 완전히 소제된 것으로, 껍질을 벗겨 먹었을 때 단맛이 나야 하며, 붉은빛이 나야 속칭 밤고구마이다. • 병충해, 흠, 부패, 발아가 없는 것이어야 한다. • 골이 많이 지지 않은 매끄러운 것이 좋다.	시각 미각	
달래	• 신선도가 강하고, 뿌리 표면이 매끄러운 윤기가 있어야 하며, 뿌리가 너무 굵어서는 안 된다. • 입으로 씹었을 때 향긋한 내음이 있어야 한다.	시각 미각	

품명	검수기준	검수방법	비고
가지	• 신선도가 강하고, 외부 표면이 매끄러운 윤기가 있어야 하며, 완전히 보라색을 띠어야 한다. • 절단할 경우 속이 가득하고 성숙한 씨가 없어야 하며, 꼬지가 붙어 있는 언저리에 흰색이 확실한 것이 좋다. • 단맛이 있어야 한다.	시각	
느타리버섯	• 완전한 형태로 유지된 것이어야 한다. • 만졌을 때 촉감이 폭신하여야 한다. • 갓이 짓무르거나 얼지 않은 것이 좋다. • 색깔은 잿빛을 띤 신선한 것이 좋다.	시각 촉각	
양송이	• 표피의 색깔은 하얗고 얼룩반점이 없어야 한다. • 외형이 균열되거나 파손되지 않아야 하며 전체 물량이 일정한 크기여야 한다. • 갓이 둥글고 탄력이 있어야 한다.	시각	
팽이버섯	• 눌리지 않고 머리가 떨어지지 않아야 한다. 또한 포장이 터지지 않고 뿌리가 썩지 않아야 하며 색상이 선명한 것이 좋다. • 갓이 순백색이어야 하며 만져서 물렁하거나 끈기가 없어야 한다.	시각	
표고버섯	• 갓이 완전히 피지 않고 오그라진 것이 좋으며, 갓의 표면은 암갈색, 속은 흰색을 띠어야 한다. • 짓무르거나 갓이 찢어진 것이 없어야 하고, 감촉이 폭신하며 탄력이 있어야 한다. • 갓은 두툼하며 줄기는 짧아야 한다.	시각 촉각	
새송이버섯	• 갓이 완전히 피지 않고 표피의 색깔은 흰색을 띠어야 하며 외형이 균열 및 파손되지 않아야 한다. 1BOX 내의 버섯 크기는 균등하여야 한다. • 대가 굵고 잎이 피지 않아야 한다.	시각	
자연산 송이	• 갓이 반쯤 펴진 상태로 둥글고 매끄러워야 한다. • 절단부위가 질기지 않고 안쪽이 탄력이 있으며 검은 빛이 들지 않아야 한다. • 대가 굵고 잎이 피지 않아야 한다.	시각	
갓	• 길이는 20~30cm 가 적당하고 줄기는 가늘고 연한 것이 좋으며, 잎이 시들지 않고 가지런히 정리된 것으로 신선하고 이물질이 섞이지 않아야 한다.	시각	
홍고추, 풋고추, 꽈리고추	• 표면에 윤기가 있고 탄력이 있으며 외피가 짓무르거나 병충해가 없어야 한다. • 표피가 두껍지 않아야 하고, 씹어서 질기지 않으며, 색상이 선명해야 한다. (청: 짙은 녹색, 홍: 짙은 빨간색) • 햇고추는 곧고 너무 단단해서는 안 된다. • 꽈리고추는 부드럽고 연하여야 하며 구부러지지 않은 것이 좋다.	시각	
두릅	• 대가 없이 이파리가 나는 부분에서 절단된 것으로 잎이 완전히 피어서는 안 된다. • 잎의 색이 연두색으로 녹색을 띠어서는 안 된다.	시각	

품명	검수기준	검수방법	비고
콩나물	• 머리 부분이 노란색이며 잔뿌리 및 썩은 반점이 제거된 것으로 줄기가 굵어야 한다. • 석유 냄새 및 썩은 냄새가 나지 말아야 한다.	시각 후각	
더덕	• 크기는 전체적으로 균등해야 한다. • 부패되거나 짓무르지 않아야 한다. • 색상은 흰색으로 퍼석퍼석하지 않은 것이 좋다.	시각 후각	
원추리	• 완전 소제된 것으로 푸른 부분이 적고 흰 부분이 많아야 한다. • 줄기가 억세지 않고 부드러운 것이 좋다.	시각	
호박잎	• 완전 소제된 것으로 줄기가 부드러운 것이 좋다. • 잎이 시들지 않으며 신선하고 부드러운 것이 좋다.	시각	
시금치	• 잎사귀가 넓고 병충해가 없는 녹색의 싱싱한 것으로 뿌리의 붉은 빛이 선명하여야 한다. • 꽃대가 없어야 하며 대는 짧아야 한다. • 뿌리와 마른 잎 줄기는 완전히 소제되어야 하며 잎은 부드러운 것이 좋다.	시각	
중국 부추	• 몸통 줄기가 통통하고 시들지 않은 신선한 것이어야 하며 하얀 대가 길고 연하여야 한다. • 뿌리와 흙이 완전히 소제되고 줄기의 잎이 굵은 것이 좋다.	시각	
단호박	• 황색 또는 검녹색을 띤 것으로 크기가 크고 표면에 흠이 없으며 외피가 짓무르지 않아야 한다.	시각	
애호박, 조선호박	• 성숙한 씨가 없어야 하며 연한 녹색을 띠어야 한다. • 신선도가 높고 윤기가 흐르며 짓무르지 않아야 한다. 또한 곧고 속이 차 있으며 육질은 연하여야 한다. • 줄기나 꼭지는 완전히 제거되어야 한다.	시각	
산마	• 썩은 부분이 없으며 몸통이 굵고 곧아야 한다. • 흙이나 이물질은 완전히 제거되어야 한다.	시각	
연근	• 표면에 흠집이 있거나 짓무르거나 몸통이 깨어져서는 안 되며 몸통은 굵고 곧아야 하고 검은빛이 없어야 한다. • 진흙은 완전히 소제되어야 한다.	시각	
깻잎	• 10장 단위로 포장된 것으로 잎의 크기가 균일하며 잎이 너무 크지 않은 것이 좋다. • 짙은 녹색으로 줄기가 마르지 않고 잎이 벌레 먹지 않은 상태로 신선해야 한다.	시각	
고사리	• 과잉 숙성으로 인한 꽃망울이 피지 않으며 대가 통통하고 연한 것이어야 한다. • 상품이 풀어지지 않은 가지런한 상태이어야 한다.	시각	
숙주나물	• 머리 부분에 싹잎이 나지 않고 신선도가 높아야한다. • 잔뿌리가 없으며 냄새나 부패성 냄새가 없어야 한다. • 대가 굵지 않고 연하여야 한다.	시각 후각	

2. 과일: 계절적 특성을 최대한 고려한다.

봄: 딸기, 앵두, 살구, 매실 등 | 여름: 참외, 수박 | 가을: 사과, 배, 포도 | 겨울: 멜론

품명	검수기준	검수방법	비고
사과	• 당도가 12% 이상이어야 하며 신맛이 없어야 한다. • 껍질에 윤기가 있고 표면에 상처가 없어야 한다. • 꼭지 씨방 표면이 갈라지지 않은 것이어야 하며 순종이어야 한다. • 무른 부분이 없고 중량감이 있으며 모양이 좋아야 한다. • 표면은 손가락으로 두들겨 보아서 콩콩 소리가 나는 것이 단단하다.	시각 촉각 미각	당도 12 이상
배	• 껍질이 얇고 표면이 매끄러우면서 윤기가 없어야 한다. • 당도가 12% 이상으로 수분이 많으며 순종이어야 한다. • 표면이 단단해야 하며 자른 부위가 하얗게 되어야 한다. • 씹히는 맛이 없어야 하며 모양이 둥글고 굴곡이 없어야 한다. • 또한 표면에 상처가 무른 부분이 없어야 한다.	시각 촉각 미각	당도 12 이상
바나나	• 끝부분이 무르거나 짓무르지 않아야 하며 꼭지가 말랐거나 썩어선 안 된다. • 누렇게 익어야 하며 검은 점막이 없어야 한다. • 먹을 때 떫거나 비린 맛이 없어야 하며 부드러운 맛이 나야 한다.	촉각 시각	당도 15 이상
참외	• 꼭지는 파랗고 굴곡이 선명해야 한다. • 껍질에 윤기가 있고 전체적으로 색이 고와야 한다. • 껍질은 얇고 투명해 보여야 하며 표면에 상처나 무른 것이 없어야 한다.	시각 촉각	
수박	• 껍질에 윤기가 있고 전체적으로 색이 고와야 한다. • 껍질은 얇고 투명해 보여야 하며 표면에 상처나 무른 것이 없어야 한다. • 밑부분이 약간 노랗고 꼭지가 약간 마른 것이 좋다. • 씨는 짙은 흑색을 띠어야 한다.	시각 미각	
거봉 포도	• 알이 굵어야 하며 짙은 갈색을 띠어야 한다. • 알은 잘 떨어지지 않으며 신맛이 없어야 한다. • 약을 투입한 흔적이 없어야 한다.	시각 미각	
복숭아	• 형태가 고르고 껍질 전체가 고운 다홍색이어야 한다. • 상처나 병충해가 없어야 하며 무른 부분이 없어야 하고 섭취 시 떫은맛이 나지 않아야 한다.	시각 미각	
단감	• 껍질 색깔이 주홍색을 띠어야 하며 표면에 상처나 짓무름이 없어야 한다. • 취식할 경우 떫은맛이 없이 육질이 부드러운 맛이 나야 하며 탄닌 성분이 많아야 한다.	시각 미각	당도 14 이상
밀감	• 신맛이 없어야 하며 수분이 많아야 한다. • 껍질이 얇아야 하며 색깔이 좋고 표면이 짓눌리거나 상처가 있어서는 안 된다. • 껍질과 귤알이 이격되지 않아야 하고 땀구멍이 미세하여야 하며 품종은 조생종이어야 한다.	시각 미각	당도 7 이상

품명	검수기준	검수방법	비고
머스크 멜론	• NET가 선명하고 꼭지가 마르지 않은 순종이어야 한다. • 밑부분이 무르지 않고 단단해야 하며 너무 후숙이 되어 무르지 않아야 한다. • 취식 시 단맛과 향이 좋고 군내가 나서는 안 된다.	시각 미각	당도 10 이상
백설 멜론	• 색깔은 연노랑이며 모양은 둥글둥글하여야 하고 꼭지가 마르지 않은 순종이어야 한다. • 겉부분은 단단한 것이어야 하며 너무 후숙이 되어 무르면 안 된다. • 취식 시 단맛과 향이 좋고 군내가 나서는 안 된다.	시각 미각	당도 9 이상
파인애플	• 잎이 싱싱하고 가시가 없어야 한다. • 약간 푸른 바탕 위에 전체가 골고루 노란색을 띠어야 한다. • 껍질이 반들반들 윤이 나고 싱싱한 느낌이 들어야 한다. • 과잉 숙성되어 무르면 안 되고 취식할 경우 향과 단맛이 나야 한다. • 아래쪽 1/4 정도까지 약간 붉은색을 띠는 것이 좋다.	시각 후각 미각	
딸기	• 알이 고르고 큰 것이 좋으며 짓무르거나 눌린 것이 없이 짙은 빨간색을 띠고 광택이 나야 한다. • 완전히 익기 직전에 출하된 것이 단맛을 가장 많이 낸다. 하절기에는 BOX 속에 곰팡이가 슨 것이 있어서는 안 되며 동절기에는 소포장을 기준으로 검수한다. • BOX 내 딸기를 2단 진열 및 3단 진열 포장할 경우 상단과 하단의 크기 차이가 나서는 안 된다.	시각 미각	당도 6 이상
키위	• 잘 익어야 하고 색깔은 밤색을 띠어야 하며 솜털이 있어야 한다. • 신맛이나 떫은맛이 있어야 한다. • 너무 단단하거나 물러서는 안 된다.	시각	당도 10 이상
유자	• 색깔이 노랗고 껍질이 깨끗한 것이어야 한다. • 먹을 때 신맛이 나야 하며 향이 있어야 한다.	시각 미각	

3. 참치: 빅아이, 오도로, 아까미, 마까, 메까도로 등

품명	검수기준	검수방법	비고
빅아이 (눈다랑어)	• 색이 선명하고 크기가 일정하여야 한다.	시각	• 참치의 주종을 이루며 전체 횟감의 70% 정도를 차지한다. • 맛은 뛰어나지 않으며 일반적으로 참치의 대명사로 일컬어지고 있다. • 원어의 중량: 40~90kg/마리
오도로 (뱃살 부위)	• 색상이 밝고 선명하여야 하며 기름기가 많고 고르게 분포된 것이 좋다. • 피멍이 들어선 안 되고 해동 시 색깔이 검거나 흐려서는 안 된다.	시각	• 최고급 참치로 사용되며 많은 양이 생산되지 않는 관계로 높은 가격으로 인하여 최고급 참치로 인식하고 있다. 참치의 뱃살 부위를 가공한 것으로 맛이 일품이다. • 원어의 중량: 150~400kg/마리

품명	검수기준	검수방법	비고
아까미 (등살 부위)	• 색상이 밝고 선명하여야 하며 피멍이 있어서는 안 된다. • 기름기가 많고 고르게 분포된 것이 좋다. • 해동 시 색깔이 검거나 흐려서는 안된다.	시각	• 오도로의 등살 부분을 가공한 것으로 오도로의 다음 등급으로 분류되며 또한 최고급 참치로 분류한다.
마까 (청새치)	• 색상이 밝고 선명하며 피멍과 심줄이 있어서는 안 된다. • 해동 시 색깔이 검거나 흐려서는 안된다.	시각	• 원어 중량: 30~80kg/마리
메까도로 (황새치 뱃살)	• 색상이 회백색으로 선명하고 신선하여야 하며 해동 시 물이 나오면 안된다. • 특히 중간의 붉은 점이 선명한 것이 신선하다.	시각	• 국내, 국외로 유통되는 원어의 산지는 스페인산과 싱가포르산인데 그중에 싱가포르산을 최고로 뽑는다. • 원어의 중량: 50~80kg/마리

4. 육류(품위 등급기준)

육류는 쇠고기와 돼지고기, 닭고기로 분류되며 내장과 부산물을 포함한다.

품명	검수기준	검수방법	비고
쇠고기	• 정돈된 BOX 포장 확인 및 신선육과 냉동육 구분 • 불필요한 지방 제거 정도 확인 및 이물질 확인(혈맥, 불순물 등) • 마블링 상태 및 육색, 지방 제거상태 확인	시각 후각	• 당사 시장반입 Daily 육류는 신선육을 기준으로 하며 기타 가공 • 필요 시 냉동반입 가능 • 수입육(호주산, 미주산)과 국내 비육우 및 한우로 구분 • Daily 반입품은 주로 국내산 비육우로 양황소로 불리는 쇠고기 신선육
돼지고기	• 껍질 부분 소제상태(삼겹) • 육취 유무 및 불필요한 지방 제거 정도 확인 및 이물질 확인	시각 후각	• 수입돼지(유럽산 및 동남아산)와 국산돼지로 분류됨 • 돈육은 전량 Daily로 반입 • 국내산은 규격돈(60~80kg) 기준
닭고기	• 부위별 등급기준에 의한 표시 기준에 적합한 것 • 고기의 색이 담홍색으로 윤기가 있어야 한다. • 살찌고 탄력이 있으며 고기와 껍질 사이에 적당한 지방이 있어야 한다.	시각 후각	

5. 활 선어

품명	검수기준	검수방법	비고
활 광어	• 제주산 양식 광어로서 등 색깔은 진한 밤색을 띠어 산소 포장 시 뒤집어지지 말아야 하며 힘이 있어 보여야 한다. • 등 색깔이 검거나(흑산도 양식), 피부나 지느러미에 상처가 없어야 한다.	시각	
활 도미	• 전량 일본 수입으로서 마리당 2kg 이상의 규격으로 산소 포장 시 뒤집어지지 말아야 하며 힘이 있어 보이고 피부나 지느러미에 상처가 없어야 한다.		
활 선어	• 아가미의 빛깔이 선홍색으로 단단하고 꽉 차 있는 것이 좋다. • 안구는 광채가 나며 돌출되어 있는 것이 좋다. • 살이 단단하고 탄력이 있으며 살빛이 선명하고 광택이 있어야 한다. • 어종 특유의 색을 지니며 비늘이 단단하고 배열이 고른 것이 좋다. 또한 표피에 점액물질이 분비되지 않고 생선 비린내가 없어야 한다. • 손으로 눌러 보아 단단하고 팽팽한 것이 신선하다.		

6. 패류

품명	검수기준	검수방법	비고
석화, 소라 꼬막, 조개류 (피조개, 모시 조개, 바지락 등)	• 껍질은 얇고 살이 두꺼워야 한다. • 크기가 일정하고 반드시 살아 있어야 한다. • 조가비의 입이 꼭 닫혀 있어야 한다. • 두 개를 마주쳤을 때 맑은 소리가 나야 한다. • 각각 자기 특유의 색이 선명하여야 한다.	시각 촉각	
굴	• 광택이 있는 유황백색으로 통통하고 가장자리에 검은색이 선명하여야 한다. • 몸이 탄력 있고 굴 특유의 냄새가 있는 것이어야 한다. • 알 부위가 터지지 않아야 하고 살아 있어야 한다.	시각 후각	
전복	• 껍질이 얇고 살이 두꺼워야 한다. • 살이 단단하고 살아 있어야 한다. • 크기가 일정해야 하고 힘이 있어야 한다.	시각 촉각	

7. 냉동 수산물: 실량 반입을 원칙으로 한다.

품명	검수기준	검수방법	비고
냉동 수입 홍합, 수입 꽃게, 수입 새끼 갑오징어, 수입 홍새우살	• 수입원 BOX의 경우 실량 표기에 따르며 계근을 실시하여 오차 여부를 확인한다.	시각	
관자, 알새우, 새우살, 국산 꽃게 등	• 국산 가공품 – 선도 보존을 위한 10% 아이스 코팅 허용	시각	
기타 냉동 수산물	– 실량 표기를 원칙으로 한다. – 선도가 좋으며 크기가 일정하고 신선하여야 한다. – 식품위생법 시행규칙에 의한 식품의 한글표시 기준을 정확히 한다. – 기타 다른 이물질이나 불순물이 없어야 한다.		

8. 공산품 및 농산물, 1차 상품, 건과류 등

품명	검수기준	검수방법	비고
마른 김, 멸치, 호두, 다시마, 미역, 생률, 은행, 잣 등	• 각 종류의 원산지 표시와 품종 표시를 확인한다. • 충해에 대한 상해나 변질된 것은 피한다. • 검수 시 시각과 후각을 총동원하여 검수한다. • 식품위생법 시행규칙에 의한 식품의 한글표시기준에 준한다.	시각 후각	
달걀	• 껍질이 꺼칠꺼칠하여야 하고 흔들었을 때 소리가 나면 안 된다. • 표면의 색상이 선명해야 한다. • 노른자위가 퍼지지 않아야 하고 핏기가 없어야 한다.	시각 촉각	
수삼	• 순과 뿌리로 나이를 분별하고 구분한다. • 뿌리가 굵어야 하고 잔뿌리가 적어야 한다. • 동체에 상처나 이물질이 묻어서는 안 되며 붉은 반점이 있어서는 안 된다.	시각	

부록 5 축산물 등급판정 세부기준(돼지도체)

1. 돼지도체 중량과 등지방두께 등에 따른 1차 등급판정 기준

1차등급	탕박도체		박피도체	
	도체중(kg)	등지방두께(mm)	도체중(kg)	등지방두께(mm)
1+등급	이상 미만 83 ~ 93	이상 미만 17 ~ 25	이상 미만 74 ~ 83	이상 미만 12 ~ 20
1등급	80 ~ 83 83 ~ 93 83 ~ 93 93 ~ 98	15 ~ 28 15 ~ 17 25 ~ 28 15 ~ 28	71 ~ 74 74 ~ 83 74 ~ 83 83 ~ 88	10 ~ 23 10 ~ 12 20 ~ 23 10 ~ 23
2등급	1+, 1등급에 속하지 않는 것		1+, 1등급에 속하지 않는 것	

2. 돼지도체 외관, 육질 2차 등급판정 기준

판정 항목			1+등급	1등급	2등급
외관	인력	비육 상태	도체의 살붙임이 두껍고 좋으며 길이와 폭의 균형이 고루 충실한 것	도체의 살붙임과 길이와 균형이 적당한 것	도체의 살붙임이 부족하거나 길이와 폭의 균형이 맞지 않은 것
		삼겹살 상태	삼겹살 두께와 복부지방의 부착이 매우 좋은 것	삼겹살 두께와 복부지방의 부착이 적당한 것	삼겹살 두께와 복부지방의 부착이 적당하지 않은 것
		지방 부착 상태	등지방 및 피복지방의 부착이 양호한 것	등지방 및 피복지방의 부착이 적당한 것	등지방 및 피복지방의 부착이 적절하지 못한 것
	기계	비육 상태	정육률 62% 이상인 것	정육률 60% 이상~62% 미만인 것	정육률 60% 미만인 것
		삼겹살 상태	겉지방을 3mm 이내로 남긴 삼겹살이 10.2kg 이상이면서 삼겹살 내 지방비율 22% 이상~42% 미만인 것	겉지방을 3mm 이내로 남긴 삼겹살이 9.6kg 이상이면서 삼겹살 내 지방비율 20% 이상~45% 미만인 것. 단, 삼겹살 상태의 1+등급 범위 제외	겉지방을 3mm 이내로 남긴 삼겹살이 9.6kg 미만이거나, 삼겹살 내 지방비율 20% 미만인 것 또는 45% 이상인 것
		지방 부착 상태	비육상태 판정방법과 동일	비육상태 판정방법과 동일	비육상태 판정방법과 동일

항목	판정	1+등급	1등급	2등급
육질	지방침착도	지방침착이 양호한 것	지방침착이 적당한 것	지방침착이 없거나 매우 적은 것
	육색	부도10의 No.3, 4, 5	부도10의 No.3, 4, 5	부도10의 No.2, 6
	육조직감	육의 탄력성, 결, 보수성, 광택 등의 조직감이 아주 좋은 것	육의 탄력성, 결, 보수성, 광택 등의 조직감이 좋은 것	육의 탄력성, 결, 보수성, 광택 등의 조직감이 좋지 않은 것
	지방색	부도 11의 No.2, 3	부도 11의 No.1, 2, 3	부도 11의 No.4, 5
	지방질	지방이 광택이 있으며 탄력성과 끈기가 좋은 것	지방이 광택이 있으며 탄력성과 끈기가 좋은 것	지방이 광택이 불충분하며 탄력성과 끈기가 좋지 않은 것

3. 돼지도체 결함의 종류

항목	등급 하향	등외등급
방혈 불량	돼지 도체 2분할 절단면에서 보이는 방혈작업부위가 방혈불량이거나 반막모양근, 중간둔부근, 목심주위근육 등에 방혈불량이 있어 안쪽까지 방혈 불량이 확인된 경우	각 항목에서 '등급 하향' 정도가 심하여 등외등급에 해당될 경우
이분할 불량	돼지도체 2분할 작업이 불량하여 등심부위가 손상되어 손실이 많은 경우	
골절	돼지도체 2분할 절단면에 뼈의 골절로 피멍이 근육 속에 침투되어 손실이 확인되는 경우	
척추 이상	척추 이상으로 심하게 휘어져 있거나 경합되어 등심 일부가 손실이 있는 경우	
농양	도체 내외부에 발생한 농양의 크기가 크거나 다발성이어서 고기의 품질에 좋지 않은 영향이 있는 경우 및 근육 내 염증이 심한 경우	
근출혈	고기의 근육 내에 혈반이 많이 발생되어 고기의 품질이 좋지 않은 경우	
호흡기 불량	호흡기 질환 등으로 갈비내벽에 제거되지 않은 내장과 혈흔이 많은 경우	
피부 불량	화상, 피부질환 및 타박상 등으로 겉지방과 고기의 손실이 큰 경우	
근육 제거	축산물 검사결과 제거부위가 고기량과 품질에 손실이 큰 경우	
외상	외부의 물리적 자극 등으로 신체조직의 손상이 있어 고기량과 품질에 손상이 큰 경우	
기타	기타 결함 등으로 육질과 육량에 좋지 않은 영향이 있어 손실이 예상되는 경우	

4. 돼지도체 육조직감 구분방법

구분	1	2	3
수분삼출도	정상(45% 미만)	조금 많음(76% 미만)	많음(76% 이상)
탄력도(광택, 끈기)	좋음	보통	나쁨

5. 돼지도체 근내지방도 기준

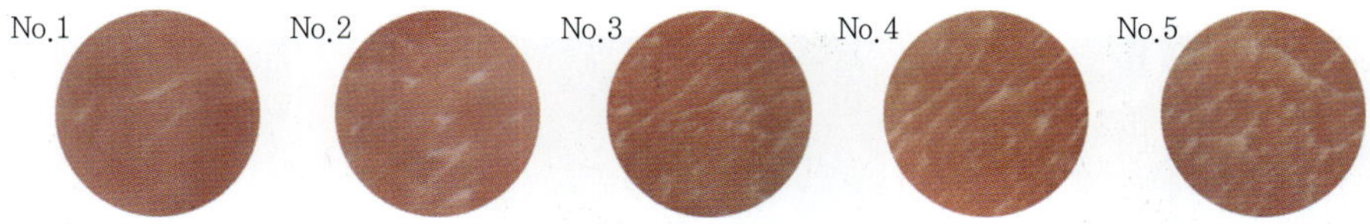

6. 돼지도체 육색 기준

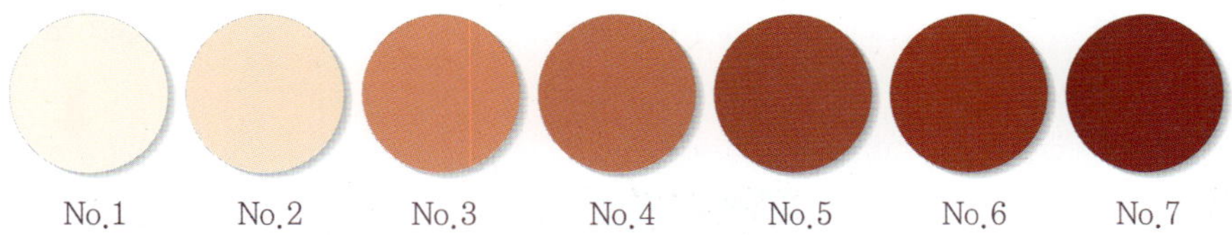

7. 돼지도체 지방색 기준

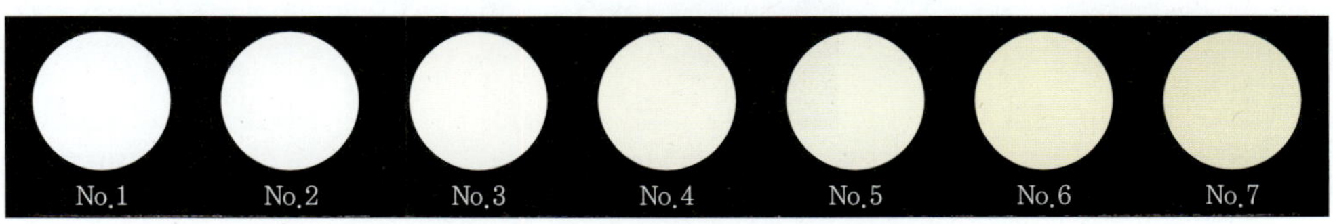

8. 돼지도체 등급 판정부위

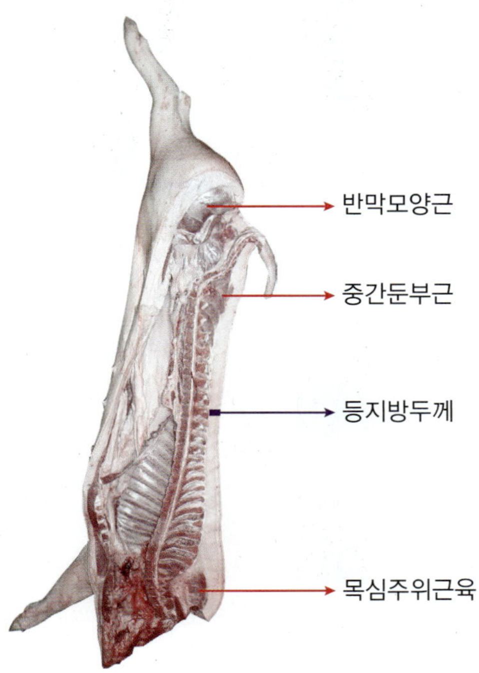

부록 6 소도체 등급판정

01 사육

02 계류

03 도축

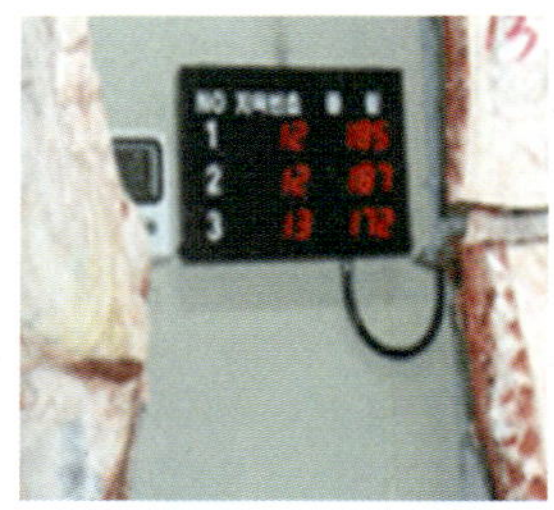
04 등지방 두께

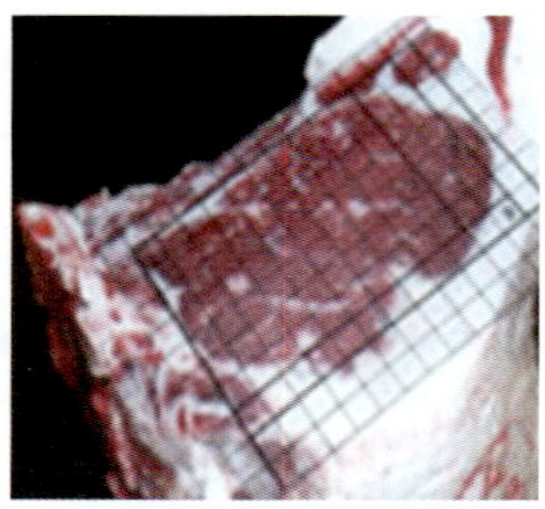
05 등심단면적

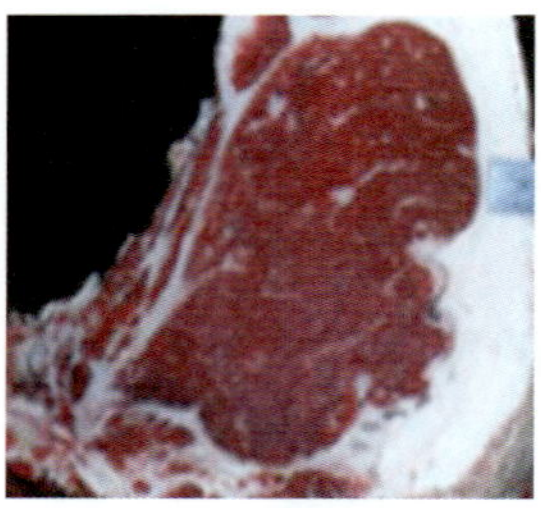
06 도체중량

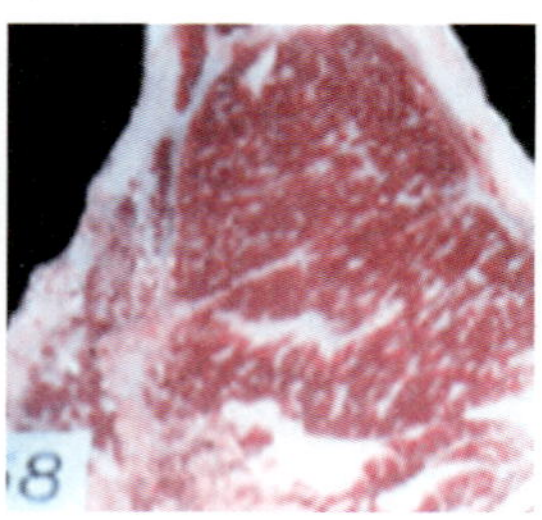
07 근내지방도

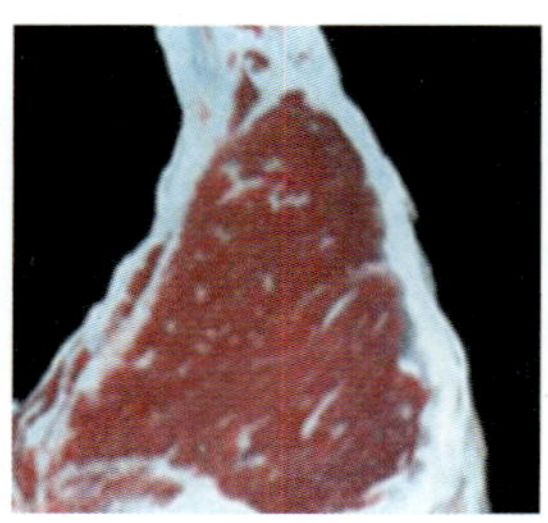
08 육색

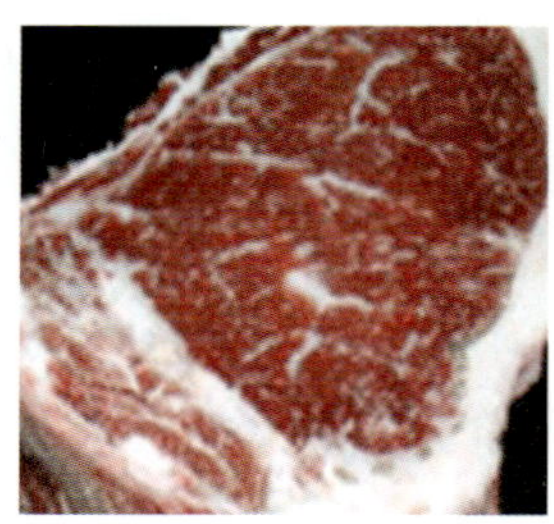
09 지방색

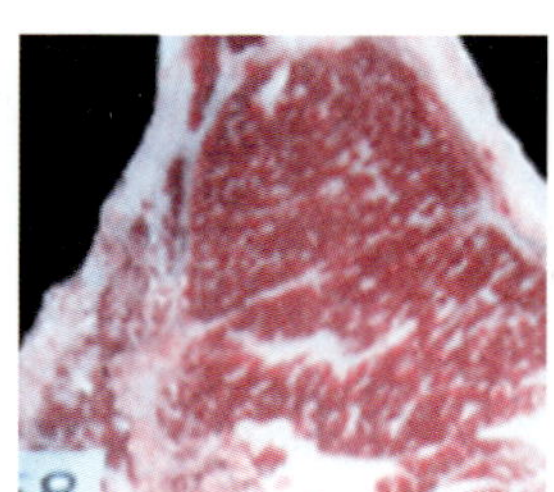
10 조직감

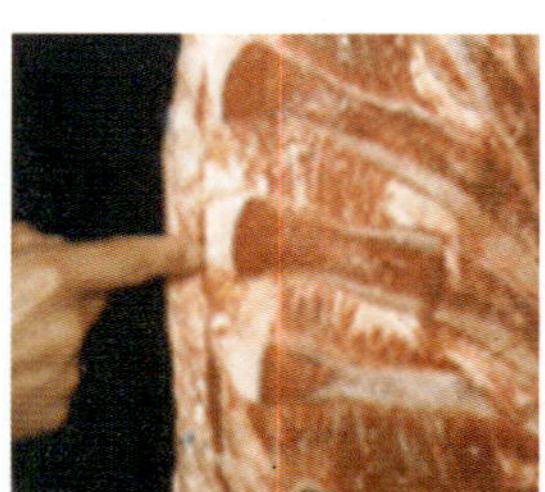
11 성숙도

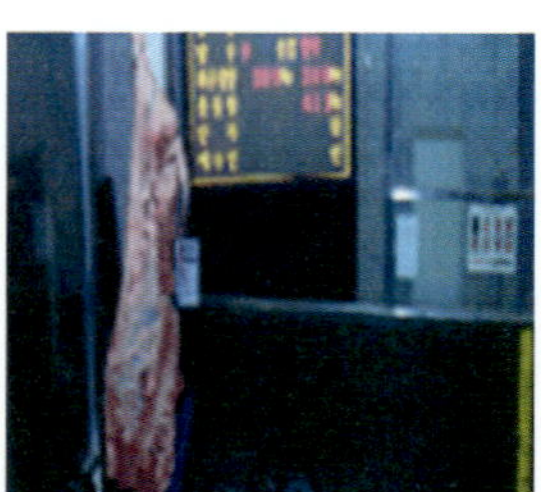
12 경매

찾아보기

ㅇ

ㅈ

ㅊ

ㅋ

ㅌ

ㅍ

ㅎ

ABC

참고문헌

| 국내문헌 |

- 김관태, 농축수산물 온라인쇼핑 2분기 거래액 1조8082억, 한국농어민신문 3319호, 2021.08.06
- 농림축산식품부, 축산물 등급판정 세부기준(제2020-112호), 2020
- 머크식육기술센터, 쇠고기 중심의 식육(산업) 관계 용어
- 박미성, 박시현, 이용선, 대체식품 현황과 대응과제, 한국농촌경제연구원 농정포커스 연구보고서 (KREI 농정포커스 제190호), 2020
- 박운성, 현대구매관리, 박영사, 2006
- 식품안전나라, 소비기한 표시제 준비 안내서, 2022
- 식품안전정보원, 소비기한 기대효과, 2021
- 식품의약품안전처, 소 · 돼지 식육의 표시방법 및 부위 구분기준(제2019-113호), 2019
- 식품의약품안전처, 식품위생법(제18363호), 2022
- 식품저널 편집부, 식품유통 연감, 식품저널, 2015
- 신지용, 현대소비자 행동론, 탑북스, 2013
- 심재성 · 이병화 · 김윤두, 국제농산물 유통의 25시, 국제농어개발원, 2003
- 양일선 · 이보숙 · 차진아 · 채인숙 · 이진미, 단체급식, 교문사, 2016
- 이철근, 그림으로 보는 구매관리, 갑진출판사, 2004
- 정경석, 구매란 무엇인가 - 구매의 몇가지 기초에 대한 설명, 도서출판 원지, 2003
- 정기혜, 식품의 유통기한 설정에 관한 연구, 한국보건사회연구원, 1996
- 통계청, 온라인 쇼핑 동향(2021년 6월), 2021
- 한영주 옮김, 가상사회와 전자상거래, 세종서적, 1999
- (주)현대호텔외식사업부, 식자재 구매 매뉴얼
- 홍기운, 최신 식품구매론, 대왕사, 2010

| 외국문헌 |

- Drydale, F. A. & Aldrich, J. A., profitable Menu Planning, Prentice Hall, 2002
- Feinstein, A. H. & Stefanelli J. M., Purchasing : Selection for Procurement for the Hospitality Industry, Fifth Edition, John Wiley & Sons, Inc., 2002

- Hawkins D. I., Kennrth A. C. and Roger F. B., Consumer Bahavior, Business Publications Inc., 1980
- Kotschevar, L. H., Presenting Service, NRA Educational Foundation, 1999
- National Assessment Institute, Handbook for Safe Foodservice Management, 2nd edition, Prentice Hall, 1998
- Reed, L., Spec : The Comprehensive Foodservice Purchasing and Specification Manual 2nd edition, John Wiley & Sons, Inc., 2000
- Sander. E, L. Lewis & N. Fluge, Catering Solution, Pretice Hall, 1999
- Ulm. R. A., How Much to Buy : A Foodservice Purchasing Workbook, Prentice Hall, 1999

| **참고사이트** |

- www.napio.go.kr 국립농산물검사소
- www.naqs.go.kr 국립농산물품질관리원
- www.kumchon.co.kr 금촌축산유통
- www.mafra.go.kr 농림부축산식품부
- www.rda.go.kr 농촌진흥청
- at.agromarket.kr 도매시장 통합홈페이지
- www.fishtrace.go.kr 수산물 이력제
- www.meatwatch.go.kr 수입축산물 유통이력관리 시스템
- www.foodsafetykorea.go.kr 식품안전나라
- www.mfds.go.kr 식품의약품안전처
- www.naqs.go.kr/goodfood 우수식품정보시스템
- www.mtrace.go.kr 축산물 이력제
- www.ekape.or.kr 축산물품질평가원
- www.kostat.go.kr 통계청
- www.pohangmarket.or.kr 포항시 농산물도매시장
- www.krei.re.kr 한국농촌경제연구원
- www.kmia.or.kr 한국육가공협회
- www.hsg.go.kr 횡성군농업기술센터

저자소개

박정숙

- 서울대학교 학사 · 석사
- 미국 Okalahoma 주립대학교 외식경영학 박사
- 미국 Ohio 주립대학교 방문연구교수(visiting scholar)
- 백석문화대학교 교수
- 백석대학교 교수

식품구매론

발 행 일 | 2023년 1월 16일 초판 인쇄
2023년 1월 18일 초판 발행
지 은 이 | 박정숙
발 행 인 | 김동필
펴 낸 곳 | 도서출판 **효일**
디 자 인 | 라온기획
주 소 | 서울시 중랑구 신내역로3길 40-36
전 화 | 02-928-6643
팩 스 | 02-927-7703
홈페이지 | www.hyoilbooks.com
Email | hyoilbooks@hyoilbooks.com
등 록 | 2022년 2월 24일 제2022-11
정 가 | 24,000원
ISBN | 978-89-8489-502-7